# Александр Вильшанский

Посвящается Льву Альперину.
Он первый понял, в чём суть дела.
*Автор*

I0464227

# Физическая физика
# Часть 2
# Преоника

Первая редакция – 2015
Вторая редакция - 2016
Третья редакция, переработанная - 2019

Израиль 2016

# Alexander Vilshansky

# Physical Physics
# Chapter 2
# Preonics

(in Russian)

**Copyright © 2015 by Alexander Vilshansky**
All right reserved. No portion of this book may be reproduced or transmitted in any form or by any means, electronic or mechanical, without written permission of the author.

Publisher "DNA", Israel
Printed in United States of America, Lulu Inc. catalogue **15855528**
          **ISBN  978-1-312-72670-3**
Contact Information - publisherdna@gmail.com
Fax: ++972-8-8691348
Adresse: POB 15302, Bene-Ayish, Israel, 60860

ISBN 978-1-312-72670-3

Israel     2015

# Аннотация к первой и второй частям

Книга предназначена для тех, кто прошёл и школу, и ВУЗы, так и не поняв физику — из-за отсутствия нормальных объяснений. Однако она может быть полезна и академикам.

«Физическая физика» - это вовсе не «масляное масло». Она получила свое название в противовес «Математической физике», в которой явления «объясняются» с помощью математических формул и моделей, но в которой собственно «физическая» суть этих явлений остается скрытой от исследователя.

Мы попытаемся исследовать саму основу материального мира, те его «уровни», которые по своей величине лежат **ниже** уровней элементарных частиц. Но, как скоро станет понятно, все «вышележащие» уровни, вплоть до космических явлений, оказываются от них решающим образом зависимыми. Однако для простоты и краткости во многих моих статьях на эту тему используется название **«гравитоника»**.

С самых первых шагов мы обратим внимание читателя на ставшие привычными термины (и даже просто слова и выражения), получившие широчайшее распространение в научной литературе. Тем не менее, их использование нельзя считать приемлемым, а значение - вполне определенным. Поэтому значительное место в первой главе первой книги отведено методологическим принципам работы исследователя.

Читатель, не слишком интересующийся на первом этапе так называемыми «гносеологическими» проблемами (что означает по-русски – «теория познания»), а желающий сразу «взять быка за рога», может начать чтение со второй главы первой книги. Тем не менее, автор советует не пренебрегать этими вопросами, так как именно в первой главе изложен принципиально важный мировоззренческий вопрос о строении нашего мира.

Начавшись с изучения вопроса о происхождении гравитации, наше исследование стало затрагивать фундаментальные основы физики, которым начинают обучать еще в школе, вернее сказать, «вбивают в мозги». В результате подавляющее большинство людей становятся практически неспособными мыслить вне рамок так называемой «стандартной модели» мироустройства, Это, в свою очередь, позволяет оправдывать существование в науке самых невероятных представлений о мире.

Изложенная ниже гипотеза является, по мнению автора, непротиворечивой и проверяемой, что позволяет считать ее научной гипотезой.

Нумерация глав второй части книги продолжает нумерацию глав первой части.

Во Второй части представления о преонном и гравитонном газе распространены на атомную физику, оптику (природа света) и электричество. Оказалось, что эти представления позволяют объяснить все рассмотренные здесь явления. Прежние подходы не давали убедительной именно физической картины всех этих явлений.

## Благодарность

Автор выражает глубокую благодарность издателю Соломону Хмельнику за бескорыстную помощь в издании книги, а также Александру Коренцвиту и моей жене Марине за постоянное сочувствие.

## Оглавление

*Я никак не могу поверить, чтобы ложная теория
могла объяснить столько фактов, как без всякого
сомнения, мне кажется, объясняет моя теория.*

*Ч. Дарвин*

# Предисловие ко второй книге

Во второй части этой книги мы попытаемся дать физическое объяснение многих хорошо известных и малоизвестных экспериментов с точки зрения подхода, развитого в первой части. Как уже было там показано, проблемы и тупики в физике возникли из-за того, что использовалась (как это ни странно) неверная философская основа развития науки. Эта философия в двух словах может быть сформулирована как "Мир построен из..." Ученые занимались поиском мельчайших "кирпичиков", из которых состоит все сущее, причем вопрос "Из чего состоят сами эти кирпичики" даже не ставился. Молчаливо принималось утверждение двухтысячелетней давности (времен Демокрита) о якобы "неделимости" этих микрокирпичиков, несмотря на абсурдность самого этого утверждения. И лишь в последнее время очень медленно начал утверждаться взгляд на бесконечную делимость материи и бесконечную протяженность ее в пространстве, хотя последний тезис формально давно признавался современными философами. [Л.1]

Следствием поиска "первоосновы материи" явилось постоянное стремление исследователей объявлять некоторые видимые общие стороны явлений фундаментальными. Так, например, из открытого физиками равенства скорости света и скорости распространения электромагнитных волн был сделан вывод об общей природе света и электромагнетизма. Сам по себе вывод, скорее всего правильный, только вот ЧТО именно понимать под "общей природой"? Как выяснилось в нашем анализе, "общим" является только то, что эти явления происходят на "преонном" уровне, но электромагнитные волны – это не колебания «полей», а потоки уплотнений преонного газа, вызываемые движением свободных электронов, и свет - это специфический тончайший поток преонов (цуг).

Следствием поиска "первооснов материи" явилось также стремление объяснить совершенно разнородные явления с общих позиций. Так, объявив "эфир" первоосновой материи, казалось естественным пытаться объяснить с его помощью световые, электромагнитные и гравитационные явления. Как выяснилось в нашем анализе, эти явления имеют сугубо разную «природу» (основу), и за гравитацию "ответственны" частицы следующего уровня малости – гравитоны. Поэтому все подобные рассуждения сторонников "эфирной теории" можно уже априори не рассматривать.

И, наконец, сама идея поиска "первоосновы материи" выглядит порочной методологически. Пусть вы объявили, что некоторые частицы материи являются "базисными". А из чего они состоят?

Видимо, понимая это, Эйнштейн предложил своеобразный «фокус» – считать базисными не физические объекты, а ПОНЯТИЯ, такие как скорость, пространство и время. Но даже и в этом случае вскоре потребовалось ввести еще одно понятие об их квантованности (понятие о квантованности понятий!), что сразу вернуло науку к предыдущей проблеме.

Другой причиной возникновения тупика явился метод замены исследования сути проблемы ее математическим описанием. Этот метод получил название "феноменологического" подхода, и восходит к самому И. Ньютону и его закону всемирного тяготения, действие которого ему удалось описать математически, не вникая (из-за невозможности) в физические причины этого явления. Метод произвел такое впечатление на современников, что в дальнейшем вся наука пошла по этому пути; и когда возникла необходимость исследовать электрические явления, был применен тот же метод. В результате о том, ЧТО ТАКОЕ "электрический заряд", мы сегодня не можем сказать ничего вразумительного. Мы ничего не знаем и о самой сути электрических явлений, хотя мы можем их успешно (как нам кажется) описать математически. Но надо понимать, что описываем мы при этом не сами эти явления, а лишь внешние проявления неких нам не известных внутренних процессов.

И, как уже следствие всего этого, когда появилась возможность исследовать атом, физики использовали те же методы. В результате мы имеем сегодня чисто математическую модель устройства атома, и множество трудно разрешимых проблем.

Наиболее же ярко этот подход проявил себя в изучении световых явлений, в результате чего до сих пор не преодолена пресловутая проблема корпускулярно-волнового дуализма (КВД), и "что такое свет с точки зрения физика" не может объяснить никто.

В первой части книги нами был развит **физический подход к физическим явлениям.** Мы не использовали математических моделей, и старались не уклоняться от принятого нами представления о бесконечной делимости материи. Как мы надеемся, нам удалось дать общее объяснение гравитационных, механических, и, забегая вперед, внутриатомных, световых и электрических явлений. Двигаясь именно в этой последовательности, удалось построить на единой основе сравнительно непротиворечивую картину мироустройства от микро- до макрокосмоса.

В результате первая книга "Физической физики" доступна для понимания любому школьнику даже не очень старших классов, а перед серьезными исследователями открывается необозримое поле математического описания явлений уже без отрыва от их физической сущности. Математика занимает здесь соответствующее ей место «служанки» экспериментальной науки.

Следует сразу указать на отличие гравитонно-преонной гипотезы (ГПГ) от большинства так называемых "эфирных" гипотез. Преонный газ не является аналогом пресловутого "эфира" — лишь в отдельных случаях представление о нем может быть использовано для объяснения некоторых явлений, в частности, явления приталкивания электрона к протону. В большинстве остальных случаев "эфирные" представления наталкиваются на трудно разрешимые противоречия.

Вторым крупнейшим недостатком "эфирных" теорий является стремление их сторонников и создателей объяснить с привлечением понятия об эфире все без исключения явления в микромире с единой позиции, то есть создать единую эфирную теорию электромагнетизма и гравитации. Как следует из представлений «гравитоники», за эти принципиально разные явления "отвечают" принципиально разные среды: преонный газ — за явления электрические, а гравитонный газ — за явления гравитационные. Другое дело, что существование преонов и гравитонов тесно связано, но кто сказал, что единая теория воздействия должна базироваться и на едином "носителе" этих воздействий? Такое воззрение является лишь подсознательным следствием все того же «доисторического» поиска "неделимой" элементарной частички.

**Шаг в сторону**

И, раз уж тут затронута методика научного познания, стоит привести маленький фрагмент из одного сайта каббалистической направленности, где о Творце Мира говорится примерно следующее:

*"Его (Творца) природа не поддается непосредственному исследованию, так как любое исследование возможно лишь при соблюдении закона подобия свойств. Можно анализировать лишь Его влияние: одна из принятых в науке методик исследования состоит в том, что некоторый объект с заданными свойствами подвергается воздействию, свойства которого нам неизвестны, и по изменению качеств объекта делаются выводы о свойствах влияния..."* [Л.2]

За свойственной подобным текстам вычурностью выражений просматривается очень интересное наблюдение. Пытаясь придать видимость "научности" своему учению, философ-каббалист здесь, что называется, попал в самую точку методологии современной физики, ведущей свое начало от И. Ньютона, человека глубоко религиозного и хорошо знакомого с философией религиозного *постижения*. Как уже было сказано, именно Ньютон предложил абстрагироваться от внутренней сущности явлений, и заменить исследование этой сущности вот этим самым методом "воздействие-отклик", для которого уже можно написать математические формулы, и опытным путем установить их адекватность реальности.

Этот метод предопределил направление развития физики на 300 лет вперед, но в результате его применения мы сегодня не можем указать на физическую сущность ни одного фундаментального явления – гравитации, света, электричества, не понимаем сущности заряда и пр.

Более того, развитие этого подхода у последователей каббалистического «лайтманизма» позволило применить математические методы к доказательству существования Творца Мира.

И лишь отказ от этого метода в данной работе позволил преодолеть его (метода) философскую несостоятельность, и совершить прорыв по всем направлениям физики. Оказалось, что мы практически не понимали ничего в строении мира, результатом чего явились такие, с позволения сказать, "теории", как теория Большого Взрыва, теория струн, представление о «темной материи-энергии», представление о том, что энергия может существовать сама по себе (не в связи с материей), теория относительности и пр. и пр. Характерной особенностью всех этих "теорий" является их принципиальная **недоказуемость**. Одним этим своим качеством все эти "теории" разом выводятся из категории НАУЧНЫХ (по Карлу Попперу), и превращаются в УЧЕНИЯ (разницу см. в разделе о научном методе познания в главе 1.)

То же самое относится и к «лайтманизму» (современной каббале), как следует из цитированного выше абзаца, хотя он, по утверждению своего создателя, претендует называться наукой. Однако, если формулы Ньютона еще могли до определенной степени быть подтверждаемы на практике, то лайтманизм лишь декларирует это, утверждая, что это подтверждение каждый отдельный человек может получить лишь на личном, чувственном уровне. Понятно, что с научным экспериментальным методом это имеет лишь внешнее сходство, потому что результат научного эксперимента является ОБЪЕКТИВНЫМ, очевидным для любого человека, даже не постигшего научную премудрость.

*"Творец – это общая природа мироздания"* – пишет и говорит Лайтман. И тут он недалеко ушел от Спинозы, отождествлявшего природу с Богом и Творцом. С точки зрения человека, обладающего начатками логического мышления, сказать так – все равно, что ничего не сказать. Это ТАВТОЛОГИЯ – замена одного неопределенного понятия другим.

*"Когда мы вникаем в эту природу глубже, то видим, что* **Творец есть мысль.** *Примерно так представлял себе единый закон мироздания Эйнштейн. Сегодня ученые приходят к мнению, что за физическими законами ощущается мысль, ими управляющая. Практически, это означает приближение к пределу возможностей постижения в этом мире. Далее начинается только чувственное познание..."* (Там же).

В первой главе первой книги было показано, как негодный философский теоретико-познавательный прием блокировал продвижение нашего познания материи и мира вглубь и вширь, и, в конце концов, привел науку в общепризнанный на сегодняшний день тупик, в котором она вынужденно смыкается с религиозным понятием о Творце мира.

Попутно выяснилось одно интересное обстоятельство. Огромное количество работ так называемых «независимых» (от официальной науки) авторов грешат двумя недостатками. Во-первых, эти авторы, будучи вдохновлены кажущейся логичностью собственных рассуждений, не стесняются осуждать своих предшественников, иногда в довольно резкой, насмешливо-издевательской форме. При этом одновременно они, что называется, "не видят бревна в своем глазу". Либо сами постулаты, априорно принятые ими, достаточно произвольны, либо временами отсутствует логика, либо невозможность найти модельные решения толкают их на произвольные допущения. Спорить с этими авторами бесполезно – сами их физические модели чаще всего неадекватны, а, значит, и их математическое описание мало чего стоит. И чем больше в них математики, тем более они становятся похожими на тех, кого сами критикуют.

Поэтому как в прошлом изложении, так и в дальнейшем, мы старались не слишком критиковать предшественников, а из работ упомянутых авторов брать только описания малоизвестных экспериментов, не удостоившихся широкого обсуждения и даже упоминания на страницах известных учебников.

Что же касается множества появившихся в последнее время разнообразных моделей элементарных частиц, фотонов, атомов и моделей мироздания вообще, то на сегодняшний день вряд ли можно претендовать на что-либо принципиально новое. Однако, общий недостаток этих моделей таков же, как и всех их предшественниц – они пригодны только для объяснения некоторой части явлений, и вовсе не универсальны. Один из таких авторов, человек весьма уважаемый, разработав собственную модель фотона, в конце этого процесса сам удивился, насколько она получилась сложной, и выразил сомнение в том, что она адекватна реальности. В связи с этим мы не видим никакой возможности ссылаться на предшественников – уж слишком разноголосым слышится нам их хор. Пусть этим занимаются историки (науки).

Как можно видеть из содержания этой второй книги, мы отходим от традиционной последовательности изложения физической науки в школе. В начале последующего изложения мы рассматриваем атом, его структуру и составляющие. Ибо только после этого можно получить адекватное представление о так называемых «электрических силах», понятие о «заряде», без чего невозможно понимание физики явлений, относимых к «электромагнитным».

# Глава 5. Строение атома

## Содержание

## Протон и электрон

Базовым допущением в нашей гипотезе является представление о бесконечной делимости материи и, на этой основе, существование в пространстве преонного и гравитонного газов, параметры которых были приблизительно оценены в первом томе.

Хотя внутренняя структура протона нам сегодня не совсем ясна, но в рамках вышеуказанных представлений мы можем с достаточным основанием предполагать, что он представляет собой тороидальный вихрь размером примерно $1.10^{-13}$ см, состоящий из преонов. Это предположение достаточно правдоподобно хотя бы потому, что в газовой среде (преонный газ) типов устойчивых структур не так уж и много.

Поскольку его (протона) структура весьма устойчива, можно также предположить, что он либо имеет собственное ядро, либо поверхность его вихря (сплошная или многослойная) плохо проницаема для гравитонов. Однако современная экспериментальная физика не имеет данных о существовании у протона ядра. Поэтому пока остается только второе предположение. Собственно, это предположение мы уже использовали ранее при нахождении приблизительных параметров преонов и гравитонов. Современная физика утверждает, что плотность протона примерно на 15 порядков превышает плотность воды.

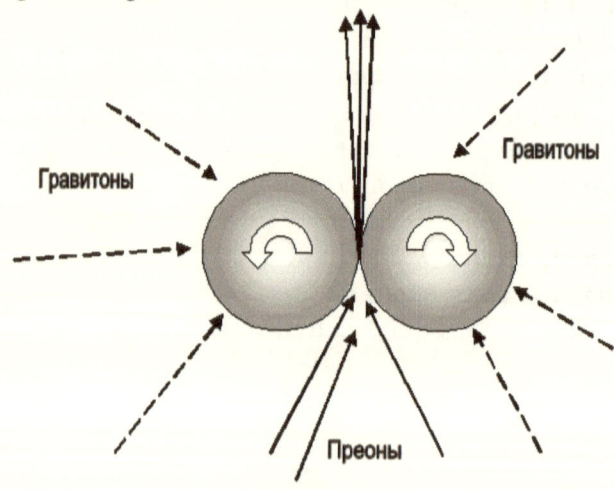

Рис. 1. Модель протона.

Пунктирными стрелками условно показаны гравитоны, прилетающие из свободного пространства; сплошными стрелками – преоны.

В соответствии с представлением об ускорении любого движущегося тела гравитонами (изложенным первой части книги), все преоны, входящие в состав вихря протона, будут постепенно ускорять свое вращение в направлении своего уже имеющегося движения, и вихрь будет раскручиваться. Начиная с определенного момента, скорость вращения вихря станет столь велика, что гравитонная бомбардировка уже более не сможет удерживать наиболее высокоскоростные преоны. Это происходит при окружной скорости преонов, равной скорости света. И, возможно, именно в этом состоит ответ на вопрос, почему скорость света именно такая, а не иная.

Часть этих преонов начнет вылетать из середины тора (там, где воздействие внешних гравитонов минимально или вообще отсутствует). Кроме того, во входную воронку тора могут попадать из окружающего пространства находящиеся в нем свободные преоны (рис.1). На первом этапе мы будем учитывать только второй механизм – наличие и влияние «воронки».

Однако и сам протон имеет вращение во всех трех плоскостях. Поэтому луч вылетающих из него преонов как бы «сканирует» по всему пространству с достаточно большой скоростью. И уже на сравнительно небольшом расстоянии от протона картина разлетающихся из протона преонов может быть заменена вот на эту (рис.2), совпадающую с идеями Вальтера Ритца [Л.3], который считал, что причиной электрического отталкивания одноименных «зарядов» является выбрасывание из носителей (источников) этих зарядов каких-то очень малых частиц – «реонов Ритца». (Причину возникновения силы, заставляющей «противоположные» заряды сближаться, Ритц объяснить не мог).

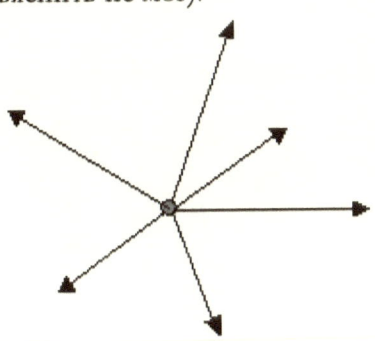

Рис.2

Потеря части преонов на их «излучение» (выброс из тора протона) компенсируется одновременным «всасыванием» других преонов из окружающего пространства (стрелки в нижней части тора на рис.1). При этом «всасывание» может происходить даже не по причине возникновения разрежения вблизи ядра протона, а просто в результате постоянной бомбардировки протона внешними преонами преонного газа. Те из них, которые входят в горловину «всасывающего» тора под сравнительно небольшими углами, проходят через нее, и выбрасываются с противоположной стороны. Однако не исключено и «прилипание» внешних преонов к вихрю протона, как это имеет место в зоне всасывания обычного смерча (торнадо).

Преоны, вылетевшие из свободного одиночного протона, распространяются на длину свободного пробега в преонном газе (не более 1-2 км) и приводят к отталкиванию протонов, попадающихся на их пути. Это и есть эффект ЭЛЕКТРИЧЕСКОГО отталкивания так называемых «одноименных зарядов».

Таким образом, протон собирает («высасывает») преоны из окружающего пространства и «расстреливает» их обратно, создавая для таких же протонов силу отталкивания. Однако это излучение является не хаотическим, а упорядоченным.

*Ситуация совершенно аналогична работе обычного бытового вентилятора — гораздо труднее обнаружить поток всасывания с обратной стороны вентилятора, чем поток излучения, ибо то же самое количество частиц поступает во входную горловину вентилятора из гораздо большего объема.*

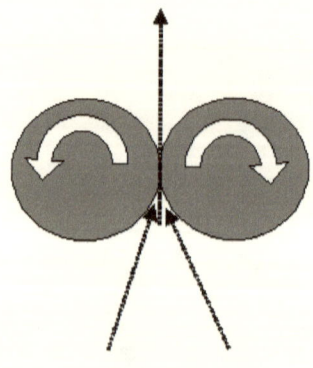

Рис. 3.

В результате этого весь преонный газ, окружающий протоны, постепенно перемешивается этими «вентиляторами», и средняя скорость свободных преонов в пространстве также устанавливается примерно равной скорости света (C = 3.10$^{10}$ см/сек).

Отсюда также следует, что в областях пространства, в которых отсутствует вещество (протоны), почти нет и преонного газа.

Центральная часть тора протона, по-видимому, представляет собой весьма узкое отверстие, через которое, возможно, проходит только один преон, а, возможно даже, что две внутренние части тора соприкасаются (рис.3).

Скорость преонов, вылетающих из одиночного протона, приближается к скорости света, и поэтому воздействия гравитонов окружающей среды недостаточно для того, чтобы возвращать излученные преоны обратно к протону. Следовательно, в нормальных условиях нет причин для автоматического, самопроизвольного создания вокруг протона преонной оболочки (называемой обычно «электронной оболочкой»). Протон без орбитального «облачка преонов» создает вокруг себя расходящийся во все стороны радиальный поток преонов, проявляющий себя вовне как «электрический заряд».

Возможно, что «принцип действия» электретов состоит именно в неспособности входящих в такой материал протонов образовать вокруг себя облачко. Здесь нам сразу же дается намек на источник энергии электростатического «поля» электретов – это гравитонная раскрутка протонов.

Для образования стабильной замкнутой преонной оболочки вокруг протона необходимо, чтобы выбрасываемые преоны начали возвращаться обратно к вертушке протона, а для этого нужно, чтобы окружная скорость вращения вертушки и самих протонов была несколько меньшей, чем в описанном выше случае. Этому способствует «разовая инъекция» достаточно большого количества преонов. Это происходит при сближении протона со свободным «электроном» – сравнительно плотным вихревым облачком преонов, которые за небольшой промежуток времени всасываются в вертушку протона. Эти преоны первоначально имеют сравнительно небольшую скорость в направлении входной воронки протона.

Нельзя исключить и постепенного накопления вокруг протона преонов пространства, имеющих несколько меньшую скорость движения.

Преоны облачка «свободного электрона» также вращаются вокруг центра этого облачка (вихря) со световой скоростью, но в целом облачко имеет небольшую скорость относительно протона. В то же время преоны, составляющие облачко, имеют самые различные направления своего движения (в облачке). Поэтому от протонной «вертушки» требуется дополнительная энергия, чтобы развернуть часть этих преонов в направлении выходной воронки.

При этом вертушка резко тормозится. Скорости преонов, вылетающих из тора протонной «вертушки», уменьшаются до величины, при которой внешние гравитоны («гравитоны тени», длинные стрелки на рис.4) успевают развернуть вылетающий из протона поток в обратном направлении, образуя облачко (поток) сильно вытянутой эллиптической формы. (Образно выражаясь, это «вторая космическая преонная скорость»). Это облачко в литературе по атомной физике именуется «электронным облаком». Ниже мы уточним параметры этого «облачка».

При этом преоны уже не могут разгоняться до скоростей отрыва (скорости убегания), не могут стать улетающими «реонами» Ритца. Они превращаются в «электронное облако», в «электрон», якобы вращающийся вокруг ядра (по современным теориям). Этот поток действительно вращается вокруг ядра, но вовсе не как самостоятельное целое, не как «точечная масса» электрона; и удерживается он около ядра вовсе не «электрическими силами», а внешним давлением гравитонов, то есть силами гравитационными (рис.4). Это показано на рис.4 длинными стрелочками, «упирающимися» в траектории преонов.

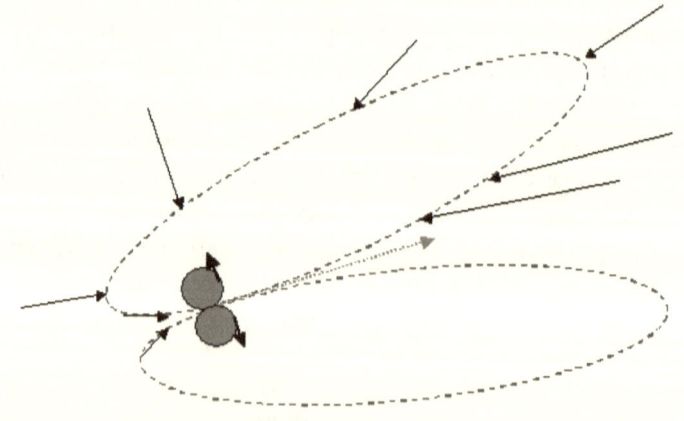

Рис. 4. Продольное сечение атома

В нашей модели электрон как «заряженная» частица, способная сближаться и отталкиваться с другими такими же «элементарными» частицами, существует как сосредоточенное образование только отдельно от протона. Войдя же в соединение с протоном (и образуя с ним нейтральный атом), электрон образует оболочку вокруг протона, но перестает быть «заряженной» частицей. Одновременно и протон перестает излучать преоны во всех направлениях (реоны Ритца), и также перестает проявлять свои «электрические свойства».

*В учебниках этот процесс толкуется как некая «нейтрализация» положительного «заряда» протона отрицательным «зарядом» электрона. Это «объяснение» — всего лишь феноменологическая модель происходящего, а не реальный процесс. Однако оно настолько прочно внедряется в головы школьников уже в старших классах (безусловное доверие к учителям и учебникам и кажущаяся простота объяснения), что впоследствии они никак не могут поверить, что может существовать какое-то иное объяснение процесса образования и строения атома водорода.*

Форма такого «облачка» (орбиты преонов) около одиночного протона, согласно законам классической механики, не может быть никакой другой, кроме как эллиптической. Именно это обстоятельство позволяет атомам создавать более крупные структуры (молекулы). Чем больше вытянута орбита преонов электрона, чем дальше они уходят при своем движении от протона, тем больше вероятность захвата их соседними атомами. Если, по каким-либо причинам, форма внешней оболочки атома приближается к сферической, то «активность» атома снижается. Атом становится «нейтральным газом» (так называемые «благородные газы»). Причем именно ГАЗОМ, вне всякой зависимости от массы ядра! Так, радон — газ, хотя масса ядра его атома больше, чем у золота и свинца.

Простое объяснение этому явлению, называемому в химии «валентностью», состоит в том, что находящиеся на очень вытянутой эллиптической орбите частицы (преоны) в «апоядрии» этой орбиты (наиболее удаленной точке от протона) имеют практически нулевую скорость. Вследствие этого они гораздо легче подвергаются посторонним воздействиям со стороны других атомов, чем частички (преоны), находящиеся на слабо вытянутых или вообще круговых орбитах, где у них всегда имеется значительная окружная скорость.

Преоны на более кругообразных орбитах никогда не имеют малых скоростей, а потому и не подвержены влиянию «со стороны».

Преоны, вылетевшие из выходной горловины вертушки протона (в дальнейшем просто «вертушки»), постепенно затормаживаются «гравитонами тени», и на расстоянии примерно $1.10^{-8}$ см от протона долетают до самой дальней точки эллиптической орбиты («апоядрий»); их радиальная скорость становится равной нулю. После этого начинается движение преона в обратном направлении, к вертушке протона. Период обращения такого преона составляет приблизительно $1.10^{-15}$ сек.

Преоны вылетают из выходной горловины протонной вертушки веером (а не строго в каком-то одном направлении) (рис.4). Вид такого веера определяется несколькими факторами. Во-первых, на него влияет форма выходной горловины самой вертушки, во-вторых – масса самих преонов, которая может быть несколько различной у каждого из них. Последнее вытекает из материалов первой части книги, где описывается взаимодействие гравитонов с преонами, и указывается на увеличение размеров и массы преонов по мере поглощения ими гравитонов (процесс весьма длительный).

Вследствие этого продольное сечение «электронного облачка» имеет вид, подобный показанному на рис.5.

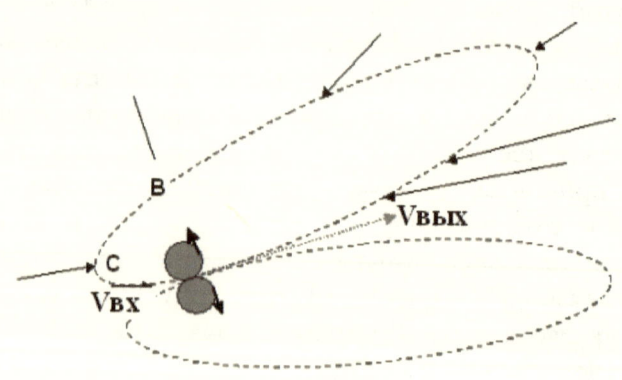

Рис. 5

Из этой схемы понятно, что отдельный преон, вылетевший из протонной вертушки, возвращается к ее входной горловине «окольным путем». Если бы преон вылетал из протона точно по оси тора вертушки, то встречные гравитоны после торможения и последующего ускорения возвращали бы преон точно к выходной горловине вертушки. Но преоны вылетают веером и двигаются по эллипсу с бо́льшим или меньшим эксцентриситетом. Во время этого движения импульс (вектор) воздействующих на них гравитонов постоянно меняет свой угол относительно траектории преона, а, следовательно, и величину составляющей, направленной поперек орбиты и вдоль нее. Ускоряет преон по орбите продольная (орбитальная) составляющая импульса гравитона. Поэтому к моменту возвращения преона в точку «В» его орбиты (рис.5), скорость преона в этой точке несколько меньше, чем она была в момент вылета из вертушки. Чем шире веер, чем ближе эллипс орбиты к окружности, тем меньше эта скорость.

Вследствие этого преон продолжает двигаться по орбите и попадает в «заднюю полусферу» вертушки протона. Здесь он (в точке «С») затормаживается окончательно, и снова начинает движение к протону, к входной горловине вертушки протона.

В результате своего движения по эллиптической орбите преон входит во входную горловину вертушки с меньшей скоростью, чем та, с которой он ранее вылетел из выходной горловины. И теперь на ускорение преона внутри протона, на изменение его скорости от Vвх до Vвых вертушка должна затратить некоторую энергию. Эту энергию она также получает от гравитонов, проникающих внутрь преонов самой вертушки.

В результате устанавливается определенный баланс скоростей и энергий. В полном соответствии с процессами, описанными в первой части книги (гл.3 и 4), гравитоны свободного пространства затрачивают энергию на изменение направления движения преонов, на их торможение и ускорение; кроме этого, они сообщают вертушке протона энергию, необходимую для ускорения преонов после попадания их в вертушку. Гравитоны являются источником энергии и самого существования для всей так называемой «материи» мира.

Так образуется простейший атом водорода (один протон и один «электрон»). Он представляет собой протон (тороидальное ядро), из центра тора которого вылетает тонкий пучок (луч, «игла») преонов со скоростью, несколько меньшей скорости света, и затем эти преоны возвращаются к протону, образуя «электронное облачко».

При этом ни один преон уже не может оторваться от протона ни в дальней, ни в ближней точке орбиты. Он находится на <u>«устойчивой орбите».</u> И эта орбита – одна-единственная.

Теперь средняя скорость любого преона  существенно меньше скорости света, так как он не улетает из атома, а  добирается только до апоядрия эллиптической орбиты. И так происходит со всеми преонами, которые входили в состав внешнего электрона, «втянутого» в атом вертушкой протона.

А вот если по каким-то причинам преон  был заброшен на более высокую орбиту (эти причины будут рассмотрены далее), то, возвращаясь с нее, он вблизи  протона может приобрести и несколько бо́льшую скорость, а именно – скорость С, и проскочить «точку возврата» к протону.

## Электрон в атоме

Все преоны устойчивой преонной оболочки, вылетевшие из протонной «вертушки», долетают почти до  границ  атома (примерно  $1.10^{-8}$-$1.10^{-9}$ см), постепенно затормаживаясь  под воздействием гравитонов окружающей среды, и  возвращаются к протону «окольным путем», образуя оболочку вокруг ядра. Эта оболочка в современной физике и называется «электроном». Однако современная физика не видит разницы между  электроном внутри и вне атома.

На данном этапе рассуждений мы можем считать, что каждый преон такой оболочки  движется независимо от остальных. Это прямо следует из представлений об  их количестве в этой оболочке (более $10^{11}$), и о размерах самого преона. К движению каждого преона в полной мере применимы законы небесной механики (движение тел в пустом пространстве под действием гравитации). Как было показано в первой части книги, в случае использования гравитонной гипотезы следует учитывать не столько величину массы тел, сколько степень их прозрачности для гравитонов.  Поэтому, руководствуясь  лишь  общепринятыми  представлениями  о «гравитационном поле», зависящем от  величины массы как источника гравитационного воздействия (см. определение в любой энциклопедии), легко впасть в  заблуждение относительно процессов, происходящих  на атомном уровне.

*Вот одно из таких определений:*
*"Гравитационная масса – характеристика материальной точки при анализе классической механики, которая полагается причиной гравитационного взаимодействия тел, в отличие от инертной массы, которая определяет динамические свойства тел" [Л.4]*

Общепринятое представление о гравитации расходится с нашим представлением, изложенным в первой части книги. Сегодня считается, что масса, так или иначе, создает гравитационную силу, является ее <u>источником</u>. В теории Ньютона это прямо постулируется, в теории Эйнштейна существование массы создает «искривление пространства». Но в обеих теориях возникающая сила «притяжения» пробного тела к «тяготеющей» массе зависит от величины этой массы, а не от плотности тела или чего-либо иного.

Согласно современным воззрениям, крайне малая величина массы хотя бы двух протонов не может создать заметной «притягивающей» силы гравитации даже на внутриатомных расстояниях. Однако протон (из-за своей невысокой проницаемости для гравитонов) все же создает гравитационную тень, и тень довольно таки плотную. Плотность протона, как легко рассчитать, более чем на 15 порядков (!) превышает плотность воды. Именно возникновение гравитационной силы обеспечивает движение преона относительно протона, совершенно аналогично тому, как это происходит с кометой на сильно вытянутой эллиптической орбите. Правда, некоторая разница существует (и существенная) — комета при приближении к Солнцу обращается <u>вокруг</u> него, в то время как преон проходит <u>сквозь</u> «вертушку» внутри протона.

Согласно гравитонике, гравитационную силу («приталкивание») создают гравитоны тени. А эта тень зависит не от массы, ее образующей, а от ПЛОТНОСТИ создающего гравитацию тела и его угловых размеров «с точки зрения» пробного тела (грубо говоря – от прозрачности тела для потока гравитонов). Поэтому нет ничего удивительного в том, что протон, при своей очень небольшой массе, в значительной мере задерживает все падающие на него гравитоны, и создает вблизи своей поверхности ускорения, на много порядков превышающие ускорения на поверхности Солнца, и сравнимые разве что с ускорениями на поверхности нейтронной звезды (если таковые объекты существуют). Ниже (в разделе «Ускорения») приведен приблизительный расчет невероятно большого ускорения, которое испытывает даже классический электрон, вращающийся по круговой («де-бройлевской») орбите вокруг протона.

Преон, вылетающий из центра (горловины) тора одиночного протона, получает очень небольшую боковую составляющую своей скорости, и поэтому движется почти вдоль оси симметрии тора протона, постепенно затормаживаясь внешним гравитационным давлением. Однако расходимость пучка, как было сказано, все же существует, что может приводить к заметному отличию формы преонного облака («электронного облака») от иглоидальной. В самой дальней точке своего пути скорость преона на иглоидальной орбите равна нулю, и та же самая гравитационная «сила», которая его тормозила, теперь заставляет его начать движение обратно к протону. Преон начинает падать на протон из дальней точки орбиты с практически нулевой начальной скоростью, но с весьма большим ускорением, ускоряясь при подлете к протону почти до скорости света. (Заметим, что логика изложения не требует от нас пока учета никаких релятивистских эффектов.) В этом случае форма орбиты преона будет «кометной», иглоидальной, примерно такой, какой она показана на рис.6 (или рис.5 при большой расходимости пучка). Рис. 6, конечно, выполнен не в масштабе. (В частности, правая часть рисунка представляет собой тоже довольно размытый в пространстве тор, размеры которого значительно больше размеров протона.)

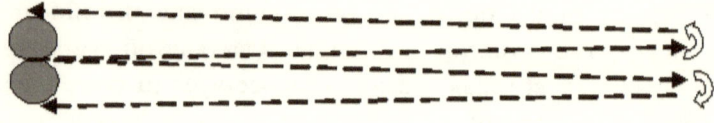

Рис. 6.

Фактически это – «игла» толщиной в размер протона $1.10^{-13}$ см, вытянувшаяся на расстояние $1.10^{-8}$ см, то есть на расстояние в $1.10^{5}$ диаметров протона. Если бы протон имел размер Солнца (~1,5 млн. км), то максимальное удаление преона составило бы $1.10^{5}$ млн. км (100 млрд. км), то есть далеко за кометным «поясом Койпера».

На данном этапе представляется, что «валентные связи» между атомами, приводящие к образованию молекул, возникают именно благодаря существованию подобных «игл» в атомах, состоящих из многих протонов.

Как уже сказано выше, без электрона протон вращается со скоростью, соответствующей скорости света на его поверхности. При радиусе протона примерно $1.10^{-13}$ см число оборотов протона в секунду должно быть примерно $5.10^{22}$ об/сек. И это – предельная величина, так как дальнейшая раскрутка приведет к разрушению вихря протона. А при захвате электронного облака частота вращения протона может уменьшиться в некоторых случаях даже до $1.10^{8}$ – $1.10^{9}$ об/сек, то есть даже до частоты так называемого «протонного резонанса».

Если вертушка захватывает свободный электрон, то преоны, из которых состоит электрон, по очереди втягиваются в вертушку и в дальнейшем распределяются по орбите, как в общем виде показано на рис.7. Каждый вылетевший из вертушки преон оказывается под тормозящим воздействием гравитонов, и двигается по своей орбите с переменным ускорением. По мере увеличения во внутриатомном пространстве количества втянутых в вертушку протона (и затем выброшенных из нее) преонов, скорость вертушки несколько снижается, так как для ускорения втягиваемых преонов до приходится затрачивать некоторую энергию.

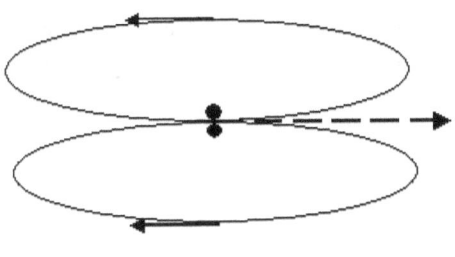

Рис. 7.

В результате каждый преон окажется на своей отдельной орбите, но в сравнительно узком диапазоне орбит. Эта масса преонов и называется в современной физике «электронным облачком» атома. Поперечное сечение такого облачка показано на рис.7.

Существенным моментом для понимания дальнейшего является представление о том, что электронное облачко состоит из преонов различной массы. В то же время импульс, который передает вертушка каждому преону, зависит от массы преона, а, соответственно этому, и скорости преонов несколько отличаются друг от друга. Поэтому в дальнейшем (после «всасывания» электрона протоном) преоны распределяются по орбитам, расположенным в некоторой области в виде как бы «слоеного пирога».

## Ускорения

Таким образом, преон на своей орбите в атоме двигается с переменным ускорением, изменяющимся в широких пределах. Это ускорение определяет сила, которая на него действует, а она обратно пропорциональна квадрату расстояния до протона. Эту силу создает бомбардировка гравитонами орбитальных преонов. Если преон при своем возвращении к протону проходит на минимально возможном расстоянии от его центра $1.10^{-13}$ см (ведь он в конечном итоге входит в прямой контакт с вертушкой!), то на расстоянии на пять порядков большем (размер атома), действующая на него сила будет меньше на 10 порядков.

Если бы преон подходил к вертушке протона со скоростью света (а его орбита не имела бы «задней полусферы»), то расстояние, равное диаметру протона, он проходил бы  примерно за
$$t=s/v=1.10^{-13}/3.10^{10}=0,3.\ 10^{-23}\text{сек.}$$

При «круговом маневре» вокруг протона преон должен за это время получить такое ускорение, которое заставит его развернуться на 90 градусов.   А поскольку $S=at^2$, то ускорение, которое испытывает преон вблизи протона во время своего кругового маневра, за время, равное четверти оборота, соответствует (с точностью до множителя)
$$a=S/t^2 = 1.10^{-13}/0,1.10^{-46} =10.10^{33}=1.10^{34}\text{ см/сек}^2$$

Эта величина представляется какой-то невероятно большой. Ведь ускорение свободного падения у Земли равно примерно $g=1.10^3$ см/сек$^2$, а  ускорение свободного падения вблизи Солнца - менее   $3.10^4$ см/сек$^2$. (Ниже мы получим подтверждение этой величины ускорения из других соображений).

В «апоядрии» (на максимальном расстоянии от ядра-протона) ускорение будет на 10 порядков меньше, то есть $a=1.10^{24}$ см/сек$^2$. Тоже немало...

Надо сказать, что и в «резерфордовской модели» ускорение электрона тоже достаточно велико. В этой модели $1.10^{-9}/137$ см – ориентировочный радиус орбиты электрона. Так как $S=vt$, то
$$t=s/v=1.10^{-9}/137.3.10^{10}=1.10^{-9}/411.10^{10}=\sim500.\ 10^{-19}\text{сек}= 5.10^{-21}\text{сек;}$$
и
$$t^2 =25.\ 10^{-42}\text{ сек.}$$
При этом постоянное радиальное ускорение
$$a=S/t^2 = 1.10^{-9}/25.10^{-42} =0,04.10^{33}=4.10^{31}\text{ см/сек}^2$$

Однако выше (рис. 5) мы попытались обосновать точку зрения, при которой орбита преона хотя и  выглядит в виде эллипса с большим эксцентриситетом, но протон располагается не в фокусе эллипса, а примерно посередине между фокусами (рис. 7). В этом случае ускорение не достигает   величины $1.10^{34}$ см/сек$^2$, а определяется минимальным расстоянием, на котором проходит преон мимо протона при своем первом к нему возвращении. Это ускорение может быть различным для различных орбит.

# Орбита преона во внутриатомном пространстве

Как указано выше, разворот преонов происходит не за время четверти оборота вокруг протона на почти протонном радиусе, а на значительном удалении от протона после того, как преон «проскочил» протон. А это уже совсем иные расстояния и ускорения. И есть основания полагать, что поскольку преон проскочил мимо протон на околосветовой скорости, то он и удалится от протона в «заднюю полусферу» примерно на такое же расстояние, что и после вылета из горловины протона. Иными словами, реальные орбиты преонов будут выглядеть примерно так, как это показано на рис. 7.

Эллиптичность орбит может быть разной (от сильно вытянутой до почти круговой), и это зависит от ряда причин.

Попробуем рассчитать элементы орбиты преона в атоме. Но вначале рассмотрим задачу о высоте $H_2$ подъема пули, выстреленной вертикально вверх (в земных условиях). Согласно справочнику

$$\frac{v_2^2}{2} - \frac{v_1^2}{2} = -g_0 R^2 \left( \frac{1}{x_1} - \frac{1}{x_2} \right)$$

где

$x \equiv R + H$,

$R$ - расстояние от центра притяжения,

$v_1$ - известная начальная скорость пули;

$v_2 = 0$.

Преобразуя первое уравнение к виду

$$\frac{v_2^2}{2} - \frac{v_1^2}{2} = -g_0 R^2 \left( \frac{1}{R + H_1} - \frac{1}{R + H_2} \right)$$

где $H_1 = 0$, $H_2$ - искомая высота подъема, получим

$$H_2 = \frac{v_1^2}{2g_0 - \dfrac{v_1^2}{R}}$$

Применим теперь эти рассуждения к случаю «выстреливания» частицы (преона) с поверхности протона со скоростью света («C»). Протон рассматриваем как центр притяжения преона, приняв его за сферу с радиусом $R = 1.10^{-13}$ см. Будем считать, что преон удаляется от центра притяжения (протона) не далее, чем до границы, принимаемой обычно за размер атома водорода $H = 1.10^{-8}$ см. Вопрос – какова должна быть при этом величина g вблизи поверхности протона?

Из последней формулы

$$2g - \frac{v^2}{R} = \frac{v^2}{H} \quad \text{следует} \quad 2g = \frac{v^2}{H} + \frac{v^2}{R}$$

Поскольку $R \ll H$, то первое слагаемое в правой части последнего равенства меньше второго примерно на 5 порядков, и с достаточной для нас точностью можно записать:

$$2g = \frac{v^2}{R} \quad \text{или} \quad g = \frac{v^2}{2R}$$

При $v = C$ и R=1.10$^{-13}$ см получим

$$g = \sim 9.10^{20}/2.10^{-13} = \sim 5.10^{33} \text{ см/сек}^2$$

Примерно та же величина получилась у нас ранее при расчете ускорения преона при облете протона по его окружности.

Теперь посмотрим, что получается при применении формулы, по которой можно рассчитать время падения пробного тела (кометы) на центральное массивное ядро (Солнце), <u>учитывая зависимость ускорения</u> от разницы высот

$$t = \sqrt{\frac{r+H}{2g}} \, (\sqrt{\alpha} + (1+\alpha)\arcsin\sqrt{\frac{\alpha}{1+\alpha}}).$$

Величина $\alpha \equiv \dfrac{H}{r}$ равна в нашем случае 1.10$^5$.

Если H=1.10$^{-8}$ см, то время падения

$$t = \sim (H/2g)^{-1/2} [10^{2,5} + (1+10^5)\pi/2].$$

Выражение в квадратных скобках $[10^{2,5} + (1+10^5)] \sim = 1.10^5$.
Величина $(H/2g)^{-1/2} = (1.10^{-8}/2.5.10^{33})^{-1/2} = \sim (1.10^{-21})$.
Отсюда

$$t = \sim (1.10^{-21})10^5 = 1.10^{-16} \text{ сек.}$$

<u>С точностью до множителя (ведь наш расчет был очень грубым) это приближается к периоду обращения электрона по круговой «боровской» орбите атома водорода, рассчитанному Де-Бройлем!</u>

Остается только представить себе огромную величину

$$g = \sim 9.10^{20}/2.10^{-13} = \sim 5.10^{33} \text{ см/сек}^2.$$

Что это вообще может означать?

Ну, прежде всего - это как раз действие тех самых пресловутых «внутриатомных» сил. Протон создает достаточно плотную тень для гравитонного потока, и при огромной плотности протона это неудивительно. И теперь загадочные «внутриатомные силы» получают свое объяснение через все ту же «гравитонную» гипотезу.

К этому месту наших рассуждений наш читатель, вероятно, уже стал догадываться, что в конце наших рассуждений все загадочные классические «четыре типа взаимодействий» будут сведены в какую-то одну общую систему. И читатель не ошибается.

# Нейтрон

В определенных случаях (внутри ядра) вокруг протона также образуется облако преонов, но скорость их такова, что они не только не вылетают за пределы расстояния $1.10^{-8}$ см, но как бы даже «прилипают» к поверхности протона. Протон перестает излучать преоны и, с точки зрения внешнего наблюдателя, «теряет» свой «заряд», даже оказавшись вне атома. Такой объект называется в науке «нейтрон». По ряду причин скорость вращения такого протона может быть несколько меньшей, чем в атоме водорода. Такие условия, видимо, возможны (создаются) только внутри ядра некоторых атомов, где преоны не могут удалиться от протона на большое расстояние («зажаты» соседними атомами). Если такой нейтрон по каким-то причинам все же покидает ядро, то после вылета из ядра он, в конце концов, распадается на протон и обычный свободный электрон. Время жизни нейтрона вне атома обычно не более 5-15 минут. С точки зрения гравитоники причина проста – за это время окружная скорость вращения протона возрастает до величины «С», и нейтрон оказывается не в состоянии удержать около себя преонное облачко (по причинам, которые будут рассмотрены позже).

Отсюда ясно, что в данной модели представление об атоме, как о вращающихся «противоположно заряженных» частицах, лишено всякого смысла. Лишено смысла даже (также) и представление о том, что положительный «заряд» протона каким-то образом компенсируется (нейтрализуется) «отрицательно заряженным» электроном. Какие бы то ни было «электрические силы» внутри атома просто не существуют. Эти «силы» есть следствие взаимодействия протона и электрона как отдельных частиц только В СРЕДЕ ПРЕОНОВ, вне атома, в свободном пространстве.

# Устойчивость атома
## Синхронизм

Как уже было сказано выше, в «установившемся режиме» (так называемая «стационарная орбита» – не путать со стационарной орбитой искусственного спутника Земли!) вертушка находится в динамическом равновесии с окружающей (гравитонной) средой, и подпитывается энергией от проникающих внутрь нее гравитонов.

Если линейная скорость вертушки под влиянием гравитонов увеличивается, то она начинает тормозиться приходящими извне преонами среды и электронного облачка. Возникает некий «динамический баланс». И, если вблизи свободного протона оказывается некоторое количество преонов с повышенной пространственной концентрацией (например, «свободный электрон»), то преоны, вылетающие из выходной горловины вертушки, уже не будут иметь скорости С, и не могут удалиться от протона на бесконечность - ведь они подвергаются гравитонной бомбардировке из гравитонной тени протона. В результате на расстоянии примерно $1.10^{-9}$–$1.10^{-8}$ см от протона они разворачиваются, и начинают двигаться назад к вертушке. На обратном пути преоны проскакивают мимо вертушки, уходят в «заднюю полусферу», и после возвращения попадают во всасывающую горловину вертушки. Если этого не происходит, то преоны на такой орбите существовать не могут.

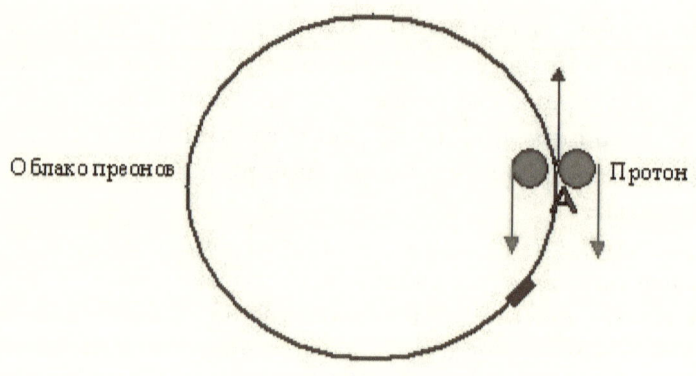

Рис.8

В этом и состоит «секрет» существования «разрешенных» и «запрещенных» орбит. Все дело в «синхронизме», в необходимости для частицы прийти к входной горловине вертушки протона в строго определенное время. Ниже мы уточним параметры этого движения.

Однако прежде, чем возникнет необходимость синхронизма, нужно, чтобы сам атом был устойчив. И главное условие, необходимое для устойчивости системы «протон-облако», это соблюдение равенства окружных линейных скоростей в точке А (рис.8). Для простоты, на рис.8 орбиты преонов изображены как круговые, а не как вытянутые эллиптические. Принципиального значения на данном этапе это не имеет.

На своих орбитах преоны могут по разным причинам затормаживаться. Но, поскольку силовой источник (источник энергии вращения) – это протон (два малых кружка – сечение тора протона), то при каждом обороте преона этот преон будет получать дополнительный импульс от вращающегося протона.

Можно спросить - откуда же возникают потери в такой системе?

Никаких «потерь» на самом деле нет. Как было уже сказано ранее, причина необходимости получать дополнительный импульс – в форме орбит. Торможение гравитонами приводит не к показанной выше чисто иглоидальной орбите, и не к чисто круговой, а к орбите эллиптической, с заходом преона в «заднюю полусферу» (как это было показано на рис.5 и рис.7). Поэтому преон приходит к входной воронке с меньшей скоростью, чем та, с какой он вылетел из выходной воронки протона. Потерь нет по той же причине, по которой скорость в апоядрии снижается чуть ли не до нуля, но не вследствие потерь, а вследствие гравитонного торможения! Это важно! И это нельзя было понять без понимания необходимости затрат энергии при движении тела по орбите в свободном пространстве (как это объяснено в Приложении к первой части книги).

И вот теперь уже можно обратиться к фундаментальным основам квантовой механики. Но скажем сразу для полной ясности: атом устойчив только в случае равенства момента вращения протона моменту вращения электрона (как суммы преонов) на устойчивой (синхронизированной) орбите.

## Физический смысл «постоянной Планка»

В нашей модели преоны должны получать дополнительную энергию при каждом прохождении вертушки взамен потерянной ими энергии из-за влияния гравитонов на всем протяжении их движения по орбите вокруг протона. Эту энергию они получают от вертушки.

Поскольку протон раскручивается попадающими в него гравитонами, то протоны в природе выступают как посредники между макротелами и гравитонами, являющимися источником всякого движения макротел; как преобразователи энергии гравитонов.

Израсходованная за период оборота преона энергия должна быть равна поступающей от вертушки, иначе преоны не могут находиться на тех или иных орбитах.

При балансе атом устойчив. Две связанные между собой вращающиеся системы могут находиться в состоянии постоянной устойчивости только при равенстве их кинетических моментов вращения (баланс). При разбалансе атом «сбрасывает» часть лишней энергии и «излучает» преоны в пространство (в определенных случаях – в виде фотонов).

Поэтому так называемое «Главное уравнение квантования» в квантовой механике есть, по сути, условие устойчивости атома

$$h = 2\pi mvr = 6.6 \cdot 10^{-27} \text{эрг.сек} = 6{,}626 \cdot 10^{-34} \text{Дж.сек}$$

Постоянную Планка $h$ называют умным словом «квант действия». Но $mvr$ – это же просто момент вращения; вертушка протона получает этот момент от воздействия каждого гравитона, приходящего из гравитонного газа, из внешней среды. (Точно так же возникало «квантование силы притяжения», описанное в Приложении 2 первой части книги).

«Правило квантования момента импульса» (момента вращения!) выглядит так:

$$2\pi mvr = nh, \quad n = 1, 2, 3\ldots$$

Вспомним – мощность источника (измеряемая в электротехнике в ваттах или киловаттах) – это способность источника энергии (электрогенератора) зажечь лампочку (или «протолкнуть» определенную порцию электронов по проводам).

А вот сколько времени такой источник может это делать – это зависит от количества запасенного угля на электростанции или в батарейке. И измеряется этот параметр в Вт.сек = Дж (промышленная единица – кВт.ч ЭНЕРГИИ).

Положим, что Джоуль - это энергия, содержащаяся в угле, условно привезенном на одной условной барже, или это энергия, запасенная в батарейке фонаря, позволяющая зажечь на 1 секунду лампочку с потребляемой мощностью 1 Вт.

Это как бы понятно. А вот что такое Дж.сек - это уже не совсем (и не всем) понятно. Здесь секунды («сек») – это время, показывающее, как часто восполняются эти запасы энергии.

Запасенный уголь (баржа) можно сжечь за день, а можно и на месяц растянуть; это зависит от потребления энергии, от количества включенных лампочек. Дж.сек - это количество «батареек» с определенной емкостью, которое вам нужно менять каждую секунду, чтобы непрерывно поддерживать процесс горения вашей лампочки, с мощностью (яркостью) 1 Вт. Это похоже на ПОТОК ЭНЕРГИИ, поток "барж с углем", поток батареек.

В нашем случае это количество гравитонов, поглощенных протоном в ходе данного процесса. Так? Ведь гравитон - это и есть та самая "батарейка", источник вполне определенной энергии (кинетической энергии движения гравитона).

Перенесем сказанное в этом примере на наш атом.

$$h = 2\pi mvr = 6,6.10^{-27} \text{ эрг.сек}$$

откуда

$$mvr = h/2\pi = \hbar = \sim 1.10^{-27} \text{ эрг.сек}$$

Если эта формула верна всегда, то она применима как к вращению протона, так и к вращению электрона.

Но можно ли ее применять?

Ведь согласно «классическим представлениям» на вращение электрона в атоме, на вращение протона, и даже на вращение планет вокруг Солнца энергия не затрачивается!!! Откуда же возникают эти понятия применительно к атому?

В квантовой механике это остается непонятным и непóнятным. А в гравитонике? В главе 3 первой части книги (и Приложении 2 к ней) мы показали, что эта энергия должна быть затрачена в любом случае, когда вы изменяете направление движения тела, будь это электрон, преон, космический корабль или планета. И то, что мы не видим источника этой силы, источника этой энергии в гравитационном или электрическом «поле», еще не значит, что этого источника нет.

Как следует из ранее изложенного, вращение преонного (электронного) облака вокруг протона необходимо связано с гравитонной бомбардировкой, при которой энергия гравитонов вначале затрачивается на торможение улетающих от протона преонов, а затем на их ускорение на обратном пути к протону.

Но этого мало. Сам протон (вихрь протона) существует только потому, что составляющие его преоны подвергаются непрерывной бомбардировке гравитонами, отдающими свою энергию преонам, входящим в состав протона.

Таким образом, энергия гравитонов гравитонного газа непрерывно затрачивается на поддержку существования атома и его элементов. Твердое тело может вращаться неограниченно долго при отсутствии потерь энергии. Но на изменение направления движения отдельных частиц, составляющих вихрь, необходимо постоянно затрачивать энергию, даже если при этом кинетическая энергия частиц не изменяется! На движение частицы по эллиптической орбите – также. Ибо вращение электронного (преонного) облака в атоме и вращение самого протона происходят не как вращение какого-то твердого тела, не как маховика, и даже не как шарика вдоль круглой стенки, где изменение направления движения происходит, по сути, за счет явления упругого столкновения (удара) малого тела с большим (очень большим). Каждый преон в рассматриваемых нами случаях двигается практически независимо от других, изменяя свою траекторию только под воздействием пролетающих сквозь преон гравитонов, а это – совершенно другой случай!

И вот, только понимая все это, можно попробовать применить формулу

$$h = 2\pi mvr$$

к вращению протона и электронного облака.

## Кинетический момент протона

Итак, главное уравнение квантования квантовой механики:

$$m_e v r_n = \ nh/2\pi \ (n=1,2,3...)$$

или лучше написать для облегчения запоминания

$$2\pi mvr = nh$$

Величина n=1 соответствует первой боровской орбите. Для нее

$$m_e v r_n = \ h/2\pi$$

А что такое постоянная Планка "h" нам уже понятно:

$$h = 6,6.10^{-27} \ Дж.сек$$

Из вышеприведенной формулы следует, что

$$h = 2\pi mvr$$

$2\pi r$ – это длина окружности протона!

Спрашивается, какая масса там крутится со световой скоростью?

$$m = h/6.28*3. \ 10^{10}*1.10^{-13} = 6,6*10^{-27} /18.84*10^{-3} = \sim 0,35 \ 10^{-24} \ г$$

А масса протона $1,6.10^{-24}$ г.

То есть, грубо говоря - две десятых массы протона!?

Чтобы сошлись концы с концами достаточно увеличить радиус протона чуть больше, чем в 2 раза, а еще лучше – учесть, что момент вращения мы определяли не для шара, а для сферы с радиусом этого шара, безразмерный момент которого равен 0,4.

<u>То есть h - это все-таки кинетический момент протона!</u>

Из этой формулы следует, что при массе протона $M_p = 1,6.10^{-24}$г и скорости частичек (преонов) внутри протона v=C радиус протона должен быть

$$R_p = 6,6.10^{-27}/2\pi.3.10^{10}*1,6.10^{-24} = 0,22.10^{-13} см$$

Это примерно соответствует принятому в настоящее время размеру протона.

Если радиус протона $R_p = 0{,}2.10^{-13}$ см, то при линейной скорости вертушки, равной C, время его оборота вокруг своей оси равно примерно $t_{об} = 1.10^{-23}$ сек.

Поскольку моменты вращения протона и облачка преонов в стационарном режиме должны быть равны (а облачко преонов вокруг протона и есть то самое "электронное облако" атома), то можно попробовать подставить в уравнение квантования параметры не протона, а электрона (ведь масса электрона равна сумме масс всех преонов облачка). Именно это и сделал в свое время Луи де Бройль.

Уравнение квантования для первой боровской орбиты точно такое же:

$$mvr = h/2\pi$$

Радиус первой боровской орбиты в классике находится из модели атома, состоящей из вращающегося отрицательно заряженного электрона вокруг протона, заряженного положительно. Есть и другие способы. Во всяком случае, в соответствии с "классикой" радиус боровской орбиты для атома водорода равен $r = 5{,}3.10^{-11}$ м $= 5{,}3.10^{-9}$ см.

Подставив в уравнение массу электрона $m_e = 9{,}1.10^{-31}$ кг, получим скорость

$$v = h/2\pi mr = 6{,}626.10^{-34} \text{ (Дж.сек)} / 6{,}28.9{,}1.10^{-31} \text{(кг)}. \; 5{,}3.10^{-11} \text{ (м)}$$
$$= 0{,}0218.10^8 \text{ м/с}$$

или

$$v = 2{,}18.10^6 \text{ м/с}$$

т.е. 1/137 скорости света!

Длина окружности орбиты электрона (в предположении, что она – круговая)

$$2\pi r = 6{,}28. \; 5{,}3.10^{-9} \text{см} = 33{,}284 \; 10^{-9} \text{см}$$

Период обращения преона

$$T_{эл} = \lambda/v = 33{,}284 \; 10^{-9} \text{(см)} / 2{,}189.10^8 \text{ (см/сек)} = 15{,}16.10^{-17} \text{ сек} = 1{,}5.10^{-16} \text{ сек}$$

Таким образом, мы получили основные параметры протона и электрона, исходя из одной и той же величины h. Эта величина имеет размерность «момента» – количества движения (импульс) при вращении.

Выходит, что главное уравнение квантования

$$h = 2\pi mvr = 6{,}6.10^{-27} \text{ эрг.сек}$$

устанавливает связь между моментом вращения вертушки и моментом вращения ВСЕГО преонного облачка. И эти моменты при нахождении облачка на "боровской орбите" должны быть равны!!! Просто с точки зрения устойчивости системы. Иначе одна ее часть (протон, например), начнет отдавать избыток своего момента другой части системы (преонному облачку) или наоборот.

Величина h имеет размерность момента, но одновременно это и Дж.сек, то есть <u>поток энергии</u>, вливающийся из гравитонной среды через вращающийся протон каждую секунду.

Получается, что h — это как раз и есть тот самый "поток барж с углем", необходимый для поддержания существования нашего мира, и <u>в этом состоит физический смысл постоянной Планка.</u>

Каждый раз, когда «орбитальный» преон проходит через вертушку протона, он забирает от нее часть энергии, и получает на выходе из вертушки скорость, необходимую для его существования на данной орбите. И точно такая же порция энергии передается протону из гравитонной среды.

**Таким образом, основная формула выражает и основную идею — <u>момент вращения "электронного облака" равен моменту вращения протона.</u> Все остальные "моменты-орбиты" кратны (должны быть кратны) моменту вращения протона. Этим и объясняется существование так называемых «разрешенных» и «запрещенных» орбит «электрона»**

## Почему происходит квантование энергии

Итак,

$$h = 2\pi mvr = 6,6.10^{-27} \text{ эрг.сек} = 6,626.10^{-34} \text{ Дж.сек}$$
$$1 \text{ Дж} = 10^7 \text{ эрг} \approx 6,2415 \cdot 10^{18} \text{ эВ}$$

Это энергия, которая требуется для поддержания некоторого процесса в течение секунды.

Энергия — это мощность, умноженная на время, в течение которого эта энергия потребляется (или отдается). Если вы берете эту энергию из электрической сети, то вас интересует обычно только ее стоимость, то есть некоторое количество денег за 1 квт.ч. Но если вы потребляете энергию от батарейки для карманного фонаря, то источник этой энергии ограничен. Если ваша батарейка способна зажечь лампочку мощностью в 1 Вт всего на 1 секунду (и после этого батарейку можно выбросить), то это означает, что вы получили от нее энергию в 1 Дж (и заплатили за нее по совершенно другому тарифу).

Предположим, некая величина mvr = 1 Дж.сек.

По сути — это количество движения.

Если это вращающийся диск, то с помощью механического привода можно отбирать от него энергию порциями. Если мы свяжем вращающийся диск с каким-то источником энергии (идеальной динамо-машиной), то мы можем подключить к ней лампочку. И тогда мы можем подобрать условия таким образом, чтобы лампочка горела и потребляла мощность 1 ватт. Подключив к динамо-машине лампочку на 1 секунду, мы обнаружим, что за это время скорость вращения диска упала до нуля. Эксперимент, конечно, условный.

При этом отдана была ЭНЕРГИЯ, а не момент. А энергия пропорциональна квадрату скорости. Если энергия уменьшилась вдвое, то скорость должна уменьшиться в корень из двух раз. Соответственно и момент вращения – тоже.

И таким образом, мы переходим к задаче о круговом движении, рассмотренной нами ранее в Приложении 2 к Первой части книги. То есть когда энергия поступает очень короткими импульсами, и соотношение масс протона и гравитона исключительно велико, обмен моментами количества движения происходит импульсно, в виде обмена скоростями. Таким образом, энергия передается и принимается квантованно. Как следствие - квантуется скорость. С каждым ударом гравитона передается какой-нибудь «микро-нано-джоуль». И, соответственно, передается «микро-нано-момент» вращения. И в этом случае его надо измерять именно вот в таких единицах – сколько-то импульсов пришло за секунду – получился «миллиджоуль». Прошла секунда – соответственно получился общий момент.

## Излучение света при механическом воздействии на атом

При сильном нагревании газа увеличивается частота и интенсивность столкновений атомов. При этом возникает свечение газа, излучение света в широком диапазоне энергий. Этот диапазон называется «спектром» и может наблюдаться с помощью спектроскопов, принцип действия которых основан на различной величине отклонения лучей света от первоначального направления распространения. Изучение спектров различных веществ легло в основу методов изучения строения атомов.

На рис. 9 показан процесс излучения потока преонов после одного такого столкновения. В результате удара вертушка оказывается смещенной относительно своего прежнего положения, и возвращающиеся к ней по орбите преоны вынуждены продвигаться далее обычного ("промахиваются"), приобретая дополнительное ускорение от "гравитонов тени". Как следствие, при входе в вертушку они имеют бо́льшую (кинетическую) энергию, и слегка раскручивают вертушку. В результате этого процесса орбита удлиняется, что соответствует более высокому энергетическому уровню "электронного облака". В этом случае речь не идет о поглощении какой-то определенной (квантованной) энергии с какой-то определенной частотой. "Электрон забрасывается" на любой из высоких "энергетических уровней" (независимо от его «разрешенности»). На рис. 9 (нижнем) показана удлиненная орбита такого "электронного облака" (не в масштабе, конечно).

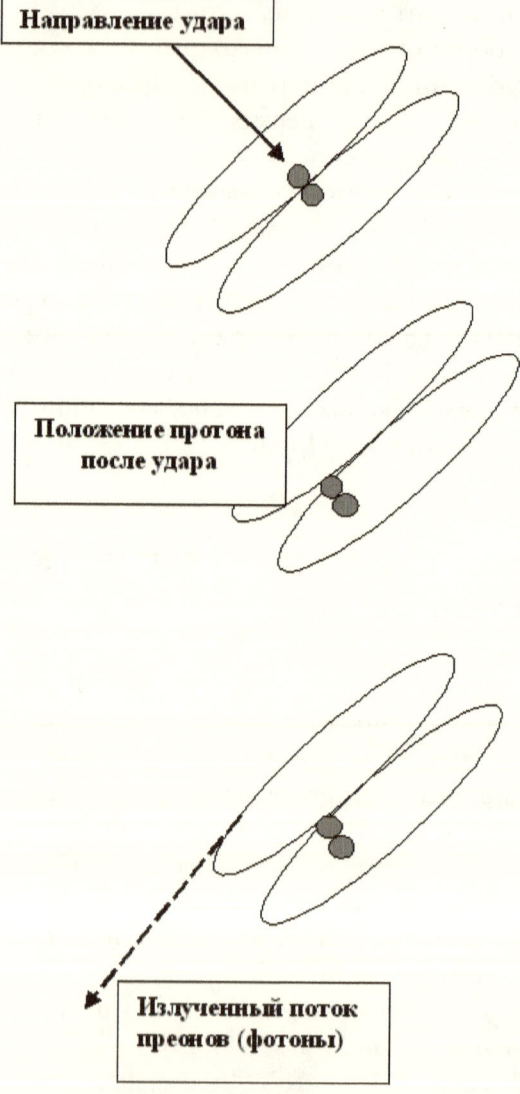

Рис. 9. Ударяющий атом на рисунке не показан.

Вследствие всего этого спектры поглощения и излучения являются сплошными.

Для части возвращающихся к вертушке преонов она (вертушка) оказывается несколько в стороне от возможной траектории возвращения, и во время восстановления устойчивого состояния (между двумя очередными ударами) преонное облачко изменяет свое положение в пространстве, что приводит к колебаниям плотности преонного газа вблизи облачка.

Тут важно отметить, что ведь на самом деле сами преоны "электронного облака" не получили дополнительной скорости от источника силы, сдвинувшей протон со своего места. Изменилось только их взаимное расположение, энергия источника силы была затрачена на перемещение протона, а не "облака". Но ВИДИМЫЙ эффект был таков, что наводил на мысль об изменении энергии вращающегося электрона! Однако впоследствии все же стали говорить об "энергетическом уровне атома в целом".

По-видимому, возможны различные промежуточные варианты, когда могут возвращаться не все преоны, а в каких-то последовательностях (через один и пр.) "Физика" этого явления требует специального рассмотрения.

Все это дает в среднем картину излучения более или менее равномерного "белого света", случайной последовательности пачек преонов.

### Дополнение:

Учебник пишет:

*Почти одновременно с созданием теории Бора было получено прямое экспериментальное доказательство существования стационарных состояний атома и квантования энергии. Дискретность энергетических состояний атома была продемонстрирована в опыте Д. Франка и Г. Герца (1913 г.), в котором исследовалось столкновение электронов с атомами ртути. Оказалось, что если энергия электронов меньше 4,9 эВ, то их столкновение с атомами ртути происходит по закону абсолютно упругого удара. Если же энергия электронов равна 4,9 эВ, то столкновение с атомами ртути приобретает характер неупругого удара, т. е. в результате столкновения с неподвижными атомами ртути электроны полностью теряют свою кинетическую энергию. Это означает, что атомы ртути поглощают энергию электрона и переходят из основного состояния в первое возбужденное состояние,*

$E_2 - E_1 = 4{,}9$ эВ.

*Согласно боровской концепции, при обратном самопроизвольном переходе атома ртуть должна испускать кванты с частотой*

$$\nu = \frac{E_2 - E_1}{h} = 1,2.10^{-15}\ \textit{Гц}$$

*Спектральная линия с такой частотой действительно была обнаружена в ультрафиолетовой части спектра в излучении атомов ртути.*

Обратим здесь внимание на изложение эксперимента. Получается, что электрон отдал кинетическую энергию своего движения атому ртути (электрону атома, по-видимому?), но не был поглощен этим атомом, а остался снаружи в полной сохранности, только скорость потерял. Произошло ударное возбуждение то ли атома, то ли его электронной оболочки, и энергия, переданная атомной структуре, совпала по величине с энергией перехода с уровня на уровень. С чем же столкнулся этот внешний электрон (учитывая, что по воззрениям того времени электрон имеет размеры более чем на 2 порядка меньшие, чем протон)? Ведь он мог столкнуться только с протоном!? Как это могло повлиять на состояние электрона атома?

Нам представляется, что это могло произойти только по описанной в этом разделе причине (хотя можно этот эксперимент истолковать и иначе.) Но этот эксперимент очень показателен. Атом получил ТОЛЬКО ЭНЕРГИЮ от движущегося электрона, и при этом электронное облако «перешло на другой энергетический уровень». Ни о какой «частоте» при возбуждении не идет речи!

## Поглощение и излучение энергии атомом (стандартная теория)

Учебник квантовой физики Мартинсона является одним из наиболее понятных среди прочих. В его двух разделах [Л.5] кратко изложено объяснение существования квантовых состояний электрона в атоме. Однако эти объяснения базируются на идеях, которые в рамках гравитоники оказываются излишними.

Первая такая идея – это существование внутри атома (в частности и для простоты – атома водорода) электрического поля протона, в котором движется заряженный противоположным знаком электрон. До сих пор у нас не было необходимости использовать понятие «электрических полей», да мы и не обсуждали природу «положительного» и «отрицательного» заряда у элементарных частиц, это будет сделано только в главе «Электричество». Поэтому в классике мы довольствуемся феноменологическим описанием их «свойств» с помощью математических формул.

Гравитоника же утверждает (из чисто физических соображений), что внутри атома никаких «электрических сил и полей» не существует. Свободный электрон, попадая в вертушку протона, «размазывается» по очень сильно вытянутым эллиптическим орбитам, оказываясь под воздействием гравитонов. Сравнительно малопроницаемый для гравитонов протон создает гравитонную тень, определяя, таким образом, движение преонов (вне атома составлявших компактный внешний электрон) по орбите вокруг протона. Протон, несмотря на очень небольшую массу, но вследствие своей высочайшей плотности, оказывает сильное затеняющее действие для потока гравитонов; а именно плотность гравитонной тени и определяет воздействие на пробное тело, а не собственно масса протона.

Этим снимается главное противоречие резерфордовской («планетарной») модели атома. Отдельные части электрона (преоны) вращаются именно по кеплеровским орбитам, потому что они не обладают никаким мистическим «зарядом».

Да, «разрешенные» и «запрещенные» орбиты внутри атома существуют. Но их существование определяется не «божественными» (постулированными) принципами Бора, а совершенно ясным чисто механическим представлением о моменте вращения, который не может быть дробным (или произвольным) вследствие вращения самого протона и условия устойчивости атома. Моменты вращения протона (вокруг своей оси) и электрона на ближайшей орбите должны совпадать (n=1). *Моменты вращения протона и электрона* на удаленных орбитах (n>1) должны быть кратными, иначе преоны электрона просто не попадают в синхронизм.

Теперь обратимся к «классике». Учебник пишет (в рамочке):

http://www.college.ru/physics/courses/op25part2/content/chapter6/section/paragraph4/theory.html

Еще в начале XIX века были открыты дискретные спектральные линии в излучении атома водорода в видимой области (так называемый линейчатый спектр). Впоследствии закономерности, которым подчиняются длины волн (или частоты) линейчатого спектра, были хорошо изучены количественно (И. Бальмер, 1885 г.). Совокупность спектральных линий атома водорода в видимой части спектра была названа серией Бальмера. Позже аналогичные серии спектральных линий были обнаружены в ультрафиолетовой и инфракрасной частях спектра. В 1890 году И. Ридберг получил эмпирическую формулу для частот спектральных линий:

$$\nu_{nm} = R\left(\frac{1}{m^2} - \frac{1}{n^2}\right)$$

Для серии Бальмера m = 2, n = 3, 4, 5, ... . Для ультрафиолетовой серии (серия Лаймана) m = 1, n = 2, 3, 4, ... Постоянная R в этой формуле называется постоянной Ридберга. Ее численное значение R = 3,29·10$^{15}$ Гц.

До Бора механизм возникновения линейчатых спектров и смысл целых чисел, входящих в формулы спектральных линий водорода (и ряда других атомов), оставались непонятными.

*Примечание: Механизм этот остался непонятым и после Бора. Он становится понятным только в рамках представлений гравитоники. Следует лишь заметить, что величины «частот» были определены с помощью дифракционных решеток. Это имеет значение.*

Правило квантования, приводящее к правильным, согласующимся с опытом значениям энергий стационарных состояний атома водорода, было Бором **угадано.** Бор предположил, что **момент импульса электрона, вращающегося вокруг ядра, может принимать только дискретные значения**, кратные некоторой **постоянной (Планка)**. Для круговых орбит правило квантования Бора записывается в виде

$$2\pi m_e V r_n = nh$$

n=1,2,3…

Здесь m$_e$ – масса электрона, V – его скорость, r$_n$ – радиус стационарной круговой орбиты.

Отсюда, между прочим, прямо следует физический смысл постоянной Планка - это МОМЕНТ ВРАЩЕНИЯ

h=6,626 068 96(33).10$^{-34}$ Дж.сек

h=6,626 068 96(33).10$^{-27}$ эрг.сек

h=4,135 667 33(10).10$^{-15}$ эВ.сек

Правило квантования Бора позволяет вычислить радиусы стационарных орбит электрона в атоме водорода и определить значения энергий.

**Момент вращения = 2πm$_e$Vr$_n$=nh**

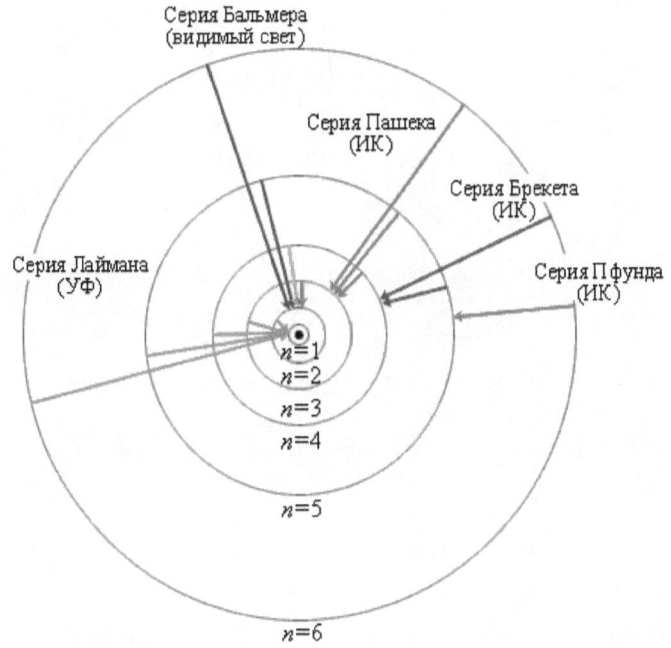

Рис. 10. Стационарные орбиты атома водорода и образование спектральных серий (В оригинале картинки опечатка: вместо «Серия Пашека» следует читать «Серия Пашена»)

Бор предположил, что момент электрона имеет только дискретные значения. А у нас показано, что он еще и должен совпадать (кратно) с моментом вращения протона! Величина h – это кинетический момент протона! Но и это не главное. Главное, о чем говорит гравитоника – это существование непрерывной затраты энергии со стороны окружающего атом гравитонного газа. Эта энергия необходима для поддержания существования электрона и протона.

Что же именно "угадал" Бор?

А угадал Бор то, что важна лишь РАЗНИЦА энергий! И что величины «m» и «n» у Ридберга - это НЕКИЕ "квантовые" числа, соответствующие членам этой разности.

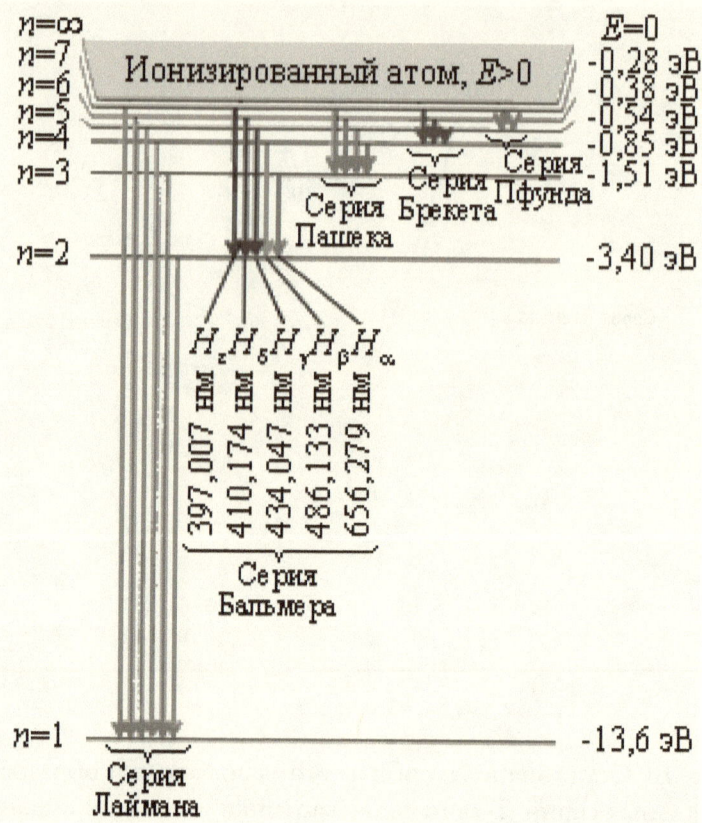

Рис. 11. Диаграмма энергетических уровней атома водорода.
Показаны переходы, соответствующие различным спектральным
сериям. Для первых пяти линий серии Бальмера в видимой части
спектра указаны длины волн.

Рис. 10 иллюстрирует <u>образование спектральных серий в</u> <u>излучении атома водорода при переходе электрона с высоких</u> <u>стационарных орбит на более низкие.</u> (Именно так «объясняется» структура атома в классическом учебнике).

Обратите внимание – сам характер рис.10 (круговые орбиты) уже не оставляет у читателя никакого сомнения в том, что эти орбиты именно так и выглядят в действительности, а не на бумаге. И в дальнейшем никому не придет уже в голову, что они могут быть какими-то иными.

Кроме того, эти орбиты не являются «стационарными» (как их называют в учебниках); таковой является только первая орбита. Эти орбиты являются «разрешенными», и только на них могут находиться преоны.

На рис.11 изображена диаграмма энергетических уровней атома водорода и указаны переходы, соответствующие различным спектральным сериям.

Квантовая механика ставит в однозначное соответствие энергию, необходимую для перехода электрона (атома) с одного уровня («возбуждения») на другой, частоте соответствующего кванта этой энергии; этот квант (порция энергии) называется ФОТОНОМ.

Далее учебник пишет:

> *Прекрасное согласие боровской теории атома водорода с экспериментом служило веским аргументом в пользу ее справедливости. Однако попытки применить эту теорию к более сложным атомам не увенчались успехом.* **Бор не смог дать физическую интерпретацию правилу квантования.**
> *(Конец цитирования).*

Естественно. Потому что у него не было самой физической модели происходящего! Назвать идею «разрешенных» уровней «физической» можно лишь с большой натяжкой. Главным в этой идее было то, что идея «разрешенных уровней» спасала модель самого Резерфорда – планетарную модель атома. Поэтому Бор и смог убедить в этом Резерфорда. Но окончательное утверждение этой теории в «планетарно-математической» форме произошло с помощью Де Бройля.

Далее вышеуказанный учебник пишет:

> *Представление о дискретных состояниях противоречит классической физике. Поэтому возник вопрос, не опровергает ли квантовая теория законы классической физики. Квантовая физика не отменила фундаментальных классических законов сохранения энергии, импульса, электрического заряда и т. д. Согласно сформулированному Н. Бором принципу соответствия, квантовая физика включает в себя законы классической физики, и при определенных условиях можно обнаружить плавный переход от квантовых представлений к классическим. Это можно видеть на примере энергетического спектра атома водорода. При больших квантовых числах $n \gg 1$ дискретные уровни постепенно сближаются, и возникает плавный переход в область непрерывного спектра, характерного для классической физики.*
> *Половинчатая, полуклассическая теория Бора явилась важным этапом в развитии квантовых представлений, введение которых в физику требовало кардинальной перестройки механики и*

*электродинамики. Такая перестройка была осуществлена в 20-е – 30-е годы XX века.*

*Представление Бора об определенных орбитах, по которым движутся электроны в атоме, оказалось весьма условным.*

*На самом деле (Правильнее было бы сказать иначе: Сегодня принято, что... - прим. авт. – или «в конце концов догадались, что...) движение электрона в атоме очень мало похоже на движение планет или спутников по круговым орбитам. Физический смысл имеет только вероятность обнаружить электрон в том или ином месте, описываемая квадратом модуля волновой функции $|\Psi|^2$. Волновая функция $\Psi$ является решением основного уравнения квантовой механики – уравнения Шредингера. Оказалось, что «состояние электрона» в атоме характеризуется целым набором квантовых чисел. Главное квантовое число "n" определяет квантование энергии атома.*

**Для квантования момента импульса вводится так называемое орбитальное квантовое число l.** *Проекция момента импульса на любое выделенное в пространстве направление (например, направление вектора B магнитного поля) также принимает дискретный ряд значений.* **Для квантования проекции момента импульса вводится магнитное квантовое число m.** *Квантовые числа n, l, m связаны определенными правилами квантования. Например, орбитальное квантовое число l может принимать целочисленные значения от 0 до (n – 1).* **Магнитное квантовое число m** *может принимать любые целочисленные значения в интервале ±l. Таким образом, каждому значению главного квантового числа n, определяющему энергетическое состояние атома, соответствует целый ряд комбинаций квантовых чисел l и m. Каждой такой комбинации соответствует определенное распределение вероятности $|\Psi|^2$ обнаружения электрона в различных точках пространства («электронное облако»).*

*http://physics.ru/courses/op25part2/content/chapter6/section/paragraph3/theory.html*

*(Конец цитирования того же учебника)*

Из нескольких последних абзацев учебника уже становится совершенно ясно, что был осуществлен полный отход от каких либо вообще физических представлений о явлениях, имеющих место на микро-уровне. *«Физический смысл имеет только вероятность»!* Математическое представление оказалось единственно возможным для описания наблюдаемых эффектов. «Квантовые числа связаны определенными правилами квантования». И не более того…

## Гравитоника же говорит:

да, представление состояния электрона в атоме как о «размазанной по пространству» массе преонов, в определенной степени, возможно, соответствует уравнению Шредингера. Вернее сказать, уравнение Шредингера соответствует этому физическому представлению. Действительно, наибольшая плотность таких преонов будет наблюдаться вблизи «апоядрия» - дальней точки эллиптической орбиты; но и в других областях внутриатомного пространства всегда найдется некоторая часть преонов, принадлежащих «электрону», то есть преонному облачку.

В принципе, идея Де-Бройля была не столь уж экстравагантной, какой она представляется, когда говорят об электроне как о частичке, имеющей «свойства» волны.

Электрон на <u>эллиптической</u> (не круговой!) «боровской» орбите с n=1 «размазан» как раз таким образом, что максимальная плотность его преонов находится в точке наибольшего удаления, а минимальная – в точке наибольшего приближения к протону. То есть, конечно, можно весьма условно считать, что ВЫГЛЯДИТ это как некая «волна», хотя <u>никакой волны на самом деле нет,</u> а <u>есть лишь распределение плотности преонов</u> в результате некоего процесса, хотя и периодического. Никто ведь не предлагает рассматривать группу спутников Земли на вытянутой эллиптической орбите с подобной точки зрения! А по существу это – одно и то же явление.

Представление гравитоники является не только более наглядным (чего вообще нет в волновой механике), но и, по нашему мнению, более близким к действительности. Ибо, когда мы начинаем говорить о «волне» как результате неких колебаний, то сразу же возникает вопрос «колебаний ЧЕГО»? На этот вопрос у квантовой механики нет ответа. Волна - и все тут. Результат решения уравнения.

Интересно здесь же отметить, что квантовые числа «m» и «ф» в гравитонике также имеют свой физический смысл. Если квантовое число «ф» определяет номер орбиты, то и само положение этой орбиты в пространстве («m» – проекция «момента вращения») не может быть произвольным, иначе не смогут выполняться условия синхронизма.

Повторим еще раз: существование тех или иных орбит «электронов» в атоме определяется не «божественными» (постулированными) принципами Бора, а совершенно ясным чисто механическим представлением о моменте вращения, который не может быть дробным (или произвольным) вследствие тесной связи его с моментом вращения самого протона. Моменты вращения протона (вокруг своей оси) и электрона на ближайшей орбите **должны совпадать** (n=1). Моменты вращения протона и электрона на удаленных орбитах (n>1) **должны быть кратными**, иначе преоны электрона просто не попадают в синхронизм.

## Уточнение величины массы преона

В первой части мы приблизительно определили, что в протоне может содержаться около $1.10^{15}$ преонов. Поскольку масса электрона ~ $9,1.10^{-28}$ г или ~ $1.10^{-27}$ г, и примерно в 2000 раз меньше массы протона, то получалось, что преонов в электроне должно быть соответственно меньше, то есть около $1.10^{11}$ преонов.

Отсюда следовало, что масса преона должна быть равна приблизительно $1.10^{-38}$ г

Для электрона на боровской (стационарной) орбите, движущегося со скоростью (1/137)С энергия
E=(уже в единицах системы МКС)= $mv^2 = 9,1.10^{-31}$ кг$*4,75.10^{12}$ м$^2$/с$^2$ =43.$10^{-19}$ Дж.
Так как 1 электронвольт (эВ) = $1,6022.10^{-19}$ Дж и 1 дж = $6,24.10^{18}$ эВ, то

$$E = 43.10^{-19} / 1,6 = 27 \text{ эВ}$$

Реально эта энергия равна 13,6 эВ, так что ошибка тут только в 2 раза, да и то только потому, что мы принимали E= $mv^2$, а не E= $0,5.mv^2$

Сколько же преонов может содержаться в фотоне?

Если предположить (что, вообще говоря, не факт), что рентгеновский фотон выбивает из атома электрон со стационарной орбиты, и при этом полностью исчезает (что, по-видимому, наблюдается в опыте), то из соображений сохранения массы следует думать, что поглощенный фотон каким-то образом полностью преобразуется в выбитый электрон. Тогда при равенстве энергий фотона и орбитального электрона, и скорости фотона равной С, отношение массы электрона к массе фотона

$$m_\phi c^2 = m_э v^2$$
$$m_э / m_\phi = (c/v)^2 = 137^2 = {\sim}19\,000$$

Масса фотона таким образом составит примерно

$$m_ф = 1.10^{-27} \text{ г}/20\ 000 = 0,5.10^{-31} \text{ г}$$

Теория передачи сигналов говорит, что в случае периодической импульсной последовательности количество содержащихся в ней импульсов должно быть обратной величиной к стабильности. Если стабильность спектральной линии считать не лучше $1.10^{-6}$, то и преонов в фотоне (если это цуг преонов) должно быть около $10^6$. Это вполне разумная величина, соответствующая ширине полосы спектральной линии большинства простых атомов. (Чтобы получить в атомных стандартах бо́льшую стабильность частоты приходится применять множество дополнительных мер).

Таким образом получается, что масса одного преона составляет примерно

$$m_р /10^6 = 0,5.10^{-31} \text{ г}/10^6 = 0,5.\ 10^{-37} \text{ г}$$

Если стабильность частоты на порядок лучше ($1.10^{-7}$), то масса преона $m_р = 1.10^{-38}$ г

Это наиболее вероятная величина - $1.10^{-37}$ - $1.10^{-38}$ г

## Соотношение масс электрона и протона

Из необходимости равенства кинетических моментов протона и орбитального «электрона» (потока преонов) прямо следует вывод о том, что соотношение масс протона и электрона $M_{прот}/m_э$ должно быть вполне определенным, и определяется оно суммой масс преонов в составе электронного облачка и их скоростями. А все они в свою очередь определяются параметрами гравитонного газа, воздействие которого на движущиеся вокруг протона преоны как раз и определяет кинетический момент всего облачка. Зная из эксперимента величину $M_{прот}/m_э = 1836$, мы можем в дальнейшем уточнить те или иные параметры «участников событий».

Если бы параметры гравитонов и гравитонного газа были бы в нашем мире другими, то и соотношение $M_{прот}/m_э$ было бы иным. Вполне вероятно, что в других, удаленных от нас областях вселенной (и даже нашей собственной галактики) плотность гравитонного газа другая, а значит и происходящие там явления и события могут иметь другие особенности и последствия.

## Фотон в гравитонике

Как следует из предыдущего, преоны внутри атома обращаются вокруг протона (ядра атома) по эллиптическим орбитам. Каждый преон движется по своей орбите, периодически проходя через середину вертушки протона. При проходе через вертушку все преоны движутся равномерным потоком, но на удалении они образуют некоторое «облачко», если на него «смотреть извне». Тем не менее, вследствие того, что каждый преон движется во внутриатомном пространстве независимо от других, это движение не хаотическое, а строго упорядоченное. Проще всего на первом этапе считать, что поток преонов, проходящих через вертушку, на удалении от нее постепенно уплотняется, образуя как бы нить с нанизанными на нее бусинками. Из-за того, что преоны вылетают из вертушки под несколько разными углами, образуя веер (фонтанчик), ничего не меняется – все их орбиты можно «сложить в одну плоскость», и тогда образуется эта самая «нить с бусинками». Это вполне возможно, если учесть исключительно малый размер преона (менее $1.10^{-18}$ см), что позволяет разместить на расстоянии большого радиуса орбитального эллипса $1.10^{-8}$ см одной-единственной плоской орбиты не менее $10^{10}$ преонов. А во всем внутриатомном пространстве найдется место и для $10^{100}$ преонов.

Отсюда в свою очередь следует, что если по каким-либо причинам ниточка этих «бусинок» оборвется, то бусинки начнут вылетать из атома по направлению своего движения к протону, но не возвращаясь снова к вертушке. Часть их (или все они) вылетят из атома последовательным «цугом», друг за другом, как показано на рис.4 в плане, или на оси времени, как показано на рис.12. Образуется <u>фотон</u> («квант света»).

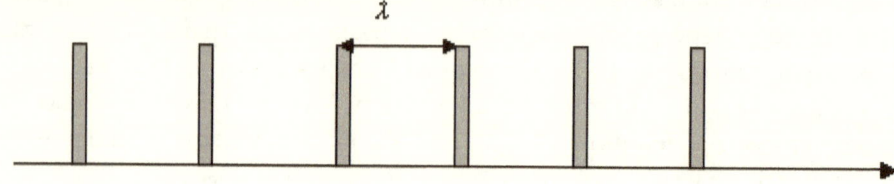

Рис.12. Фотон

На рис. 12 импульсы соответствуют последовательности преонов, расстояние между которыми соответствует длине волны данного фотона, а ширина импульса – размеру преона (менее $10^{-18}$ см). Длина волны $\lambda$ может изменяться от одного микрона для инфракрасных фотонов до сотых долей микрона и менее для ультрафиолетовых и рентгеновских фотонов.

Для фотона видимого света (например, красного) длина волны составляет приблизительно

$$\lambda = 0,6 \text{ мк} = 0,6.10^{-6} \text{ м} = 0,6.10^{-4} \text{ см}$$

А преон, изображенный на рис.12 в виде отдельного импульса имеет размер около $10^{-18}$ см. Таким образом, скважность такой последовательности (отношение расстояния между элементами к размеру одного элемента) будет около $10^{12}$. Из-за этого во многих случаях фотон ведет себя так, как будто его отдельные части совершенно не зависят друг от друга (автономны).

В квантовой физике принято обозначать частоту как $\nu$, в отличие от обозначения частоты как $f$ в электрорадиотехнике.

На практике эту частоту никто не измерял иначе, чем с помощью дифракционной решетки, дающей дифракционную картину, соответствующую той или иной длине волны падающего на нее светового потока.

С точки зрения энергетики для понимания происходящих процессов вполне достаточно знать «энергетические уровни электрона» в атоме. Понятие «частота фотона», вообще говоря, является излишним, по крайней мере – для фотонов выше полосы инфракрасного излучения. (Однако, в оптике известен целый ряд явлений, для объяснения которых используется именно частота кванта).

Причем формально это действительно так – достаточно умножить величину кинетического момента вращения h на ν (с его размерностью 1/сек), то мы получим именно энергию. Но что это за энергия??? Ответ прост – это энергия, необходимая для перехода электрона с одного энергетического уровня на другой ВНУТРИ АТОМА! А для первой орбиты это просто энергия электрона на стационарной орбите.

Проверим правильность наших представлений. Длина волны красного света для линии Пашена равна $\lambda=656$ нм$= 656.10^{-9}$ м. Соответствующая частота

$f_{крас}=c/\lambda= 3.10^8$ (м/с)$: 656.10^{-9}$ (м) $=5.10^{-3}*10^{17}=5.10^{14}$ (1/сек) $=5.10^{14}$ Гц

Это соответствует разности энергий (рис.11) $\delta E= 3,4-1,51=1,89$ эВ $=\sim1,9$ эВ. Тогда для первой орбиты с $E=\delta E=13,6$ эВ соответствующая частота (перехода) будет выше в 7,15 раз (13,6:1,9) и равна

$f_1 =5.10^{14}$ Гц $*7,15 =\sim 35,8. 10^{14}$ Гц $=\sim 3,6. 10^{15}$ Гц

**Воздействующий на атом фотон может «раскрутить» электрон только через посредство вертушки.**

Это – принципиальный момент. Потому что только в этом случае электронное облачко будет по мере разгона приближаться целиком к границе внутриатомного пространства.

Разгон вертушки происходит в течение длительности всего фотона. Если частота следования преонов $10^{16}$, и фотон имеет даже $\sim 10^7$ преонов, то разгон происходит в течение $t=1.10^{-9}$ сек. Эта же величина обычно называется, когда говорят о времени перехода электрона в атоме с орбиты на орбиту. За это время весь фотон как раз успеет «втянуться» в атом. А первые преоны фотона уже успеют к этому времени сделать $10^7$ оборотов вокруг протона.

Поскольку скорость вертушки увеличивается, постольку радиус орбиты тоже увеличивается, и к моменту окончания действия фотона почти все электронное облачко оказывается на другой орбите. «Электрон» получил порцию энергии от фотона через вертушку, а фотон при этом может даже и не войти внутрь атома, отразившись от вертушки. Впрочем, если бы даже и вошел, это бы ни на что не повлияло, так как выше уже было показано, что общая масса фотона примерно в 20 000 раз меньше массы электрона.

Здесь мы должны еще раз остановиться на понятии о «разрешенных» орбитах. Само это понятие было сформулировано Бором с целью спасения резерфордовской модели атома (планетарной модели). Вращающийся заряд (по тогдашним представлениям – электрон внутри атома) на круговой орбите движется с центростремительным ускорением, и потому должен излучать «электромагнитную энергию». Но он почему-то не излучает. Зато (по тогдашним представлениям) излучает при переходе с орбиты на орбиту. Бор предложил ПОСТУЛАТ, в соответствии с которым на определенных орбитах электрон не излучает. Почему? Такова Воля Божья (простите, природа электрона).

При этом понятие о «стационарной орбите» относится в первую очередь к первой орбите, на которой электрон находится постоянно. На других орбитах он находится исключительно малое время.

В нашей модели электрон в атоме вообще не проявляет электрических «свойств», он не имеет «заряда». Поэтому он мог бы находиться на любой орбите, если бы вертушка вращалась с какой-то другой скоростью. Но вертушка (при наличии в атоме преонов электрона) вращается с вполне определенной скоростью. Эта скорость определяется балансом кинетических моментов. И это определяет размер первой орбиты. Перейти на другую орбиту преоны электронного облачка могут только в том случае, если вертушка получает подкачку извне.

Но такая орбита также не может быть случайной. Де-Бройль предположил верно – вдоль орбиты должно укладываться целое число волн, причем длина волны соответствует длине самой первой орбиты. В нашей модели это тоже так, но условия нахождения облачка на этой орбите определяются не из математических соображений, и не из постулата о «волновом характере электрона как частицы», а простыми условиями синхронизма – времени оборота преона вокруг протона на эллиптической орбите.

Таким образом, <u>первое</u>, что необходимо учитывать при рассмотрении процесса «возбуждения» электрона – это возможность синхронизма электрона с той или иной энергией с вращением протонной вертушки.

В нашей модели разрешенной считается такая орбита, на которой при прочих равных условиях преон, проходящий через вертушку протона, раз от разу попадает снова на прежнюю орбиту. При этом время, необходимое для такого маневра, как раз кратно двум или более периодам обращения электрона на боровской орбите.

**Переход с орбиты на орбиту** происходит в зависимости от нескольких факторов.

1. Если энергии пришедшего фотона недостаточно для того, чтобы «поднять» электрон на так называемую «разрешенную орбиту» (по любой причине – то ли из-за несовпадения частот, то ли, возможно, из-за малой длительности фотона; такое тоже бывает), электрон постепенно вернется на первую орбиту под давлением гравитонной среды. При этом не будет никакого излучения (так называемый «безизлучательный переход»).

2. Электрон во время подкачки со стороны внешнего фотона попал на разрешенную орбиту. Затем подкачка закончилась, и облачко осталось «один-на-один» с давлением гравитонной среды, которое продолжает прижимать его к протону.

Преоны на первой орбите существуют только потому, что размер большой полуоси эллипса этой орбиты недостаточен для того, чтобы преон электрона, приближаясь к протону из апоядрия, разогнался до скорости света. А вот «падая» с более высоких орбит (хотя бы даже со следующей), преон успевает разогнаться до скорости С и может проскочить мимо протона. Одновременно происходит вышеуказанное «сжатие» облачка, так что его преоны постепенно оказываются в разных условиях по отношению к протону. В некоторый момент часть преонов электрона оказывается «сброшенной» в пространство, а остальные оказываются в условиях стационарной орбиты. Образуется излученный фотон.

Таким образом, электрон в целом постепенно уходит со своей вынужденной орбиты, излучив фотон той же частоты и энергии, который пришел к атому.

В этом и состоит ответ на вопрос – откуда электрон знает, на какой уровень он должен перейти, и что он должен при этом излучить.

Но это – случай простейший. Так обстоят дела только в случае перехода на орбиту n=2. Если же приходящий фотон имеет несколько бо́льшую энергию, чем необходимая для перевода электрона на орбиту n=2, то мы должны принять во внимание и другие обстоятельства.

## «Разные» преоны.

Второе, что совершенно необходимо учитывать – преоны бывают разные. (В главе «Свет» мы более подробно рассмотрим это обстоятельство.) Еще раньше мы отказались от абсурдного предположения квантовой механики о безмассовости фотона. В нашей модели фотон – это цуг (последовательность) преонов – вполне материальных частиц, имеющих конечную массу («обладающих» массой).

Более того, в нашей модели вполне правомерно думать, что преоны, составляющие фотон, могут быть разными по массе. В первой части книги «Гравитоника» мы уже говорили о том, что все вещественные тела (протоны) при определенных условиях могут постепенно увеличивать свою массу, поглощая гравитоны. При этом мы упоминали также и о том, что это явление происходит, видимо, только при сверхвысоких плотностях вещества (такие условия создаются в ядрах планет и звезд). В этих условиях гравитоны поглощаются не только протонами, но и преонами тоже. Поэтому преоны постепенно увеличивают свою массу, и при какой-то ее предельной величине вихрь преона распадается на два вихря с вдвое меньшей общей массой. По сегодняшним представлениям, предельная максимальная масса имеется у преонов, соответствующих инфракрасным фотонам, а минимальная масса – у преонов жесткого ультрафиолета. Разница в массах, видимо, - всего в несколько раз, возможно – не больше 10 раз.

Идея о разной массе частиц, соответствующих потокам света разного цвета, выдвигалась еще И. Ньютоном. Однако трудности в объяснении некоторых простых оптических эффектов заставили его отказаться от такого взгляда. В нашей модели «цветной» (имеющей ту или иную массу) является не корпускула света, а миллионная частица фотона – преон.

В окружающем пространстве имеются преоны разного «калибра» (размера). Даже если предположить их равномерное распределение по массе, то преоны, масса которых соответствует фотонам видимого спектра, составляют сравнительно небольшой процент от общего их количества. Это видно и по их энергиям (рис. 12). Ультрафиолетовые фотоны имеют энергию 13,5 эВ, а инфракрасные – 0,28 эВ. При этом энергия фотонов видимого света укладывается в диапазон длин волн от 397 нм до 656 нм. Судя по другим признакам, общий процент «тяжелых» преонов в электроне на первой орбите составляет примерно 1,5 – 2 эВ, то есть около 10% общего числа преонов всех других энергий.

Приходящий фотон начинает раскручивать вертушку, потому что скорость его частиц (скорость света С) существенно больше окружной скорости вертушки. Эта скорость может быть даже более С (возможно, на последнем отрезке приближения к протону она даже приближается к 2С). А вертушка вращается с окружной скоростью (1/137)С=0,0073С

Поэтому скорость электрона на первой орбите также увеличивается, и он начинает «подниматься», переходить на более дальние (высокие) орбиты. При этом, естественно, захватываются все преоны, в том числе и самые тяжелые. Только вот в процессе подъема эти преоны «сепарируются». Ведь при прохождении вертушки каждому преону передается вполне определенный импульс. И более массивные преоны приобретают при этом меньшую скорость.

Далее все зависит от «внутреннего содержания» электронного облачка, которое может меняться от атома к атому. Если процент массивных фотонов невелик, то электрон переходит на орбиту n=2 в соответствии с энергией, полученной им от фотона через вертушку. По окончании действия фотона на вертушку внутриатомный электрон оказывается под давлением гравитонов, и теперь его преоны попадают в полную зависимость от гравитонов окружающей среды. И на участке приближения к протону преоны электрона начинают ускоряться гравитонами. Поскольку теперь орбита более «высокая», то преоны, подлетая к протону, имеют бóльшую скорость, чем на первой орбите. Поэтому они пролетают мимо протона и уходят в пространство. Излучается фотон с той же энергией, что и пришедший фотон.

## «Выбивание электрона» из атома

Если фотон, раскручивающий вертушку, обладает достаточной энергией (преоны в нем следуют достаточно часто), то электрон может не только подняться до последнего уровня возбуждения в атоме, но и полностью покинуть атом. Происходит это не напрямую (вроде пробивания «стеклянного потолка»), а несколько иным образом. И здесь нам нужно будет рассмотреть два случая, которые именуются внешним фотоэффектом и внутренним фотоэффектом.

## Внутренний фотоэффект.

Электрон под воздействием поглощаемого атомом фотона видимого света любой частоты поднимается выше верхней орбиты и «выдавливается» за пределы атома.  Ведь в апоярдии скорости преонов очень небольшие, и, находясь даже на вдвое бóльшем расстоянии от атома, электрон еще может вернуться в атом.

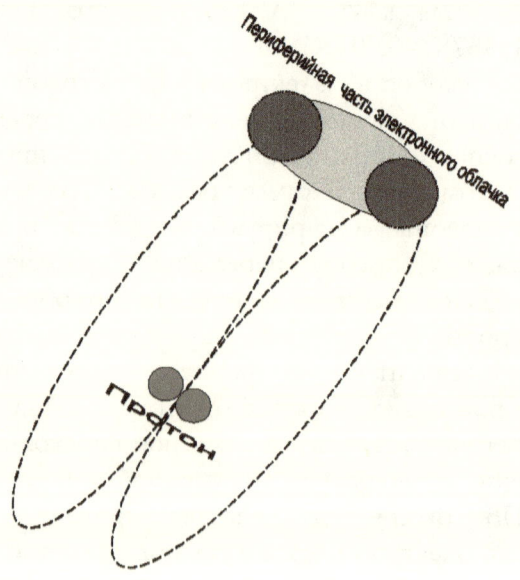

Рис. 13

Если при этом атом находится в составе проводника электрического тока, и в этом проводнике есть направленный поток преонов, то электрон подхватывается этим потоком  и отходит от атома. В материале возникает «электрический ток», вызванный фотонами внешней среды, и это явление называется «внутренним фотоэффектом».

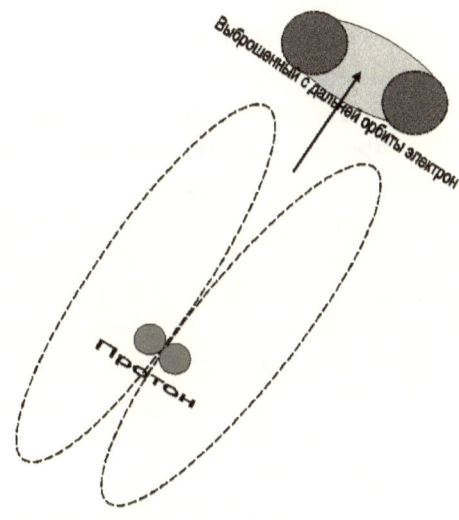

Рис. 14

Если в материале направленный поток преонов отсутствует, то выдавливаемые из атомов электроны и освобожденные протоны начинают сами создавать избыток преонов, функционируя как маленькие вентиляторы (см. главу 7 «Электричество»), придавая имеющимся в материале преонам дополнительную скорость. Все это вместе приводит к возникновению в материале избыточного преонного давления, и называется «вентильным фотоэффектом».

Отличие от описанного выше случая тепловых колебаний в газах состоит в том, что в этом случае не происходит неорганизованного выброса преонов из атома (с разрушением «электронных» орбит). Протон не отходит от своего положения, как это бывает при механическом соударении с другим атомом в газе. Поэтому электронное облачко плавно «выдавливается» за пределы атома и электрон начинает свое самостоятельное существование в межатомном пространстве.

Описанный «внутренний фотоэффект» возникает в случае, если оторванный от атома электрон находится среди других атомов, оказывающих на него воздействие, не позволяющее электрону совершенно покинуть материал (совокупность атомов). Ведь электрон, выйдя из своего атома, не обладает значительной кинетической энергией, и практически ничем не отличается от остальных электронов проводимости материала.

# Внешний фотоэффект.

Между последней «разрешенной» орбитой для электрона и расстоянием, на котором ядро уже перестает эффективно воздействовать на преоны электрона, имеется некоторое небольшое расстояние (разница в энергиях). Это и есть граница атома, граница внутриатомного пространства. Выйдя за эту границу, электрон атома становится «электроном проводимости». Но, попадая в зону между верхней разрешенной орбитой и этой границей, преоны электрона оказываются в особых условиях. Если они возвращаются к протону из этой зоны, то они набирают скорость, превышающую некоторую предельную величину, с которой протон может их еще вернуть к себе. В результате преоны «промахиваются» мимо «точки возврата», и улетают в пространство на сравнительно высокой скорости. Эта скорость уже достаточна для того, чтобы электрон покинул материал и ушел во внешнее пространство. Это и есть «внешний фотоэффект».

Вертушка протона теперь легко набирает прежнюю окружную скорость «С», так как ей не приходится разгонять преоны, вернувшиеся из задней полусферы. А пришедший фотон, воздействие которого на вертушку привело к переходу преонов электрона на дальнюю орбиту, просто распадается – его преоны даже могли не войти внутрь атома; они отдали свой кинетический момент вертушке и затормозились. Фотон «исчез». Вот отсюда и происходит предрассудок об отсутствии у него массы при наличии энергии.

Этот предрассудок связан с твердой убежденностью, что масса и энергия не исчезают бесследно. И это правильно. Другой вопрос – всегда ли мы можем обнаружить эти самые «следы»? Если частичка распалась на еще более мелкие части, недоступные в данный момент нашему восприятию (исследованию), то это вовсе не значит, что нарушается закон сохранения массы (и энергии).

Может показаться странным, что электрон, переходя с максимальной орбиты на первую, излучает фотон с энергией 13,6 эВ, а дай ему чуть выше подняться – и весь электрон улетает из атома со всей своей энергией.

Но в первом случае вылетает только фотон, только часть электрона! А если электрон выбивается при внешнем фотоэффекте, то его скорость очень маленькая, и вся разгонная энергия ушла в скорость образующих его преонов. И эта скорость, скорее всего, тоже (1/137)С. И лишь впоследствии эти скорости могут быть увеличены. Более того, выбивается электрон не сжатый, а размазанный. После сжатия скорости его преонов увеличиваются в 137 раз, до скорости света.

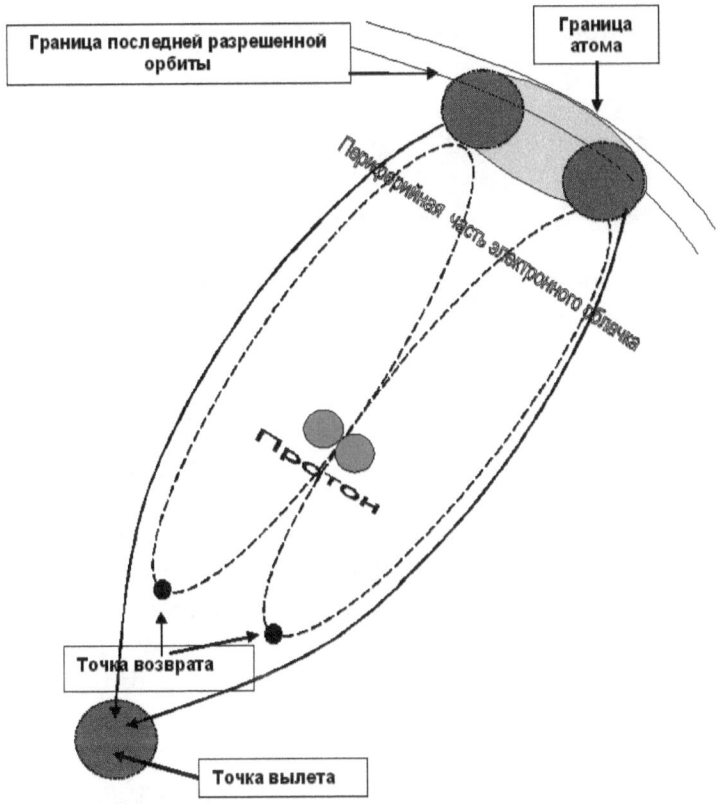

Рис. 15. Внешний фотоэффект

<u>При уходе фотона из атома электрон остается в атоме!</u>

Только в этом случае можно понять, что фотон настолько меньше электрона, что вряд ли может быть непосредственно измерен (пока). А также понятно, что уловить изменение массы атома при этом сегодня исключительно трудно.

**Вывод:**

Энергия УФ-фотона, способного выбить электрон из атома, равна кинетической энергии электрона на первой орбите – 13,6 эВ.

Электрон более массивен, но имеет среднюю скорость в 137 раз меньшую, чем «С». Поскольку энергия пропорциональна квадрату скорости, соотношение масс может быть до 20 000.

## Поглощение и излучение энергии атомом (2)

Из предыдущего обсуждения следует, что для того, чтобы атом ИЗЛУЧИЛ фотон, вовсе не обязательно, чтобы он его сначала «поглотил, съел» вместе со всеми его преонами. Достаточно, если приходящий фотон только дополнительно раскрутит вертушку, забросит с ее помощью внутриатомные преоны на более высокую орбиту, а при последующем сокращении орбиты под действием гравитонов часть электронно-преонного облачка будет выброшена в виде излученного фотона. Через некоторое время протонная «вертушка» «насосет» новые преоны из окружающей преонной среды (время релаксации).

По стандартной модели выходит, что для того, чтобы атом «съел», например, вышеописанный фотон (656 нм), он УЖЕ должен находиться на уровне n=2. А как он туда попадет из стабильного положения на n=1? Только путем некоего «возбуждения».

Однако, спрашивается при этом, по какой такой причине фотоны, отличающиеся друг от друга только частотой следования, оказываются на более удаленных орбитах? Хорошо, пусть при этом обеспечивается синхронизация моментов, но откуда и кто из них знает, какую орбиту им занять? Ведь уровень орбиты зависит от энергии, а, значит, только от скорости преонов?

Именно от скорости! Это может быть только в случае, если преоны фотонов на выходе из вертушки имеют разные скорости. То есть вертушка не уравнивает скоростей, но преоны получают от вертушки ускорение, зависящее от какого-то их собственного параметра, и, скорее всего, – от массы преона.

Более массивные преоны улетают от вертушки на меньшее расстояние, чем легкие. Это и понятно – происходит обмен импульсами, как это и принято в механике.

Ранее мы не учитывали этой особенности преонов. Но если считать, что они представляют собой вихри гравитонов, то удивляться этому не приходится, так как разброс массы от преона к преону вполне может иметь место.

И тогда понятно, что более массивные преоны будут занимать орбиты, находящиеся ближе к ядру (протону). Это «красные» преоны. «Синие» преоны, наоборот, более легкие.

Таким образом, атом представляется нам в этом случае этаким «динамическим фильтром», похожим на сепаратор. Когда на какой-либо орбите накапливается достаточное количество одинаковых преонов (а других на ней просто не может быть), они срываются с нее и уходят из атома в виде фотона с определенной частотой следования преонов.

Остается вопрос – почему с определенной частотой? Да потому что они за некоторое время перераспределились по орбите вертушкой более или менее равномерно.

Эту точку зрения подтверждает и теория, указывающая на связь между спектральным составом и линиями поглощения, вблизи которых скорость света в материале (веществе) заметно меняется (дисперсия) (см. главу 6 «Свет»).

**Различной массой фотонных преонов объясняются и явления преломления, и разная скорость света в веществе для разных частот, а также, возможно, и явление «красного смещения». Хотя процесс увеличения массы преона со временем есть процесс крайне медленный, но он полностью соответствует темпу накопления массы протоном (миллиарды лет) – это один и тот же процесс.**

А вот «выбиваемый» электрон появляется как раз при разгоне вертушки внешними фотонами до предельной скорости, при которой вылетающие из выходной горловины вертушки преоны уже не могут эффективно затормозиться гравитонами. И именно поэтому у этого графика есть "красный порог". А выше порога более "энергетичные" фотоны выбивают все преоны подряд (образуя электрон вне атома), так как любой из них разгоняет вертушку выше предельной скорости.

В соответствии с представлениями о преонно-гравитонном газе параметры преонов не остаются постоянными. Если гравитон попадает внутрь преона с не слишком большой скоростью, он включается в состав преона, и масса преона увеличивается. Судя по некоторым данным, процесс этот – однонаправленный, и масса преона может только увеличиваться. В некоторый момент количество гравитонов в преоне может превысить определенную величину, и тогда преон разваливается на две части. Поэтому увеличивается и масса протонов, из которых состоит вещество, и, как следствие, масса любого вещественного объекта. Но происходит это только в том случае, если поглощаемый преоном гравитон уже заторможен до скорости света. А это может иметь место в наших условиях только глубоко в массе Земли. (Вполне возможно, что «нейтрино» - это как раз и есть сильно заторможенные гравитоны).

В макромасштабе это приводит к увеличению массы планет (масса Земли по расчетам В. Блинова увеличивается на 1,73 млн тонн в секунду, что, правда, требует уточнения) [5].

Вследствие этого, в пространстве, наполненном преонным газом, можно найти достаточное количество преонов с разной массой. Видимо, этот параметр преона может находиться в определенных пределах, так как не очень большое количество гравитонов в преоне не позволяет образоваться преонному вихрю, а при слишком большом их количестве преон просто делится на две примерно равные части, каждая из которых продолжает в дальнейшем снова увеличиваться.

Если это так, то картина происходящего внутри атома может быть совершенно иной, чем широко известная модель Бора.

В установившемся режиме при отсутствии возбуждения преоны разной массы находятся на разных эллиптических орбитах. Параметры «вертушки» протона (масса, скорость вращения) таковы, что существует ограниченное количество орбит для ограниченного количества преонов, которые могут «вылететь» из атома в разных ситуациях.

Все вместе они составляют «электронное облако». В пространстве вокруг атома присутствует весь набор преонов с разными массами (по сути, они отличаются количеством гравитонов в них), так что можно считать, что этот «спектр масс» – практически сплошной. Время от времени каждый такой преон попадает внутрь атома, но если его масса не соответствует «устойчивой» орбите, он в атоме не задерживается.

*Ситуация отличается от ситуации в большом космосе, где не имеет значения масса объекта, движущегося по той или иной орбите. В атоме преоны периодически проходят сквозь протонную вертушку и получают скорость, обратно пропорциональную их массе.*

Поэтому более массивные преоны движутся по орбитам с меньшей главной полуосью. Менее массивные «улетают» от протона дальше. Но, в любом случае, орбита должна быть устойчивой. То есть при возвращении преона к протону он должен попасть в вертушку в синхронизме. В свою очередь это означает, что вертушка вращается (как и указывалось ранее) с окружной скоростью существенно меньшей «С». Поэтому и возможен синхронизм.

### Моменты

Принципиально важным в нашей модели является согласование моментов вращения протона и электронного облачка.

В невозбужденном состоянии все «разноцветные» преоны находятся на своих орбитах, которые определяются частотой вращения протона и его моментом вращения. Именно поэтому они представляют собой «облако». Электрон – их сумма, имеет в своем составе около $1.10^{11}$-$1.10^{12}$ преонов. Основную энергию «несут в себе» только несколько высокоэнергетических «орбиталей», цветных УФ-фотонов. В любом случае, чтобы фотон вылетел из атома, соответствующие ему по массе преоны уже должны там быть. Этим наша картина принципиально отличается от классической.

И только теперь возможно сделать следующий шаг.

## Переход электрона на разные орбиты

Электронное облачко раскручивается целиком протонной вертушкой. Этот процесс в физике атома называется «возбуждением» электрона. При этом легкие его фракции (легкие преоны) «возгоняются» до более высоких орбит, а более тяжелые от них, очевидно, отстают. То есть дело не происходит так, как описано в учебнике – электрон якобы перепрыгивает непостижимым образом с орбиты на орбиту (собственно, этот подход уже давно преодолен математиками введением представления об «энергетических орбиталях» вместо физических орбит). Легкие преонные «фракции» уже могут дойти до второй орбиты, в то время как тяжелые только едва поднялись. Но при этом очень важно понимать, что в ходе этого процесса, длящегося меньше микросекунды, преоны электрона продолжают крутиться с высокой скоростью, проходя через центр вертушки. И поэтому, чтобы занять очередную орбиту, группе преонов необходимо постоянно выполнять условие синхронизма.

В случае второй орбиты таких условий, похоже, для тяжелых преонов нет. Поэтому они остаются на случайных орбитах, и после излучения фотона со второй орбиты постепенно возвращаются в основное электронное облачко.

А вот уже для орбиты n=3 ситуация другая. По мере поступления подкачки от приходящего фотона с бо́льшей энергией (другая частота следования преонов, хотя и не слишком отличающихся по массе от преонов для второй орбиты), возникают условия для синхронизма не только для основной частоты второй справа линии Лаймана, но и для двух других частот – первая Лаймана и первая Бальмера. Причем, в зависимости от процентного содержания преонов разных масс может произойти или заполнение второй орбитали Лаймана с последующим переизлучением, либо заполнение двух других. При этом излучение второй линии Лаймана маскируется возбуждающей частотой. О ее существовании мы узнаём только в случае возбуждения третьей лаймановской линии, когда вторая лаймановская будет излучаться как составная часть излучения.

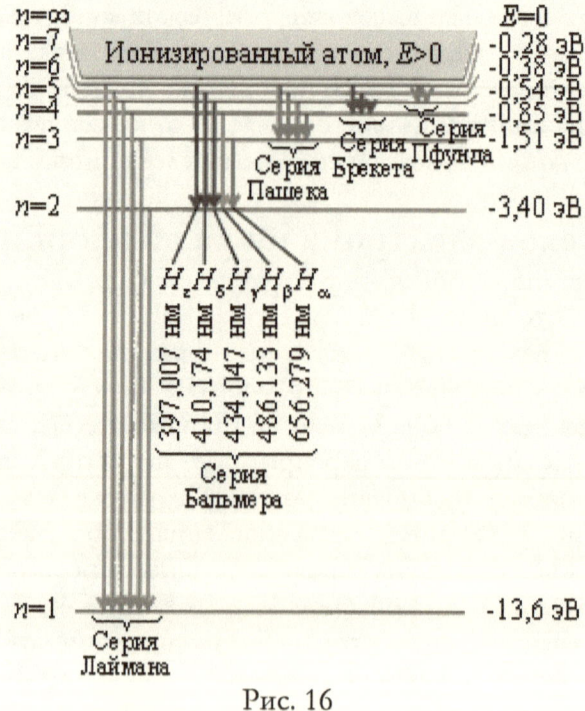

Рис. 16

А в случае возбуждения второй лаймановской линии мы увидим излучение как бы с двух уровней – n=3 и n=2. И картинка в учебнике нас хочет убедить в том, что электрон последовательно переходит с уровня на уровень.

В НАШЕЙ МОДЕЛИ при возбуждении электрона второй лаймановской («вторым лайманом») происходит ОДНОВРЕМЕННОЕ заполнение уровней таким образом, что их сумма оказывается равной второму лайману. Почему это происходит, требует дополнительного исследования (как и одновременное заполнение всех других орбит). Однако следует иметь в виду, что если мы попытаемся возбудить только «красную часть» преонов, то у нас ничего не получится. Потому что, воздействуя на атом внешним фотоном, мы воздействуем не на какую-то группу преонов самого электрона, но мы раскручиваем вертушку, а уже через нее – облачко в целом, в результате чего преоны могут выйти на ту или иную орбиту. А один лишь красный фотон неспособен раскрутить вертушку настолько сильно, чтобы красные преоны заняли свою орбиту, а все прочие остались бы на своем месте. Только поэтому картинка выглядит так, как она выглядит. При этом надо отметить, что «красный» фотон может докрутить вертушку, если она уже раскручена «первым лаймановским фотоном». И тогда, возможно (это еще надо проверить), атом может излучить второй лаймановский фотон.

Точно так же может возникнуть ситуация с излучением трех фотонов, если они распределились по орбитам в результате возбуждения «третьим лайманом» и так далее.

Вся эта механика остается совершенно скрытой от исследователя, если он не допускает существования ни собственно преонов, ни преонов, отличающихся по массе.

## Длина фотона в пространстве

На что влияет длина фотона?

Возникает естественный вопрос: если фотон представляет собой цуг (последовательность) преонов, то, по всей видимости, энергия фотона должна быть равна сумме энергий всех преонов. Но, согласно вроде бы установленным фактам, энергия фотона рассчитывается как $E=h\nu$. В эту формулу входит частота последовательности преонов, но не их количество, которое бы определяло длину последовательности. А это означает, в свою очередь, что длина фотона должна быть постоянной? Но тогда чем же определяется эта длина? (Не говоря уже о том, что в классической физике сегодня фотон представляется не только безмассовой, но и безразмерной частицей?!)

К тому же следует принять во внимание, что, согласно нашим предыдущим рассуждениям, масса фотона составляет очень небольшую часть от массы электрона.

Кажется понятным, что если энергия какого-либо фотона вдвое больше, чем энергия другого фотона с вдвое меньшей частотой, то и преонов в первом фотоне должно быть вдвое больше.

Так, если принять за основу количество преонов в УФ-фотоне (с частотой электрона на первой боровской орбите $v=1.10^{16}$ Гц) равным $1.10^8$, то длина такого фотона будет равна примерно $10^{-8}$ сек. Обычно эта величина как раз и принимается за время перехода с орбиты на орбиту, то есть за время излучения фотона.

Но! При длине волны красного света $0,5.10^{-4}$ см и таком же количестве преонов нем (хотя бы и идущих с меньшей частотой), его частота будет равна

$$f=C/\lambda=3.10^{10}/0,5.10^{-4}=6.10^{14}\,\text{Гц}$$

то есть примерно в 100 раз меньше. А значит и преонов в таком фотоне должно быть пропорционально меньше.

Однако... красные преоны могут быть существенно тяжелее.

На практике не имеет большого значения длительность фотона, приходящего извне. Если его энергии оказывается достаточно, чтобы довести высоту орбит фотонов до необходимой по Ридбергу, то небольшое увеличение его длины ни на что не повлияет — он не сможет занять более высокую орбиту вследствие необходимости синхронизма с вертушкой протона.

Таким образом получается, что фотоны одной и той же частоты могут иметь разную длительность (и, соответственно, разную энергию). Однако на процессы в атоме такие фотоны будут оказывать одно и то же действие (при условии, что их длительность (а, следовательно, и энергия) не меньше $E=hv$ для этой частоты.

## Освобождение электрона из атома

Формирование электрона при выбросе его за пределы атома происходит под действием гравитонов (так же, как и протона).

Отдельный преон (из которых состоит электрон) создает тень примерно такой же плотности, что и протон. Только размеры этой тени значительно меньше.

Температурные (свободные) электроны выбиваются прямо в виде облачка, а у них средняя скорость преонов равна $(1/137)C$. Причем это облачко имеет приблизительно тороидальную форму.

*Потеря центра вращения при тепловом ударе приводит вначале к рассинхронизации орбит и их перемешиванию. В дальнейшем может начаться раскрутка облачка гравитонами, но для этого требуется пока неизвестное время. Похоже, что в электронных приборах время существования «горячих» электронов действительно мало.*

При освобождении электрона от влияния протона, область возникшего свободного электрона оказывается под давлением гравитонного газа. Это давление возникает в результате действия на любой преон гравитонов тени, возникающих теперь уже от затенения со стороны самих преонов облачка. Облачко начинает сжиматься с увеличением скорости и с сохранением кинетического момента всех составляющих его преонов.

Кинетический момент равен $J\omega^2$

Но кинетический момент кольца $J$ пропорционален $R^2$

И если он сохраняется, то с <u>уменьшением</u> радиуса окружная скорость должна возрастать во столько же раз?

И наоборот, чтобы скорость увеличилась в 2000 раз и достигла световой, нужно уменьшить радиус в 2000 раз.

Радиус боровской орбиты для скорости $(1/137)C = 0,0072C$
$$R_b = 5,2917720859(36) \cdot 10^{-9} \text{ см}$$

Радиус эквивалентной световой орбиты (радиус электрона)
$$R_e = 5,3 \cdot 10^{-9} \text{ см} / 2 \cdot 10^3 = 2,84 \cdot 10^{-12} \text{ см}$$

то есть примерно в 10 раз больше ориентировочной величины протона, принятой нами ранее.

Таким образом, при массе электрона $m_e = 9,1 \cdot 10^{-27}$ г и числе преонов в электроне $\sim 10^{12}$ масса преона составит $m_p = 9,1 \cdot 10^{-39}$ г $=\sim 10^{-38}$ г

Так как диаметр преона был нами принят равным $10^{-18}$ см, то площадь преона – $10^{-36}$ см$^2$

При радиусе электрона, равном радиусу боровской орбиты
$$R_e = 5,3 \cdot 10^{-9} \text{ см} / 2 \cdot 10^3 = 2,84 \cdot 10^{-12} \text{ см} =\sim 3 \cdot 10^{-12} \text{ см}$$
площадь его поверхности будет равна $27 \cdot 10^{-24}$ см$^2$, и при площади преона $10^{-36}$ см$^2$ на поверхности электрона уложится $\sim 30 \cdot 10^{12}$ преонов. А во всем электроне преонов (в 2000 раз меньше, чем в протоне) т.е. всего $10^{12}$.

То есть при этих предположениях электрон представляет собой однослойную сферу с промежутками между преонами в 30 раз большими по площади, чем площадь самого преона.

Теоретически такая сфера вполне может существовать, все зависит от относительной проницаемости преонов для гравитонов. Если же взять для сравнения протон, то на его поверхности в один слой уляжется $10^{10}$ преонов.

Можно, конечно принять, что преон совершенно непрозрачен для гравитона, но это вряд ли. Но если таких слоев уже 100, то это как раз соответствует электрону с размером, равным размеру протона. Если радиус увеличится в 10 раз, то поверхность возрастет в 100 раз и уже станет однослойной.

И нам потребуется приблизительно такая модель электрона для объяснения причины его «притяжения» к протону. Но подробно это будет рассмотрено в главе об электричестве. А вот вопрос об условиях устойчивости такого образования следует рассматривать отдельно.

## Итак...

Итак, что надо иметь в виду постоянно:

Что прежняя теория (переход электрона с уровня на уровень) не объясняет механизма поглощения и излучения фотонов. Она не объясняет, каким образом при переходе электрона с одного энергетического уровня на другой круговые орбиты могут превратиться в круговые же. Она не объясняет, откуда «электрон», находясь на верхнем уровне, узнает, на какой именно уровень ему надо перейти. В конце концов, понятие «орбиты» в модели атома было заменено на чисто математическое понятие «орбитали».

Возможно, поэтому и не удалось распространить выводы, полученные на примере атома водорода на более сложные атомы.

Надо помнить, что:

ВСЕ взаимодействия между преонами на внутриатомных орбитах осуществляются ТОЛЬКО через вертушку. Напрямую преоны с преонами (и фотоны с электронами) не взаимодействуют, или это происходит с очень малой вероятностью.

Электрон, находящийся в возбужденном состоянии на некоторой орбите, может получить дополнительную энергию только от вертушки. А та, в свою очередь, от фотона.

Прямой захват фотона видимого света невозбужденным атомом водорода невозможен.

Соотношение E=mc² для классического фотона неприменимо, так как существующая теория отрицает существование у фотона массы. А в нашей гипотезе никаких проблем не возникает.

Скорость в свободном пространстве у всех преонов одинакова. Формула E=hν говорит только о частоте, но не о фотоне вообще. Гравитоника же говорит, что энергия фотона зависит не только от частоты следования преонов (точно так же, как энергия радиоимпульса зависит не только от его частоты), но и от длительности фотона, то есть от общего количества преонов в пачке. Если эта длительность не входит в формулу энергии, значит, молчаливо подразумевается, что длительность постоянна (или вообще не имеет значения, как в классике). Но зато может меняться и другой параметр, который тоже «не имеет значения» – масса преона!

Переход электрона с третьего на первый уровень (в атоме водорода) вообще не может быть «чистым». Нам говорят, что сначала излучается видимый фотон (n3→n2), а затем – более высокочастотный (n2 → n1). Но реально одно от другого отделить трудно (разность во времени составляет $10^{-18}$ сек), а на спектрографе мы увидим две раздельных полосы.

Очень медленное увеличение массы преонов фотона при их распространении в течение длительного времени на большие расстояния позволяет объяснить эффект «красного смещения» спектра у звезд. Разницу в массах обычным способом заметить трудно, особенно когда теория постулирует ее отсутствие. Разница в массах позволяет понять разницу в орбитах для разных длин волн видимого света.

Фотон, который выбивает электрон, не всегда проникает внутрь атома, он только раскручивает вертушку при своем отражении от нее, забрасывает преоны с занимаемого им уровня на удаленный уровень, после чего те сваливаются оттуда под гравитонным давлением окружающей среды и вылетают навстречу пришедшему фотону также в виде цуга преонов (фотона) с теми или иными параметрами.

При этом теряется часть энергии (и массы) внутриатомного «электрона», которую он через некоторое время (время релаксации) восстанавливает с помощью вертушки.

Более того, таким образом «электрон», находящийся на любом «разрешенном» уровне, может получить квантованную добавку энергии от вертушки, на которую воздействует внешний фотон, и перейти на более высокую орбиту.

Фотон, <u>который проникает внутрь атома</u>, не выбивает электрон с боровской (или любой другой) орбиты. Более того, <u>он никак не может воздействовать непосредственно на находящиеся там преоны других «электронов». Он может воздействовать на их состояние только через вертушку протона, и никак иначе.</u>

Если он входит внутрь атома самостоятельно, он иногда может стать «внутренним электроном»; при этом он занимает соответствующий энергетический уровень, а затем «сваливается» оттуда под гравитонным давлением на минимальный уровень.

По-видимому, могут быть и комбинации разных случаев.

Наш подход легко объясняет явление расщепления уровней в магнитных и электрических полях под действием потока внешних преонов. Но эти эффекты предполагается обсудить в третьем томе «Гравитоники».

## Послесловие к главе 5

Излучение фотонов с частотой видимого света (сравнительно небольших энергий) происходит при переходе атомных «электронов» с уровня на уровень при величинах n>1.

Однако в «классике» не описан сам механизм перехода между орбитами с большими номерами, да это и вряд ли можно ожидать, если все процессы описываются не в физических понятиях, а в математических символах. На подобный вопрос в «классике» просто нет ответа – переходит и все тут. А фотон – излучается. И весь сказ. А вот если вы хотите узнать, сколько и чего излучается, то к вашим услугам – математика!

Более того, все попытки понять «физику» этих процессов наталкиваются на непробиваемую стену глухого непонимания. Есть же формулы, что тут еще объяснять? Это и есть физика, которая якобы без математики не существует.

Особенностью нашего исследования является необходимость дать наглядные физические объяснения разнообразным явлениям, исходя из совершенно иной парадигмы, чем та, которая существовала в течение последних 500 лет. Развитием научных идей, их проверкой, «измышлением гипотез» занималось огромное число ученых, причем людей выдающихся. Как мог заметить читатель, мы не подвергаем критике их взгляды и выводы – они, видимо, и не могли быть другими, если не менять общего подхода, а кому ж под силу такое? Мы просто пытаемся проверить, «работает» ли другая парадигма по меньшей мере столь же эффективно, как и прежняя.

Но есть одна особенность, как было сказано выше. «Измышление гипотез» в научных исследованиях чаще всего скрыто и замаскировано. Более того, отдельные части той или иной гипотезы, из которой она складывается в ходе ее становления, чаще всего предложены самыми разными учеными для объяснения тех или иных конкретных явлений, ими обнаруженных. Обобщают эти отдельные части тоже совсем другие люди. Затем пишутся фундаментальные труды, учебники. В результате сегодня та или иная гипотеза сегодня выглядит так, как будто она уже родилась в готовом виде. Как говорил кто-то из физиков: «Теория построена, и леса разобраны». Никто не пытался читать «Оптику» Ньютона, нет? Чтение не из легких, хоть и было написано три века назад. То же относится и к любой другой теории.

Мы же находимся в гораздо более тяжелом положении. Некоторые явления, представляющиеся современному читателю чуть ли не простейшими, наталкиваются на необходимость пересматривать самые основы физики, крепко вколоченные в наши головы в средней и высшей школе. Поэтому иногда можно слышать возражения такого рода: «А вот у вас нет простого объяснения этого явления даже на базе вашей новой парадигмы, так вы придумываете новые постулаты!»

Мы не придумываем новых постулатов. Постулат был нами предложен один-единственный – «Бесконечная делимость материи». Постулат этот – более естественный, чем предположение о каком-то «первокирпичике мироздания», который ведь тоже должен из чего-то состоять?! Все же остальные сравнительно новые положения вводятся нами как «возможные объяснения», вытекающие из этого постулата. А их может быть и несколько.

Кстати сказать, возможно, что следует использовать понятие **"Потенциальная делимость объектов"** вместо, к сожалению, установившегося понятия "Бесконечная делимость материи". Потому что, во-первых, нет определения понятия "материя" (вернее, оно схоластическое, как раз и существует в виде "То, что..."), а во-вторых - преодолевается «неукладываемость в сознании» представления о бесконечности. Более того, далее будет показано, что мучать себя и других представлениями о каких-то «бесконечностях» нам вовсе и не потребуется. Потенциальная делимость объектов, оказывается, вовсе не обязательно приводит к существованию частиц все меньших и меньших размеров.

В этой главе были рассмотрены основные вопросы, связанные со строением атома. Без понимания физической сущности основных явлений нельзя будет продвинуться дальше. Более того, расщепление атомных уровней в магнитном поле нельзя понять, не понимая природы электричества и магнетизма.

## Нетривиальные следствия

Предложена физическая модель устройства атома на основе представлений о гравитонном и преонном газах.

Свободный электрон, представляющий собой одиночный тороидальный преонный вихрь, попадая внутрь атома, кардинально меняет свою структуру. Он уже не является отдельной «частицей», вращающейся вокруг протона. Составляющие его преоны распределяются по очень вытянутым эллиптическим орбитам, в общем фокусе которых находится протон.

Внутри атома не существует так называемых «электрических» или «кулоновских» полей. Электрон внутри атома не имеет никакого «электрического заряда». Попадание (наличие) электрона внутрь атома не нейтрализует положительный «заряд» протона (что такое «заряд» никто не знает), а приводит к определенным изменениям параметров «протонной вертушки», что, в свою очередь, не позволяет преонам вылетать за пределы атома и воздействовать на окружающие объекты.

Дается объяснение именно существующей величине скорости света.

Дается объяснение природы «внутриядерных сил».

Дается физическое объяснение «энергетическим уровням» атома, и процессам поглощения и излучения фотонов (а также явлению «безизлучательного перехода»).

Объясняется физическая сущность постоянной Планка.

Предлагается модель фотона, энергия которого зависит не только от его частоты (что само по себе является нонсенсом), но и от массы входящих в него преонов. Определяется длина фотона в пространстве, длительность во времени и масса. Все модели – нерелятивистские, теория относительности не используется.

Предлагается простое объяснение явления «красного смещения» на основе представлений о накоплении массы преона со временем.

## Еще раз о параметрах фотона и преона

О фотоне мы знаем, что его энергия $E = h\nu$

С другой стороны, общеизвестно, что энергия $E = mc^2$

Утверждение, что это, мол, «энергия покоя» частицы – некорректно, так как при этом имеется в виду, что это энергия, выделяющаяся при распаде частицы, при ее аннигиляции. Но а)фотон якобы не имеет массы покоя и б) «энергия покоя» вообще выражение абсурдное, так как энергия связана всегда только с движением.

Однако, предположим, все-таки, что фотон имеет некоторую массу (ибо мы-то уверены, что энергия без движущейся массы – нонсенс, и такой же нонсенс – утверждение о «безмассовости» фотона). Тогда из двух вышеприведенных уравнений следует, что

$$E = h\nu = mc^2$$

или попросту

$$h\nu = mc^2$$

Учитывая, что $\nu$ и $f$ – это одно и то же, и поскольку, как известно, $C = \lambda f$, то, заменяя $f = \nu$, получим

$$h = mc(c/f) = mc\lambda$$

Отсюда совершенно однозначно следует, что

$$m = h/c\lambda$$

Это и есть масса фотона.

Длина волны, к примеру, красного света $\lambda = 0,5 \cdot 10^{-6}$ м.

Величина $h = 6,6 \cdot 10^{-34}$ Дж.сек

Отсюда масса фотона

$$m_{\text{фот}} = h/c\lambda = 4 \cdot 10^{-32} \text{ кг} = 4 \cdot 10^{-29} \text{ г}$$

Согласно изложенным в этой главе соображениям, в фотоне имеется около $n = 10^6$ преонов (фотон есть цуг преонов, следующих друг за другом с периодом, равным длине волны света).

Отсюда получаем массу одного преона:

$$m_{\text{преон}} = 4 \cdot 10^{-35} \text{ г}$$

Это соответствует величине массы преона, приблизительно определенной ранее с точностью до половины порядка. Отсюда прямо следует, что поскольку

$$m_{\text{фот}} = h/c\lambda$$

то эта масса вряд ли может зависеть только от длины волны (то есть от расстояния между преонами), то она зависит от чего-то другого. А «ничего другого» в формуле мы не видим...

Причем из формулы прямо следует, что с увеличением длины волны масса фотона должна уменьшаться, и это так оно и есть, поскольку уменьшается его энергия (что известно из опытов с фотоэффектом).

Но это может быть только в случае, если длина фотона постоянна. Тогда пропорционально уменьшается количество преонов на этой длине.

При одной и той же длительности фотона (пакета преонов) от расстояния между преонами (длины волны) зависит количество преонов в пакете, а вот это уже прямо пропорционально массе всего пакета.

Но ведь в предыдущих рассуждениях мы использовали представление о преонах разной массы! И «красные» преоны должны были иметь бОльшую массу, чем «синие»!

И вот отсюда уже следует с необходимостью, что фотоны красного света (цвета) должны быть более короткими, чем фотоны синего света. А масса «красного» преона в этом случае уже может быть больше массы синего. Длина фотона таким образом однозначно определяется его энергией, которую он должен «унести» из атома при переходе с одного энергетического уровня на другой, нижележащий.

И вот в этом случае «концы с концами сходятся». Ибо ранее мы полагали, что длина фотона может быть до некоторой степени произвольной (мол сам атом вырежет из нее нужную длину). Ничего подобного, все жестко связано!

## Литература

1. Литература по теме «Бесконечная делимость материи»
2. Международная академия каббалы. М. Лайтман. Глава 7, Замысел Творения, http://mreadz.com/new/index.php?id=105029&pages=68
3. Вальтер Ритц, https://ru.wikipedia.org/wiki/%D0%A0%D0%B8%D1%82%D1%86,_%D0%92%D0%B0%D0%BB%D1%8C%D1%82%D0%B5%D1%80
4. http://unienc.ru/274/645971-massa-inertnaya.html
5. Учебник квантовой физики Мартинсона, http://vk.com/doc-30795834_32693741?dl=28aabb49a7217e1962 http://baumanpress.ru/books/391/391.pdf
6. В. Блинов. Растущая Земля – из планет в звезды, http://deepoil.ru/index.php/bazaznaniy/item/129-%D0%B1%D0%BB%D0%B8%D0%BD%D0%BE%D0%B2-%D0%B2%D1%84

# Глава 6. Свет

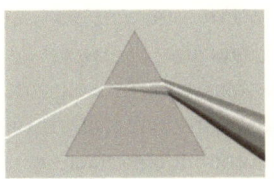

## Предисловие

### Свет... свет... свет...

Автор должен еще раз обратить внимание читателя, что эта книга – не монография по физике и не учебник. В ней всего лишь предпринята попытка общего подхода к явлениям и эффектам (в данной главе – к световым явлениям) на базе представлений гравитонно-преонной гипотезы. Основное внимание уделено собственно физической стороне явлений; математическое «сопровождение» минимально. Поэтому изложение местами может показаться более чем фрагментарным или поверхностным; однако высказанные вкратце основные положения вполне достаточны для дальнейшей математизации. Кроме того, никаких особенных изменений в математической части и не требуется. Главное внимание обращено на ликвидацию существующих парадоксов в объяснении наблюдаемых явлений. Предполагается, что читатель знаком с физикой в рамках средней школы бывшего советского образца.

Обсуждение световых явлений и процессов в этой книге происходит после изложения основных идей гравитоники в области гравитации (в Первой части книги) и строения атома (в главе 5). Это позволяет нам «работать» с термином «свет» как уже вполне определенным понятием благодаря исследованиям в упомянутых областях. Исторически же развитие научных представлений о мире шло в обратной последовательности (с чем и связаны вполне объяснимые заблуждения великих ученых). Поэтому у нас нет необходимости выяснять «природу света» с помощью тех или иных экспериментов. Мы можем прямо переходить к этим опытам, имея ясное понимание этой «природы».

Я буду исходить из предположения, что читатели благополучно забыли всю математическую (и даже обычную) физику, но кое-что все же помнят о "свойствах" (я не говорю, заметьте, о "природе") света. Изучение этих «свойств» привело ученых начала XX века к представлениям о квантовой природе света, а затем и к представлению о том, что в микромире (к которому относили тогда и световые явления) многие привычные нам в макромире законы не соблюдаются; точнее сказать – в микромире якобы действуют СВОИ законы. Помнят же читатели об этом только потому, что апологеты квантовой механики не устают эту мысль пропагандировать во всех популярных книжках по физике.

Мы не станем здесь вдаваться в критику тех или иных воззрений – на эту тему написаны горы литературы. Общий недостаток этих "гор" состоит в том, что так и не предложено приемлемого подхода в рамках классических <u>физических</u> представлений. Поэтому нам ничего не остается, как развивать нашу прежнюю гравитонно-преонную модель в применении к световым явлениям и эффектам. Тем более, что эта модель привела нас ранее к довольно таки нетривиальным выводам.

Конечно, мы столкнемся с той же проблемой, что и раньше – сотнями тысяч ученых за последние 200 лет открыто столько явлений и наработано столько теорий, что одному человеку не под силу даже ознакомиться с многими из них. (Только "законов природы" открыто не меньше двухсот!) Энтузиастам же кажется, что их собственные гипотезы достаточно продуктивны, чтобы объяснить впоследствии многое из того, что ими даже не затрагивается на данном этапе.

Я думаю, что не стоит даже пытаться объяснить, каким образом тот или иной автор приходит к своим идеям. За результатом этого процесса стоит огромная разноплановая работа, которая часто вовсе не интересна тому, кто хочет понять суть самой идеи. Поэтому стоит прямо перейти к делу.

## "Корпускулярно-волновой дуализм"

Проблема корпускулярно-волнового дуализма света (в дальнейшем сокращенно – КВД) по существу не решена и до сих пор. Ее "замели под ковер" официальным признанием якобы безусловно установленного «факта», что свет является потоком фотонов – безразмерных частиц, обладающих кинетическим моментом и не имеющих "массы покоя". Поскольку частице якобы "сопутствует" (!?) волна Де-Бройля, то она обладает и "волновыми свойствами". На все дальнейшие вопросы якобы отвечает квантовая механика с помощью своего сложного математического аппарата. И, действительно, если электрон и фотон рассматривать как безразмерные частицы, как частицы "точечные" (а именно такой подход и принят в современной физике), то вопрос о том, "из чего они состоят и что у них внутри" отпадает сам собой и попадает в разряд "глупых и детских". Единственным способом, остающимся при этом в нашем распоряжении, является математическое описание их поведения. Неспособность проникнуть в физическую природу материи элементарных частиц была, что называется, «оформлена юридически». Таким образом, был поставлен один из самых крепких «шлагбаумов» на пути любителей легкой добычи в научном заповеднике. Просто так лбом не прошибешь...

Причины возникновения такой ситуации и некоторые допущенные ошибки при истолковании тех или иных результатов, неплохо проанализированы в работах А.Шаляпина [Л.1] (хотя представления самого Шаляпина подвержены критике), а также в большом количестве работ свободомыслящих исследователей, презрительно именуемых в официальной науке «альтернативщиками».

## Краткая история вопроса

К концу XIX века физика оказалась перед большой проблемой. С одной стороны, представление о свете как о волнах в некоей среде (названной "эфиром") объясняло физическую сторону большинства этих явлений. С другой стороны, невозможно было себе представить параметры этого самого "эфира", которые могли бы обеспечить распространение света в виде поперечных волн ("поперечность" волн выводилась из не слишком убедительных аналогий с электромагнитными процессами, и из явлений, связанных с прохождением света через дифракционную решетку, объясняемых как «поляризация» света). Однако, для того, чтобы такие волны могли распространяться со скоростью 300 000 км/сек через "эфир" в виде колебаний среды, этот самый эфир (согласно обычным представлениям о распространении волн в среде) должен быть при этом сверхтвердым и сверхплотным, что явно не соответствует действительности. Эфир в виде газа допускал распространение в нем световых колебаний, но, увы (!), колебаний "продольных", как и в любом газе. Представление о якобы очевидной "поперечности" этих колебаний напрочь исключало такую возможность.

С другой стороны, развивающиеся исследования в области строения атома требовали наличия его адекватной модели, способной объяснить поглощение и излучение энергии атомом на вполне определенных частотах. Предложенная к тому времени

Ф.Перреном (и поддержанная Резерфордом) модель, в которой "отрицательно заряженный" электрон вращается вокруг "положительно заряженного" протона (ядра) не могла объяснить множества других оптических явлений.

Как отмечает Фейнман в своей пятой лекции "Фейнмановских лекций по физике", "**результатом невероятных усилий в этом направлении было создание квантовой механики**" - <u>математической</u> модели атома, указывающей, каким путем можно получить правильные (то есть соответствующие наблюдениям) результаты, но ни слова не говорящей о физике (механике) происходящих процессов. Сделано это было при помощи **нескольких постулатов** – <u>о существовании "разрешенных" орбит электронов в атомах (Нильс Бор, "Запрет Паули"), о возможности представления движущейся частицы как волны (Де-Бройль), о скорости света как о предельной скорости материальных тел в нашем мире, и вообще о неприменимости законов макромира в физике микромира (что окончательно развязало руки математическим физикам).</u>

Одним из результатов всего этого было формулирование Эйнштейном представления о "фотоне" как **безразмерной** и **безмассовой** частице (!!), обладающей, тем не менее, импульсом (произведением **массы** на скорость), и энергией, равной произведению некоей "постоянной Планка" на частоту, определяющую длину волны данной "порции" света. (Если вы хоть что-нибудь поняли в этой фразе, то я вас поздравляю – *прим. авт.*). При этом "физики" (а на самом деле – математики от физики) пришли к выводу, что фотоны – носители световой энергии (!) – распространяются в вакууме (по тем временам считалось, что в абсолютной пустоте). Тем самым как бы исключалась сама возможность представления о свете как о волнах в некоей среде – ведь среды-то нет! То обстоятельство, что понятия "частота" и "длина волны" связаны с наличием колебаний (в чем-то), якобы преодолевалось **математическим представлением** о некоей волне (Де-Бройля), "связанной" (!!!) с летящей в пустоте частицей. А некоторые горячие головы даже объявили волну Де-Бройля реально существующей.

Каким образом подобные частицы могут чем-то «обладать», тем более – иметь некую частоту и даже поляризацию – осталось, как говорится, «за кадром».

Весьма странно, что при этом совершенно игнорировалось существование радиоволн – ведь их масштабы и параметры не позволяли применить к ним принципы квантовой механики, и они не могли быть представлены в виде фотонов, летящих в пустоте. А эфира как бы и нет... Каким же образом, и в какой среде они распространяются?

Из затруднения вышли путем объяснения, что фотоны, соответствующие частотам радиоволн, слишком малоэнергетичны, чтобы их обнаружить....

## Результат невероятных усилий… сплошные противоречия.

В обмен на утрату основных физических представлений квантовая механика давала физике возможность объяснять "аналоговые" процессы с "волновой" точки зрения (конечно, при условии соблюдения ее математических правил). Однако от волны и от физики уже почти ничего не оставалось – уже никто не мог объяснить наглядно, почему фотон, например, испытывает преломление в прозрачной среде, или отражение под абсолютно точным углом (как это позволяла сделать "волновая модель") от совершенно хаотического нагромождения атомов на границе среды.

Внутриатомная же физика вообще оказалась только математической моделью.

Оно, конечно, легко сказать "корпускула", имея в виду фотон. Однако попробуем представить себе, что мы имеем на деле. А имеем мы атом с «электронной оболочкой», с которым взаимодействует поток света. (Предположим даже, что этот электрон – единственный, как в атоме водорода). И, говорит нам квантовая теория, существует конечная вероятность нахождения электрона в той или иной точке внутриатомного пространства. И внешний "фотон" с таким электроном неким образом "взаимодействует", изменяя состояние даже не электрона, а атома в целом.

Каким именно образом происходит такое взаимодействие – не объясняется, все разговоры ведутся на уровне отвлеченного понятия "энергия".

Философы сразу поняли, что понятие "энергия" является очень удобным для разного рода спекуляций – ведь никто не спорит сегодня, что энергия сохраняется и преобразовывается; а некоторые маститые стали даже утверждать, что энергия может существовать сама по себе, вне связи с материей, и может быть даже "психической"...

Но, в любом случае, фотон признавался «безразмерной частицей» (что само по себе очень странно – как может материальное тело не иметь размеров?), то есть, наверное, очень маленькой . И частота, которую ему приписывают, это вовсе, как оказывается, не частота каких-то  реальных колебаний, а просто некий параметр (непонятно, как "некий параметр" сам по себе может оказывать влияние на материальные тела, ну да ладно...)

Далее, если фотон - это частица, то совершенно непонятно, почему этот поток  фотонов при преломлении в стекле, например, должен изменять направление своего распространения? Ведь отдельному фотону совершенно безразлично, что происходит на расстоянии даже одного атома от него (он сам гораздо меньше атома, "не имеет размеров"!). И соседние атомы для него как бы даже и не существуют, и, тем более, не имеет значения, как расположена в пространстве граница этих атомов, представляющих собой границу прозрачного тела - наш фотон просто не "ощущает" этой границы, у него нет для этого никаких средств и возможностей. «Поля» влияют? Каким образом?

Дальнейшее обсуждение втянет нас в бесплодную дискуссию с квантовой теорией (см. работы А.Шаляпина в списке литературы). Гораздо полезнее попытаться развить  уже сформулированные нами ранее представления о физической модели атома.

Однако все же  следует отметить, что предположение  о "поперечности" световых волн было сделано Максвеллом всего лишь на основании (хотя и очень весомом) равенства скоростей так называмых электромагнитных волн и скорости света, то есть исключительно **по аналогии** с электромагнитными волнами. При этом сама физика электромагнетизма  как была непонятной тогда, так и остается непонятной до сих пор. В главе 7 «Электричество» будет показано, что Максвелл вполне мог принять желаемое за действительное. Более того, открытые им (вначале в виде формул!) электромагнитные  колебания также  имеют совершенно иную физическую структуру, чем представлял себе Максвелл, и даже иное происхождение. Прохождение света через "поляризаторы", якобы "выделяющие из общего потока "поляризованные" колебания, также может быть следствием артефакта – такого рода явления создаются самими физическими устройствами (или кристаллами), а вовсе не обязательно "выделяются" этими устройствами из потока, состоящего якобы из  волн любой "поляризации".

*Конечно, если вы сложите большое количество синусоидальных сигналов, то вы получите суммарное колебание квазихаотической формы. Но обратное рассуждение – неверно.*

*Хаотический с виду сигнал вовсе не обязательно* **состоит** *из отдельных синусоид.*

*Да, если вы подадите хаотический (шумовой) сигнал на любой резонатор (электрический или механический), то в резонаторе возникнут колебания на его резонансной частоте. Но это вовсе не значит, что резонатор "выделил" колебания своей резонансной частоты из приходящего сигнала (это всего лишь жаргон), и что исходный сигнал состоит из колебаний различных частот. К этой мысли нас приучают с помощью математического разложения колебаний в ряд Фурье, ряд синусоид. Но физически в шумовом сигнале НЕТ никаких синусоид! Резонатор был* **возбужден** *пришедшим сигналом на своей собственной резонансной частоте; и это все, что можно сказать о пришедшем сигнале.*

Следует отметить, что сам Максвелл в своих представлениях исходил из существования **среды**, в которой происходят электрические и магнитные явления. Но использованная им фарадеевская физическая модель, казалось бы, явно указывавшая на "поперечность" электромагнитных волн, не позволила ему преодолеть противоречия между возможностью существования таких волн (они могут существовать только в сверхупругой среде) и видимым отсутствием такой среды.

Многие авторы отмечают, сколь мало обоснованным методически был вывод о "поперечности" световых волн. А именно — вначале утверждается, что исходный солнечный свет не имеет преимущественных направлений "поляризации". Затем на пути света (предположим даже, что это фотоны) ставят "решетку" из продольных "брусьев". И на основании того, что после этой решетки свет практически не проходит через вторую такую же решетку, поставленную поперек первой, делается вышеуказанный вывод.

Но позвольте! Вы же сами сформировали поток некоторой структуры после первой решетки! Сплошной поток фотонов был просто разделен на пространственно расположенные "полоски". При этом толщина элементов решетки и расстояние между ними существенно больше размеров самого фотона. Фотоны проходят через решетку как поток света сквозь бойницу крепостной стены — в виде полоски. Если вы затем поставите на пути этого потока такую же стену под прямым углом к первой, то на другой стороне стены вы увидите лишь отдельные пятнышки, которые оказались на перекрестии бойниц первой и второй стены. И на основании вот этого вы делаете вывод о том, что в исходном световом потоке свет имеет разную "поляризацию"? Позвольте с вами не согласиться...

Аналогия со звуком в данном случае не вполне корректна – в подобных условиях прохождение звука через первую стену вызовет сильное размывание фронта на другой стороне стены, и вы не "увидите" ярко выраженных "полосок" звука. Это верно. Но ведь звук распространяется в среде с длиной свободного пробега частиц, измеряемой миллиметрами. А фотон при своем движении (в пустоте даже, и даже в воздухе) движется без столкновений (во всяком случае – в пределах оптического эксперимента) на расстояниях до сотен метров и более! Поэтому сформированные решеткой "полоски" будут существовать на очень большом расстоянии от нее...

Таким образом, вывод о поперечности колебаний в световых волнах не выглядит убедительным. Свет может представлять собой и продольные волны, которые в вышеописанных условиях дадут тот же самый эффект. И даже не волны, а нечто иное. (В этом мы сможем убедиться в главе «Электричество».)

Сомнения вызывают также и описания отражений от полированных отражающих поверхностей (зеркал) в корпускулярной теории. Ибо не совсем понятно, почему у фотона-частицы угол падения равен углу отражения. Ведь отражается фотон наверняка от протона ядра. Ничего другого достаточно плотного в материале нет. "Электрон" ему еще надо «разыскать» во внутриатомном пространстве, да и вероятность этого довольно мала, а в рамках описанной в главе 5 «конструкции» атома – электрон внутри атома вообще с фотоном взаимодействовать не может. Но по какой причине равны углы? Даже если отдельный протон представить себе круглым блестящим шариком (что на самом деле не так), то ядро атома того же серебра представляет собой довольно таки сложную и вовсе не сферическую конструкцию из таких "шариков", что вряд ли обеспечит стабильность параметров отражения. Кроме того, фотоны могут проникать через межатомное пространство на глубину, измеряемую пятью порядками (!) диаметров атомов, и сумма отражений от такого количества слоев на разных расстояниях от поверхности неизбежно в сильной мере исказит результат отражения фотонов от поверхностных слоев. А если фотон отражается от электронных оболочек, то еще нужно объяснить, каким образом возникает столь точное воспроизведение фронта волны, если сами переотражающие центры (электроны) имеют сильно выраженный статистический характер.

Для «объяснения» всего этого была специально разработана целая наука – квантовая электродинамика. К ее весьма спорным методам и выводам мы еще вернемся впоследствии, но уже, возможно, не в этой книге...

Далее, возникновение зон Френеля и колец Ньютона в фотонной (корпускулярной) теории просто немыслимо. Ведь монохроматический свет и свет когерентный – вовсе не одно и то же. Фотоны монохроматического света не когерентны (если даже предположить у них наличие некоей средней «частоты»), а, значит, не могут создавать интерференционных картин. Разделение потока фотонов на два когерентных потока также является нонсенсом, если принять фотонную теорию – ведь делится поток фотонов, в котором сами фотоны некогерентны, а разделить один фотон на два "когерентных" запрещает сама квантовая теория...

Знают ли сторонники квантовой теории обо всем этом? Конечно, знают... Ответ обычно прост – фотон проявляет волновые "свойства". На этом обсуждение заканчивается, а если и продолжается, то с помощью манипуляций понятием "энергия".

Ниже мы попытаемся дать объяснение известных оптических явлений с точки зрения гравитонно-преонной гипотезы.

## Оптические явления

"Господь Бог живет в деталях"
*Аби Варбург.*

Сегодняшние наши трудности в попытке понимания состояния физики (и умов) начала XX века усугубляются тем, что описания поставленных опытов, считающихся классическими, очень и очень схематичны. Вы можете встретить в массе литературы (литературной массе) множество схем одних и тех же опытов, но крайне трудно найти их детальное описание, на которое даже сами экспериментаторы не обращали большого внимания. А во многих случаях та или иная особенность эксперимента могла иметь решающее значение для выводов, которые были сделаны на основании результатов этих экспериментов. При рассмотрении дальнейших примеров это нужно постоянно иметь в виду, и мы будем специально обращать внимание читателя на эти особенности.

Все же иногда без исторического экскурса никак не обойтись. Попробуем его сократить до возможного минимума...

## Скорость света

Поскольку преонная среда в нашей гипотезе представляет собой некий "преонный газ", частички которого (преоны) движутся во всех направлениях со скоростью примерно $3.10^{10}$ см/сек (300 000 км/сек), то и волны (колебания) в такой среде (как и в любой газовой среде) распространяются именно с этой скоростью. Так как считалось, что свет представляет собой такие волны, эта скорость и называется "скоростью света".

Конечно, по всем законам газовой динамики такие волны и не могут быть «поперечными», они всегда – продольные. Это означает, что колебания частичек среды, передающие такую волну в пространстве, происходят только в направлении распространения такой волны (как в воде и в воздухе), но никак не в поперечном направлении к распространению волны. Это обстоятельство было основным при обсуждении проблемы распространения света в гипотетическом «эфире»; но, как мы увидим далее, в рамках нашей модели это обстоятельство не играет роли.

Поскольку кроме преонов в пространстве также имеются еще и частички, гораздо более мелкие по размерам (гравитоны), из которых состоят сами преоны, и которые также образуют газ (но другой, "гравитонный газ"), то между этими двумя газами устанавливается термодинамическое равновесие. Параметры преонного газа в этом случае тесно связаны (если не вообще полностью определяются) с параметрами газа гравитонного (и самих гравитонов). И именно потому, что гравитоны (имеющие массы существенно меньшие, чем массы преонов) движутся с определенными скоростями (существенно превышающими скорость преонов), то и сами преоны имеют именно такую среднюю скорость ($\mathbf{3.10^{10}}$ **см/сек**), которую имеют.

*Конечно, зная все параметры гравитонов и преонов, можно, по-видимому, рассчитать величину скорости света. Однако, за неимением достаточных данных, можно поступить наоборот – по известной скорости света попытаться оценить параметры наночастиц. Аналогично, в свое время, зная массу Земли и гравитационную постоянную, можно было бы рассчитать и ускорение свободного падения. Однако поступили наоборот – по величине ускорения свободного падения оценили массу Земли.*

Не исключено, что в какой-либо другой области вселенной гравитоны движутся с другими скоростями. В свою очередь, это повлияет на скорости преонов и, следовательно, на скорость распространения волны в преонной среде. Поэтому и "скорость света" в этих областях может быть заметно иной.

Отсюда следует, что в нашей гипотезе скорость распространения волн в преонной среде не является мировой постоянной. Но в нашей гипотезе и сам свет не представляется волнами в "светоносной среде"! Наша гипотеза отказывается как от волнового, так и от "корпускулярного" (фотон-частица или фотон-волна) представления о природе света. В самом общем виде эти представления были развиты в предыдущей главе. Фотон представляется там в виде последовательности (цуга) преонов, движущихся в пространстве со скоростью, приблизительно равной скорости движения отдельных преонов (равной приблизительно $3.10^{10}$ см/сек). В этом состоит принципиальное отличие преонно-гравитонной гипотезы от всех остальных. Как мы увидим далее, с ее помощью оказывается возможным объяснить практически все оптические явления с единой позиции, не прибегая к "дуализму" (который, по словам самого же Фейнмана, есть лишь свидетельство нашего непонимания природы света).

**Фотоны указанного вида не нуждаются в какой-либо «среде» для своего распространения; они распространяются и в пустоте.**

Преон в цуге фотона движется с вполне определенной скоростью (С) в силу баланса между воздействием гравитонов, вызывающих ускорение движения любого движущегося тела (как показано в Первом томе «Гравитоники»), и торможением со стороны гравитонного газа.

Барьер на пути к такому пониманию был поставлен в свое время еще Максвеллом, предложившим считать электромагнетизм и свет явлениями одной природы. Основание для такого предположения было всего одно – одинаковая скорость распространения света и (даже еще не открытых к тому времени) электромагнитных колебаний (волны в эфире). По теории Максвелла электромагнитные колебания (в среде, эфире) должны быть "поперечными". То есть теоретическое (!) представление о них как о волнах, в которых "электрические" колебания переходят в "магнитные" (и наоборот), **основывалось на математическом (!) представлении** об этих колебаниях как о периодическом изменении величины этих «векторов», в направлении, перпендикулярном распространению этих волн (а вовсе не на опытных данных). Якобы подтверждением родственной близости света к электромагнитным колебаниям послужило открытие явления поляризации света, якобы также свидетельствующей о некой "поперечности" колебаний в световой "волне". Выше мы уже говорили об этом весьма спорном «свойстве» света.

Но "поперечность колебаний" световой волны была просто постулирована Масквеллом безо всякого физического обоснования этого положения, просто по аналогии с колебаниями электромагнитными, на основании графических представлений Фарадея, и по аналогии, возникшей в результате лишь одного совпадения – скоростей распространения электрических и световых волн. Однако "физика" электромагнетизма Максвеллом раскрыта не была. В результате предрассудок превратился в постулат.

Некоторое время все казалось просто гениальным. Однако в дальнейшем все пошло "наперекосяк". Простейшие соображения и расчеты показывали, что поперечные колебания в эфире возможны... только при условии, что сам эфир обладает свойствами твердого тела, плотность которого намного превосходит плотность стали. А опыт Майкельсона (см. ниже) поставил исследователей перед проблемой существования мирового эфира вообще. Тут уж было не до "поперечности" колебаний...

Возникшие трудности побудили Эйнштейна предложить считать скорость света некоей "мировой постоянной", как способ выйти из парадокса опыта Майкельсона. Но сами результаты опыта Майкельсона (необнаружимость «эфирного ветра») заставляли предположить отсутствие эфира как среды, в которой могут распространяться электромагнитные волны, в том числе и свет (который продолжали считать электромагнитной волной). Однако в те времена еще всем было ясно, что волны (в обычном понимании этого слова) без среды распространяться не могут. Поиски решения этой проблемы привели Эйнштейна и сочувствующих ему физиков к "открытию" фотона, которому была приписана роль "частицы света", которая, конечно, может распространяться в свободном пространстве.

Эфир как среда распространения света стал не нужен, о-кей, но ведь оставались еще радиоволны! В какой среде распространяются эти волны, если нет эфира? Свет упрямо проявлял свойства, характерные для волн, а не для частиц!

И физики нашли блестящий (!) выход из положения. Само электромагнитное излучение было объявлено "полем" – неким "особым видом материи". Получалось, что электромагнитное поле возникает и распространяется как бы само в себе... И это еще не все «чудеса», якобы наблюдаемые в микромире! Но об этом пока здесь не будем...

Таким образом, физики по существу отказались от изучения физической природы электромагнетизма и света, **предложив считать наблюдаемые ЯВЛЕНИЯ самой этой природой**. Такой финт в философии естествознания до сих пор не был известен, и поверг ее в шок, из которого она не может выбраться до сих пор. А все оптические явления, которые мы можем наблюдать, стали объяснять таким образом, каким удавалось их объяснить, если не слишком копаться в сути дела. На свет божий появилось понятие "корпускулярно-волнового дуализма". Если можно объяснить некое явление с волновой точки зрения – давайте так и делать! Если можно с "фотонной" (корпускулярной, квантовой) – будем так объяснять. Ибо, по мнению этих теоретиков, свет может проявлять как волновые, так и корпускулярные "свойства". (Даже сам Фейнман считал это признаком нашего непонимания природы явления).

Однако до тех пор, пока фотон представляется физикам безмассовой безразмерной частицей с загадочным "свойством" иметь энергию, зависимую от частоты неизвестно каких колебаний, представление о нем не удается совместить с явлениями, легко объясняемыми волновой теорией, которая в свою очередь не может объяснить "корпускулярных" эффектов.

Результатом этой гигантской работы по замене физики математическими формулами (по выражению того же Фейнмана) явилось отсутствие у нас сегодня понимания элементарных физических явлений – природы заряда, электричества и магнетизма, природы света. По нашему же мнению, хотя и электромагнитные и световые явления происходят с участием преонов, но природа этих явлений совершенно разная.

Как мы уже видели, в нашей гипотезе фотон представляется цугом (последовательностью) большого числа преонов. А то, что называется "электромагнитными колебаниями", является изменениями плотности преонного газа, но не колебаниями самой среды. Это будет показано в конце главы 7 «Электричество».

<u>**Фотонно-преонные цуги преонов возникают в результате внутриатомных процессов, и сами по себе не являются колебаниями преонной среды. «Электромагнитные волны» являются движущимися в пространстве уплотнениями преонного газа, но не его колебаниями в обычном смысле этого**</u>

**слова. В электромагнитных волнах частицы (преоны) движутся со световой скоростью, а не колеблются около некоего положения «равновесия».**

«Электромагнитные волны» возникают, так сказать, в "макромасштабе" – при движении свободных электронов в преонной среде. А фотоны возникают в процессе излучения их из атомов. Это принципиально разные физические явления. Об электромагнетизме нам придется говорить только в дальнейшем, в главе 7 «Электричество».

Как уже было сказано в самом начале этой главы, барьер на пути попыток выяснить физическую сущность света, электромагнетизма, а также и атома, оказался исключительно высоким и крепким. И даже многочисленные современные попытки свободомыслящих исследователей его преодолеть (в условиях бóльшей гласности и наличия Интернета), похоже, до сих пор не дали общепризнанного результата. Физика явлений была заменена их математическим описанием, и это было "философски обосновано". Результатом этого, в свою очередь, стало появление со стороны "официальной" науки разного рода околонаучных теорий (конечно, с привлечением математического высшего пилотажа, исключающего критику со стороны "непосвященных и неостепененных" [Л.2]), которые скорее годились бы для написания фантастических романов. Верхом этой фантастики можно считать повсеместное укоренение представления о том, что энергия может существовать сама по себе, не будучи связанной с материей, поскольку она сама, эта энергия, является "формой материи". (Удивительно, как легко люди, признающие и исповедующие материалистическую философию, соглашаются с подобными чисто философско-идеалистическими концепциями.).

Впрочем, это все уже можно считать достоянием истории. Ругаться легко... Попробуем продвинуться далее по пути понимания и описания физической природы оптических явлений. И теперь нам предстоит объяснить если не все, то максимально возможное количество известных уже в настоящее время явлений оптики и их особенностей, опираясь на положения, сформулированные в предыдущих разделах этой книги.

## Прозрачность веществ

Чем отличаются вещества прозрачные от веществ непрозрачных или отражающих свет?

Прежде всего – строением и толщиной. Непрозрачные вещества и металлы – это, обычно, атомные решетки. Прозрачные – это, в основном, жидкости, стекло и некоторые кристаллы. Но даже золото в очень тонком слое может быть сравнительно прозрачным.

Напомним, что фотон – это регулярный поток преонов (цуг) с определенным интервалом времени между ними; количество преонов в фотоне может превышать $10^6$. Проникнув в вещество, преоны попадают в условия поочередного воздействия со стороны ядер атомов, мимо которых они пролетают. Поскольку скорость преонов очень велика по сравнению со скоростями теплового движения атомов, тепловое движение последних практически не влияет на траектории движения отдельных преонов каждого фотона. Фотонный цуг преонов движется как бы "змейкой" (рис.1).

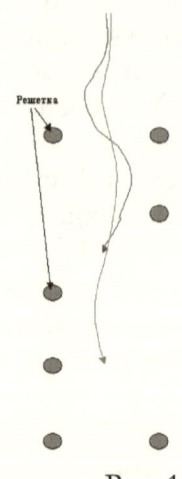

Решетка

Рис. 1.

Если теперь мы возьмем для рассмотрения какой-либо прозрачный для света материал (твердый или даже жидкий), то в таком материале отдельные ядра атомов расположены на весьма большом относительном расстоянии друг от друга. Размер атома сложного вещества может достигать $10^{-7}$-$10^{-8}$ см, а размер его ядра находится в пределах $10^{-13}$ см. Если на площадь поперечного сечения такого <u>атома</u> $S=(10^{-7})^2 =10^{-14}$ см$^2$ падает поток фотонов, то при площади <u>ядра</u> $s=10^{-26}$ см$^2$ оно в худшем случае задержит не более, чем $s/S=1.10^{-12}$ часть от общего потока.

Другими словами, лишь $10^{12}$ атомных слоев могут полностью поглотить (рассеять) падающий поток, что при размере атома $1.10^{-7}$ см соответствует $1.10^5$ см или 1000 м. (Реальные цифры на самом деле меньше примерно в 10 раз.) Этим и объясняется высокая прозрачность воды и некоторых материалов.

Увеличение межатомных расстояний только в 10 раз приводит к увеличению прозрачности в 100 раз.

### Передача момента количества движения от гравитона преону.

При всех наших рассуждениях мы должны иметь в виду одно обстоятельство. Мы здесь находимся в области столь малых размеров и масс, что некоторые привычные нам «принципы» перестают работать. Причем перестают они работать внезапно – при переходе к этим размерам. Из этого вовсе не следует, что в области микромира действуют какие-то иные «законы». Но «принципы» это не законы; с использованием некоторых «принципов» приходится быть очень осторожными.

Между протоном и преоном нет промежуточных объектов по величине. Сами преоны могут немного различаться по размерам, и преоны «красного цвета» более массивны, чем преоны рентгеновского излучения. Примерно одинакова длина фотона, поэтому бóльшее количество преонов располагается на одинаковом отрезке времени.

Расстояние между преонами в фотоне больше размера самого преона в $10^{12}$ раз. В радиотехнике говорят о подобных последовательностях, что они имеют «скважность» $Q=10^{12}$. Поэтому мы вынуждены рассматривать движение отдельного преона безо всякой связи с движением всего цуга фотонов. Преоны не связаны с цугом в прямом смысле. Они движутся в одном направлении с одной скоростью, и только это и сохраняет фотон, его вид и форму. Преоны могут даже несколько отстоять от «осевой линии» распространения фотона, и это не окажет заметного влияния на оптические эффекты.

Поэтому каждый преон взаимодействует только с одним атомом.

Только тут мы находим ключ к объяснению знаменитого «парадокса квантового мира» – якобы нарушения общих природных законов. (Скажу сразу же, что именно «якобы», так как никакого нарушения оных мы в микромире не увидим).

При своем движении в некоторой близости от протона преон входит в гравитонную тень протона. Плотность протона огромна (примерно $1.10^{15}$ г/см$^3$), поэтому тень можно считать максимально плотной.

**Преон значительно меньше протона по линейным размерам – минимум на 5-6 порядков; а по объему и массе – примерно на 15 порядков. Плотность гравитонов в пространстве – конечная, она примерно равна $P=N/V=10^{31}$ преонов в одном кубическом сантиметре (см. Первую книгу «Гравитоника»).**

В результате в нашей области космического пространства имеется ситуация, при которой в каждый данный отрезок времени (а может быть и бо́льший, чем этот отрезок) через преон проходит только один гравитон. И этот гравитон с некоторой вероятностью взаимодействует с одним из гравитонов, из которых состоит преон.

При этом гравитон передает преону фиксированный импульс, который затем «расплывается» по всем гравитонам, из которых состоит преон. Чем более массивен преон, чем больше в нем гравитонов, тем больше вероятность получения всем преоном бо́льшего импульса.

**Но обратите внимание!** Теперь на тело (преон), находящееся вблизи другого тела (протон) воздействует не мистическая «сила», величина которой определяется постфактум по ускорению, полученному телом! Воздействует ИМПУЛЬС. Преон получает от гравитона фиксированный импульс p=mV, ту небольшую часть собственного импульса гравитона, проходящего через преон, которую этот гравитон затем отдает гравитону, находящемуся внутри преона (и через него – собственно преону). Чем больше масса преона, тем меньшую скорость он получит в результате одиночного столкновения (воздействия) с гравитоном. И здесь уже становится все ясно, только физика, только механика и никакой мистики.

В случае больших тел применимо ньютоновское понятие силы F=ma, где о величине силы можно судить только по результату ее воздействия – по ускорению, получаемому телом. И поэтому в макромире чем больше масса (чем больше элементов, составляющих эту массу), тем больше сила, и тем больше ускорение. А в микромире, при одиночных воздействиях гравитона на преон, чем больше масса преона, тем меньше скорость, которую он получает в результате взаимодействия. И никакие физические законы природы не нарушаются.

На околосолнечной орбите могут находиться объекты с самыми разными массами, потому что они «падают» к центру притяжения (к Солнцу) с одним и тем же ускорением. А при притяжении преонов к атому преоны получают не общее ускорение, а один и тот же импульс; и преоны с разной массой получают при этом разную скорость.

Этому полностью соответствует и случай преломления (см. ниже): угол преломления определяется через разность скоростей движения света вне материала и внутри него.

*В разделе «Дисперсия» и «Поглощение» будет показано, что и в микромире возможны случаи прямого выполнения закона Ньютона.*

Высокая проникающая способность рентгеновского излучения определяется двумя факторами. С одной стороны, «рентгеновские» преоны легче, значит, казалось бы, они должны легче отклоняться атомами и ядрами. Но эти преоны также значительно меньше по размерам, чем преоны видимого света. Грубо говоря, гравитоны в них попадают реже, чем в более массивные преоны. Поэтому, начиная с определенных размеров, преоны такого типа (рентгеновские и пр.) вообще перестают отклоняться по направлению к атомам. Если же рентгеновский преон прямо наталкивается на своем пути на атом вещества, то такой преон либо поглощается, либо рассеивается атомом (отклоняется от направления своего движения). Вот почему, в частности, рентгеновские снимки были вначале (да и теперь на несовершенной аппаратуре) такими мутными, слабо сфокусированными при «просвечивании» не слишком плотных материалов. Впоследствии были разработаны методы цифровой обработки снимков, получившие общее название «томография».

## Отражение света от поверхностей

Если поток фотон-преонов (фотон – цуг из преонов) падает под каким-то углом на некую поверхность, то последующие события будут зависеть от материала этой поверхности.

### Отражение от металлов.

Прежде всего, чтобы поверхность была отражающей, необходима, казалось бы, ее полная гладкость в пределах примерно двух размеров атомов (наверное), поскольку неровности в любом случае могут приводить к рассеянию. Однако считается, что достаточно иметь неровности меньше некоторой части длины волны, что соответствует десяткам и сотням размеров атомов. Волновая теория считает, что только отражение от поверхности с неровностями около трети волны и более приведет к явной интерференции. (Это сегодня каждый может наблюдать при отражении света от поверхности "CD" дисков.) Средняя длина световой волны – полмикрона, то есть $\lambda = 0,5.10^{-6}$ м $= 0,5.10^{-4}$ см. Допустимая неровность может составлять $d = 0,1.10^{-4}$ см $= 1.10^{-5}$ см, т.е. в тысячу раз больше расстояния между атомами. Понятно, что при таком положении дел никакая корпускулярная теория не поможет нарисовать хорошую картину зеркального отражения. Все корпускулы (особенно "безразмерные") перемешаются между собой, так как от такой поверхности они будут отражаться хаотично во все стороны.

Полированная поверхность металла обычно представляет собой более или менее равномерную последовательность атомов, расположенных в виде некоторой структуры (решетки) (рис.2).

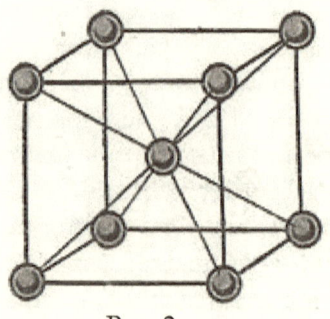

Рис. 2.

Однако, не всякий металл можно отполировать даже до блеска, и уж далеко не всякую поверхность всякого металла (из таблицы Менделеева) можно сделать зеркальной.

Каков же может быть «механизм» отражения в предположении, что фотон представляет собой цуг преонов?

*При этом мы имеем в виду, что волновая теория света ничего не говорит о том, в какой среде распространяются световые «волны», а квантовая теория, рассматривая фотоны как безразмерные частицы, вынуждена «связывать» их с некими «волновыми функциями» (то есть физика явления исчезает).*

Наилучшие зеркальные поверхности получаются при нанесении слоя серебра или золота на стеклянную поверхность. Отражающая поверхность должна быть максимально гладкой. Для обеспечения эффективного отражения слой металла должен составлять доли микрона. При толщине металлического покрытия 0,1 мк зеркало уже получается полупрозрачным, то есть часть потока отражается, а часть - проходит сквозь слой. Обычно для полного отражения достаточен слой толщиной в 1 мк. Длина волны красного света составляет примерно 0,5 мк. При этом следует иметь в виду, что в нашей модели фотона размеры отдельного преона весьма малы (~$10^{-18}$ см), так что при длине волны $\lambda$ = 0,5 мк = $0,5.10^{-4}$ см «скважность» преонов в фотоне исключительно велика $Q = \lambda / t_{\text{преона}} \approx 10^{14}$. Таким образом, получается, что поведение каждого преона фотона практически не зависит от других его преонов.

*Следует учитывать также, что подобная (сверхгладкая) поверхность у стекла создается специальным способом — разливом расплавленного стекла на нагретый до температуры плавления свинец или раскатыванием по нагретой медной пластине.*

Попадая в металл, преон двигается прямолинейно среди ядер атомов, находящихся на относительно очень большом расстоянии друг от друга. Размер ядра $\approx 10^{-13}$ см; расстояние между ядрами $\approx 10^{-7}$ см.

Преон, двигающийся со скоростью света, может изменить направление своего движения только в объеме атома и только вблизи ядра. Но даже в металле вероятность для фотонного преона пройти не слишком далеко от ядра невелика. Если, исходя из этих предположений, как уже было сказано выше, принять площадь поперечного сечения атома равной $\approx 10^{-14}$ см$^2$, а площадь поперечного сечения ядра $\approx 10^{-26}$ см$^2$, то для отдельного преона вероятность наткнуться прямо на ядро составит $10^{-12}$. Это значит, что для стопроцентной вероятности прямого соударения преон должен пройти около $10^{12}$ атомных слоев.

Но мы знаем, что в металле для полного отражения необходим слой примерно в 1мк =$10^{-6}$м=$10^{-4}$см. Такой слой содержит примерно 1000 атомных слоев (размеров) при расстоянии между ядрами $\approx 10^{-7}$ см, и 10 000 – при расстоянии между ядрами $\approx 10^{-8}$см. То есть на этом пути для одиночного преона вероятность «попасться» в поле воздействия одного атома исключительно мала. Для отражения половины потока нужно иметь $10^{11}$ атомных слоев. А при расстоянии между атомами $\approx 10^{-7}$см такой «полупрозрачный слой» должен иметь толщину $10^4$ см = 100 метров! Это совершенно нереально. Из этого следует, что механизм отражения не может быть связан с прямым отражением преонов (корпускул света) от ядер атомов.

Но даже в случае расстояния между ядрами $\approx 10^{-8}$ см при размере ядра около $\approx 10^{-13}$ см вероятность прямого попадания не выше $10^{-10}$. Для получения вероятности $10^{-4}$ необходимо признать, что вокруг ядра существует «зона захвата» в десятки раз бо́льшая по размеру, чем само ядро.

И это предположение вполне логично. В главе 5 о строении атома было показано, что размер самого атома определяется «апоядрием» – расстоянием, на которое удаляется от ядра каждый преон электрона. Но в апоядрии сильно вытянутой орбиты скорость электрона может быть очень небольшой. А преон фотона, двигающийся со скоростью света – это преон вблизи ядра. И даже такой преон, проходя на некотором расстоянии от ядра, проскакивает ядро и уходит в «заднюю полусферу, из которой снова возвращается к протону и входит во внитриатомное пространство через вертушку протона. Но, проходя от ядра (протона) на несколько бо́льшем расстоянии, преон фотона лишь немного отклонится в сторону ядра атома.

Поэтому в веществе фотон двигается как бы по широкой дороге между атомами, отклоняясь от прямого пути в стороны при проходе невдалеке от ядер. Но эта дорога рано или поздно приведет преон на расстояние, достаточное для сильного на него воздействия. Это и есть зона эффективного притяжения преона к ядру при скорости преона, равной световой, и она зависит от квадрата расстояния до ядра, мимо которого проходит преон фотона. И чем массивнее ядро, тем большее воздействие оно может оказать на преон фотона.

При приближении к ядру на расстояние, меньшее радиуса зоны эффективного притяжения (зоны влияния), преон уже не продолжает своего сравнительно прямолинейного пути, а заворачивается ядром в обратном направлении. Ситуация подобна той, какой она наблюдается нами в открытом космосе при движении комет вокруг Солнца или космических кораблей на специально рассчитанных эллиптических орбитах.

Возникает явление «отражения». Так выглядела бы упомянутая ситуация с облетом кометой Солнца для наблюдателя, находящегося на очень большом расстоянии от Солнца.

При «отражении» каждый преон приходящего фотона взаимодействует только с одним ядром на своем пути. Примерно через 1 микрон своего пути фотон (преон) встретит на своем пути зону захвата какого-либо атома (ядра).

Обогнув ядро по всем законам небесной механики, преон благополучно вылетает из металла под тем же углом, заметьте, под которым пришел. Ибо для всех атомов в слое этот угол одинаковый (рис. 3).

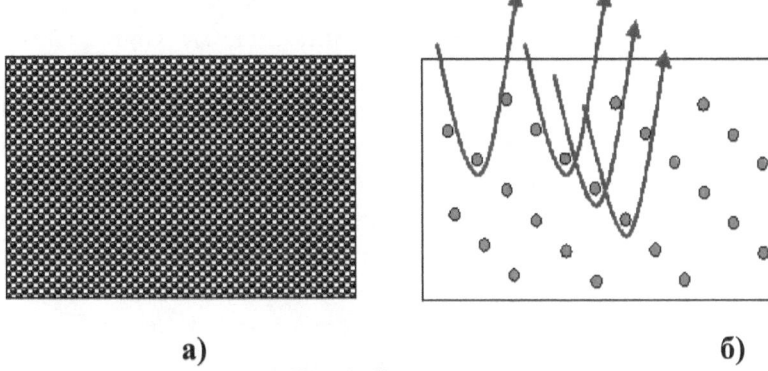

Рис.3. Отражение от металла
а) атомная структура (шарики – атомы)
б) структура в сильном увеличении
(кружки – ядра атомов, масштаб не соблюден)

При этом возникает кратковременная задержка преона на прохождение пути в металле, на что обращают внимание авторы учебников (как на задержку якобы около полуволны). Но практически в разных случаях эта задержка разная.

Каждый преон отдельного фотона огибает свой атом и уходит по тем же углом, под которым пришел. На достаточно большом удалении они, конечно, повторяют профиль зеркала, но длина-то фотона достаточно велика (около 1 метра!), и они все вместе как бы становятся *похожими на волну*. Разность хода в доли микрон у отдельных фотонов практически не отражается на форме фронта отраженной волны.

При вертикальном падении света на прозрачный материал (стекло) обратно отражается приблизительно 4%. Это как раз отражение от зоны, где происходит огибание ядер. Таким образом, зона огибания (зона влияния), видимо, составляет (по площади) около 4%. А по линейным размерам она должна соответствовать уже корню из 0,04, то есть 0,2. Таким образом, 20% от расстояния между атомами занимает зона полного возврата.

Преоны фотонов, миновавшие поверхностный слой, попадают уже в иные условия. Они, как описано ранее (рис.1), движутся «змейкой», по извилистой траектории. Казалось бы, на следующем интервале своего пути они опять могли бы наткнуться на очередное ядро. Но, как было показано выше, вероятность этого существенно меньше. Почему?

Искусственные гладкие поверхности получаются таковыми вследствие специального метода их обработки (шлифовка и полировка). При этом поверхностный слой материала (толщиной в несколько микрон) подвергается дополнительному уплотнению, и поверхностная плотность атомов становится бо́льшей, чем средняя плотность материала в его объеме. Этого почти не происходит при шлифовке алмазов и других драгоценных камней, имеющих вполне определенную кристаллическую структуру. Но такие поверхности как раз весьма прозрачны, и не отражают упомянутых выше (для стекла) 4%. Поэтому настоящий алмаз в воде очень трудно заметить, в то время как его имитацию (страз) легко выявить подобным испытанием (поверхность страза более плотная и имеет больший коэффициент отражения). Отсюда и пошло выражение «алмаз чистой воды».

## Преломление

На рис.4 условно показана траектория цуга преонов, подходящих из вакуума (воздуха) к границе прозрачного вещества (картинка не в масштабе, на самом деле расстояния между атомами на много порядков превышают размеры ядер – большие кружки на рис.4).

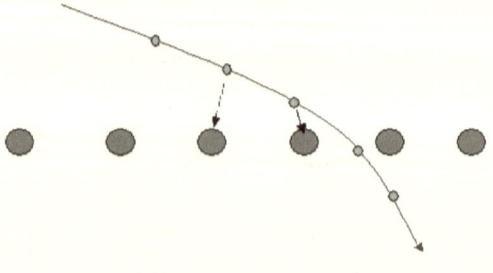

Рис. 4

Вблизи границы поверхностного слоя атомов преоны испытывают избыточное давление со стороны гравитонов свободного пространства, в то время как со стороны вещества имеется "затенение" потока гравитонов ядрами атомов. Вследствие этого траектория движения цуга преонов (фотона) немного искривляется в сторону атомов вещества. В дальнейшем, как уже сказано выше, подавляющая часть фотонов "проваливается» сквозь материал, не испытывая прямого соударения с его атомами, и распространяется почти прямолинейно («змейкой»), как показано на рис. 5 и рис. 6.

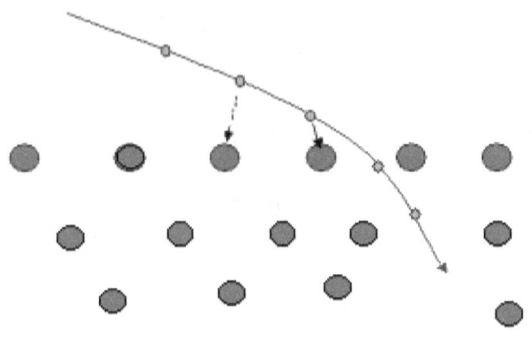

Рис. 5.

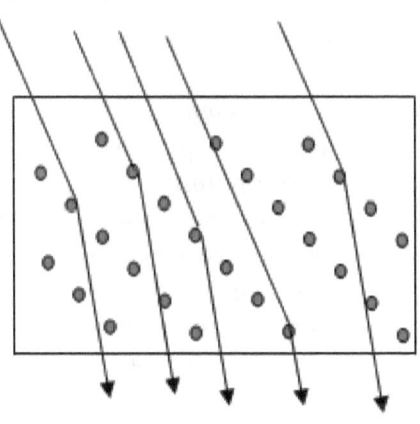

Рис. 6.

Гениальная догадка Гельмгольца позволяла строить изменяющиеся фронты волн в среде. Но применить ее к фотонам оказалось невозможно, ибо движущийся фотон не возбуждает вокруг себя никаких волн. А раз так, то неприменим ни волновой принцип, ни корпускулярный. ЭТО ВАЖНО. Иглоидальный луч не имеет фронта, по которому можно было бы "построить" картину преломления, а корпускула не имеет длины, и для изменения направления ее движения не видно никаких причин. Вот почему математическим физикам «пришелся ко двору» принцип Де-Бройля, «связывавший» (математически, конечно) движущийся фотон с некоей «волновой функцией».

В нашей гипотезе отклоняется каждый физический элемент фотона (преон, или иначе – «фот»), независимо от того, что происходит с остальными преонами фотона.

<u>Чем больше угол падения (относительно нормали), тем ближе идет фотонный преон к поверхности атомов, тем больше и дольше их воздействие на преон.</u>

Соотношение углов падения и углов преломления определяется известными соотношениями оптики [Л.3, Л.4]. Для "красных" (более массивных) фотонов отклонение меньше, средняя (групповая?) скорость в материале больше, а показатель преломления – меньше. По этой же причине красные фотоны дальше проходят в тумане. И поэтому общее расстояние, проходимое преонами разной массы в единицу времени, – разное, и пропорционально оно, в среднем, пресловутому "коэффициенту преломления" или "оптической плотности" среды.

Чем меньшую массу имеет преон, тем большее отклонение он претерпевает под давлением потока гравитонов вблизи ядра атома (группы ядер – молекулы) при переходе из одной среды в другую, в более плотную.

Напомним, что о преломлении света мы можем говорить только для более или менее прозрачных сред. В соответствии с нашими представлениями о причине прозрачности материала и движении в нем фотона, последний движется по слегка извилистой траектории, мало отличающейся от прямой линии (рис.1). Как уже было сказано, это связано с тем, что преоны фотона испытывают слабое (гравитационное) притяжение со стороны ядер атомов (мимо которых они проходят). Даже если атомы этих веществ расположены друг к другу вплотную (как у жидкостей), на движение преонов влияют только ядра, а их относительные линейные размеры меньше атомных на 5-6 порядков. Вероятность же для преона попасть прямо в то или иное ядро атома определяется соотношением площадей поперечных сечений, то есть уже величинами 10-12 порядков.

Понятно, что при этих условиях прозрачность вещества сохраняется до очень больших размеров образцов.

Поэтому, чем массивнее ядро атома материала (вещества) тем большему отклонению подвергается преон фотона, тем более извилистым может быть его путь в материале. А чем больше эта извилистость, тем больше среднее время, затрачиваемое преоном на прохождение единицы длины в веществе, то есть тем меньше средняя (!) скорость движения фотона в материале.

Поэтому объяснение явления преломления может быть простейшим и классическим. А именно: вследствие разности скоростей фотонов (преонов) раньше или позже попадающих в среду, фронт волны (некогерентный, конечно) меняет направление, и это изменение зависит от разности скоростей преонов в двух средах.

Легкие, но часто расположенные ядра отклоняют свет меньше, чем тяжелые, зато встречаются чаще, поэтому свет идет «по змейке». В алмазе само ядро – легкое $C_{12}$, но ядра расположены чаще, чем в металле.

В металлах ядро атомов массивное, а сами атомы в материале распределены реже. Тяжелые атомы отклоняют преон сильнее, но попадаются на пути преона реже, поэтому свет идет большей частью по прямой, пока не наткнется на область сильного притяжения, после чего преоны производят «кометный маневр» и отражаются или поглощаются. В металлах это происходит с фотонами видимого света прямо в поверхностном слое.

Выше уже упоминалось о рентгеновских фотонах и о слабом их поглощении в веществе. Поглощают все плотные вещества. Но сами преоны (фоты) рентгено-фотона очень легкие. А, главное – они очень маленькие. Поэтому воздействие гравитонного газа постоянной плотности на очень легкие фотоны непропорционально уменьшается.

## Поглощение света в материале. Дисперсия

В падающем белом (солнечном) свете присутствуют фотоны со всеми возможными массами. В соответствии с этим разные фотоны движутся по соответствующим им траекториям, и белый свет "раскладывается (разлагается)" на составляющие (рис. 7).

Конечно, такой вывод не мог быть сделан ранее, чем была предложена данная гипотеза вообще. И потому он может показаться несколько странным, хотя и "стоит на плечах гигантов" (И. Ньютон также считал корпускулы света разного цвета имеющими разную массу).

Этим объясняется как преломление, так и дисперсия.

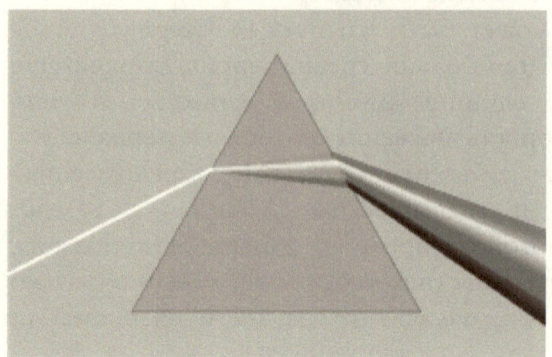

Рис. 7.

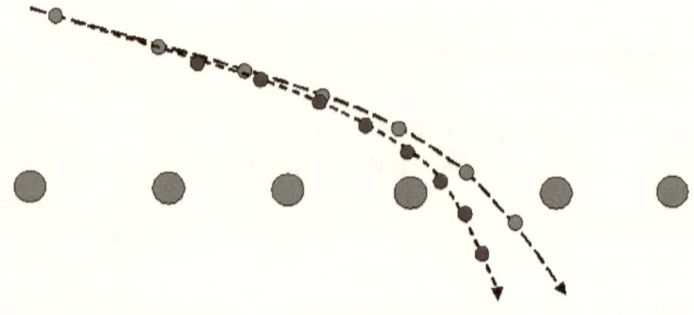

Рис. 8.

При отражении от металлической поверхности этого явления обычно не наблюдается, но лишь потому, что структура поверхности металла и прозрачного вещества – существенно разная. Дисперсия в металлах наблюдается на очень высоких частотах (у очень «легких преонов») в ультрафиолетовой и рентгеновской областях.

Дисперсия в призме наблюдается только при иглоидальном или щелевом потоке. В широком потоке она наблюдается в форме окрашенных краев освещенной зоны.

Внутри широкого потока спектры перемешиваются.

Как видно из рис.8, преоны фотона, подходя к слою атомов на границе раздела (или к непрозрачному участку на дифракционной решетке) несколько отклоняются от своих средних траекторий.

При этом направление движения каждого фотона после отклонения **зависит от массы** преонов (см. конец главы «Атом», раздел «Разные преоны»). Преоны с меньшей массой («синие») отклоняются атомами (давлением гравитонов вблизи зоны влияния) сильнее, чем «красные».

Поглощение света не обязательно связано с большим количеством непрозрачных для света частиц в материале. Многие прозрачные кристаллы имеют определенный цвет, и даже бывают не слишком уж прозрачными. Проще всего это можно было бы объяснить начинающимся отклонением от прямолинейного пути вначале более легких преонов. И действительно, известно, что в тумане фотоны красного цвета распространяются на бо́льшие расстояния, чем более «коротковолновые» фотоны. Трудности возникают при попытке объяснения явлений выборочного спектрального поглощения или выборочного спектрального выделения тех или иных областей видимого спектра (примером чего являются обычные оптические фильтры – цветные стекла).

На рис. 9 представлена типичная зависимость коэффициента поглощения $\alpha$ от частоты света $\nu$, и зависимость показателя преломления $n$ от $\nu$ в области полосы поглощения. Из рисунка следует, что внутри полосы поглощения наблюдается аномальная дисперсия ($n$ убывает с увеличением $\nu$). Однако поглощение вещества должно быть значительным, чтобы повлиять на ход показателя преломления [Л.5].

Вблизи линии поглощения меняется показатель преломления, а, значит, и скорость (рис. 9), как утверждают учебники. Обычно «синий» фотон идет с меньшей (!) скоростью, так как он имеет меньшую массу, и потому и путь его длиннее, и отклонения больше (рис. 1). Это явление называется нормальной дисперсией (зоны «Н» на рис. 9). Но вблизи зоны поглощения показатель преломления в некоторых средах уменьшается, скорость увеличивается, а скорость достигает максимума даже не при максимуме поглощения, а в заметно более коротковолновой части спектра (рис.9), в точках, близких к длине волны $\lambda_2$.

В классике эти явления объясняются резонансами электронных оболочек атомов, однако с точки зрения гравитонно-преонной гипотезы (ГПГ) это очень трудно себе представить, ибо фотон не взаимодействует с внутриатомным электроном непосредственно.

Диапазон «частот» фотонов, в котором наблюдается это явление, относительно узок. Это явление имеет весьма слабое отношение к структуре самого материала, так как наблюдается и в газах. Но почему при этом меняется скорость распространения фотонов в среде (и меняется ли она на самом деле), это остается на данный момент весьма спорным вопросом.

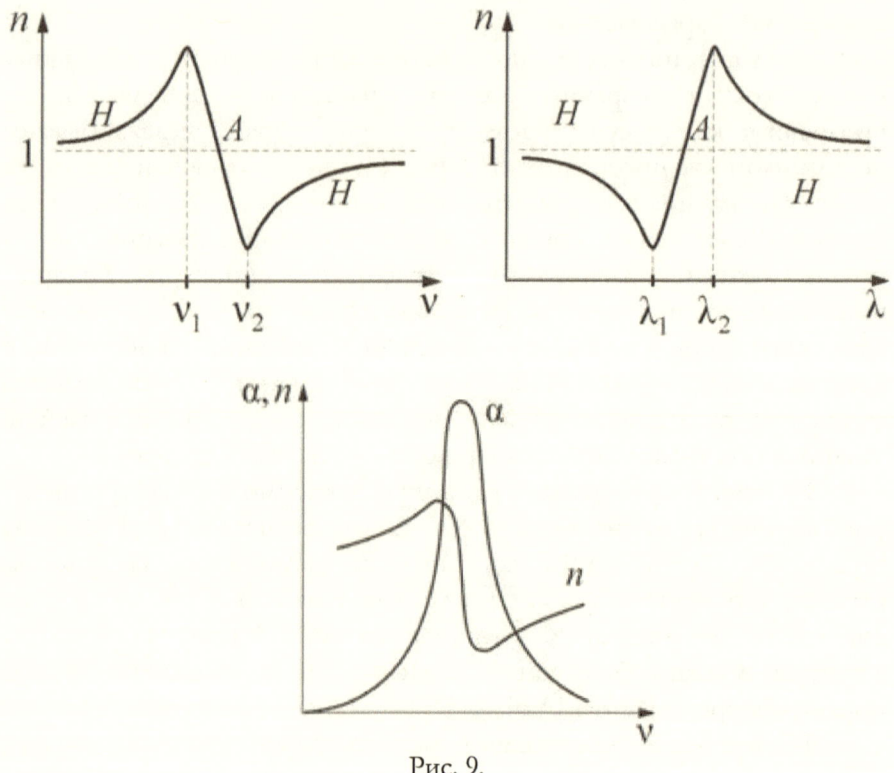

Рис. 9.

Поглощение преонов данной массы в самих атомах с необходимостью должно вызывать увеличение температуры материала и, как следствие – увеличение колебаний ядер атомов около положения теплового равновесия. Фотон определенной массы (и «частоты») захватывается атомом, если отклоненные преоны фотона достигают входной воронки внешнего протона ядра (рис.10). (При этом фотон может быть даже поглощен атомом и не полностью).

Атом «подвозбуждается», часть преонов внутреннего электрона атома переходит на другую орбиту, но по окончании действия фотона электрон атома возвращается в исходное положение, сбрасывая часть избыточных преонов. В результате этого процесса

**пришедший фотон просто разваливается на составляющие его преоны или переизлучается в произвольном направлении.** Поскольку при этом внутри материала плотность преонов несколько повышается, то их движение приводит к некоторому увеличению амплитуды колебаний ядер атомов. Но эти колебания являются лишь следствием процесса, а не причиной и не природой самой температуры. Отсутствие представления о преонах и их параметрах как раз и привело к неопределенности понимания термина «температура» в современной физике. Рассеянные в материале преоны достаточно быстро выходят из материала в окружающее пространство, что часто не вполне правильно называется «излучением».

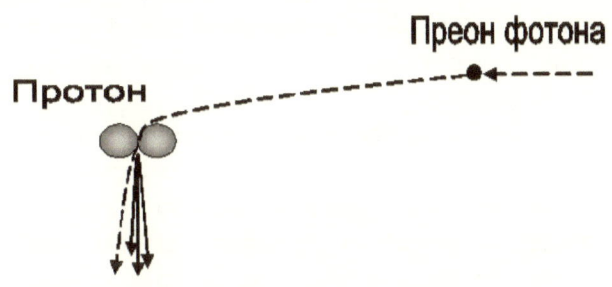

Рис. 10. Захват (поглощение) фотона атомом
(Сплошные стрелки – собственные преоны атома)

*С этой позиции можно несколько иначе понять факт приближения к температуре абсолютного нуля теплоизолированного объекта в космическом пространстве. При достаточно большом удалении от крупных космических тел концентрация преонов в космосе стремится к нулю, а с ней и количество соударений ядер атомов вещества с преонами.*

Понятно, что чем толще слой материала, тем большее количество фотонов будет взаимодействовать с атомами, и тем меньшее их количество пройдет через материал. Но почему это явление наблюдается не на отдельных частотах поглощения атома, а в более широком спектре вблизи определенной частоты?

Как уже известно, атом может «поглотить» фотоны, даже не соответствующие тем или иным «разрешенным» уровням» в данном типе атома. Но, как было показано в главе «Атом», долго удержаться в атоме преоны этих фотонов не могут. Ведь они все периодически проходят через протонную вертушку, которая может поддерживать существование только определенной массы «электронного облака» преонов внутри атома (на что постоянно расходуется энергия гравитонов пространства).

Из принципов, рассмотренных в главе 5 («Атом») следует, что возбуждение атома (с переходом преонов электрона на другой уровень) происходит в основном при воздействии фотона на вертушку протона; при этом даже не обязательно проникновение фотона (произвольной частоты) внутрь атома. Фотон может и не пройти через вертушку, он только сообщает ей дополнительный момент вращения. В подобных случаях возможно даже смещение спектра света, прошедшего через материал (что иногда наблюдается в явлениях флуоресценции).

Возможно, конечно, и одновременное влияние двух факторов – увеличенной массы преона и параметров самой атомной решетки. Однако влияние параметров решетки скорее может приводить к анизотропии дисперсии.

В любом случае физическая причина резкого изменения скорости света вполне определенной «частоты» не находит физического объяснения в рамках какой-либо из известных гипотез.

В технике встречаются явления, в которых параметры изменяются подобным образом (как на рис.9), что дает повод исследователям использовать те или иные аналогии. Зависимость поглощения от частоты в связи с изменением коэффициента преломления (также от частоты) напоминает зависимость величины и фазы реактивного сопротивления колебательного контура в радиотехнике. Но только напоминает. Физического объяснения явления аномальной дисперсии в литературе найти не удалось.

С позиций гравитонно-преонной гипотезы объяснение выглядит следующим образом.

Фотоны разного «цвета» отличаются по массе. Красные фотоны – более массивные, синие – менее массивные, еще менее массивны «легкие» фотоны – рентгеновские. Если считать, что плотность у разных фотонов приблизительно одинакова, то из этого следует, что с уменьшением массы фотона должен уменьшаться как его объем, так и его поверхность. Объем пропорционален кубу радиуса, а поверхность – квадрату радиуса. То есть, по мере уменьшения объема (массы) поверхность уменьшается медленнее, чем объем (масса); а импульс, получаемый преоном от попавшего в него гравитона, зависит от размера поверхности. Следовательно, по мере уменьшения массы возрастает скорость, получаемая преоном после удара гравитона.

Обычно   преоны фотоны двигаются в прозрачном веществе по извилистой траектории. Чем легче преон, чем он более «синий», тем бóльшие колебания он испытывает, переходя от атома к атому. Наконец, при определенных условиях, он уже не уходит обратно на свою среднюю траекторию, а начинает прямое   движение к соседнему атому. При этом  скорость преона увеличивается и даже может, видимо, превысить С, так как коэффициент преломления становится даже меньше единицы (если судить по графикам рис.9). Однако, это вряд ли можно понимать буквально. В этих условиях траектория преонов  начинает зависеть еще и от расположения атомов в материале. И чем более структурирован материал, тем резче проявляется это явление. Аморфный  материал не имеет жесткой периодической структуры, поэтому  и дисперсионные явления в нем менее резко выражены. По этой же причине результирующее отклонение фотона в таком материале не слишком велико – на разных участках траектории фотона встречаются  атомы на разных расстояниях друг от друга.   Если отклонение от первоначального направления  значительное, то преон фотона уже не возвращается к основному направлению (рис.11), и весь фотон теряется в структуре материала, «рассеивается». По мере дальнейшего уменьшения массы преона (после длины волны $\lambda_2$), квазипериодичность может уменьшаться,   но соотношение «поверхность-масса» преона все время увеличивается, и дальнейшее уменьшение массы преона (сдвиг в фиолетовую часть спектра) приводит к еще большей «раскачке» траектории;   траектория   становится   более   извилистой,   что соответствует уменьшению средней скорости фотона в материале (с одной стороны), и повышению вероятности полного ухода фотона с первоначальной траектории (поглощение).

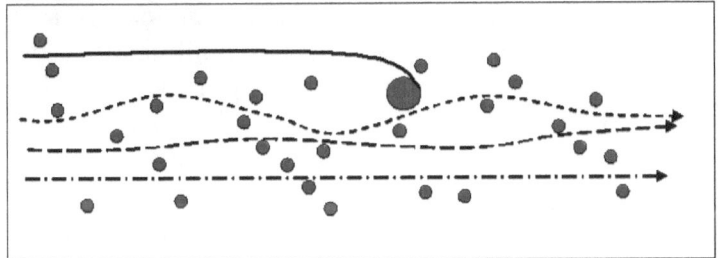

Рис. 11. Сплошная линия – поглощение фотона ядром тяжелого металла. Тонкий пунктир – синий фотон; пунктир – красный фотон; штрих-пунктир – рентгеновский (очень легкий) фотон.

Эта же причина позволяет создать окна прозрачности и поглощения для стекол разного цвета — используются присадки разных тяжелых металлов и их комбинации (сочетания).

**Сильное поглощение в УФ-части спектра у обычного стекла** связано, видимо, как раз с этим явлением — непрерывным увеличением раскачки траектории вплоть до момента постепенного развала всех проходящих фотонов до теплового состояния.

*Аномальная дисперсия наблюдается в областях частот, соответствующих полосам интенсивного поглощения света в данной среде. Например, у обычного стекла в инфракрасной и ультрафиолетовой частях спектра наблюдается аномальная дисперсия.*

Что касается увеличенного поглощения в ИК-области, то оно определяется уже несколькими факторами, так как ИК-излучение лишь частично похоже на излучение фотонов. В ряде случаев оно ближе к хаотическому движению отдельных преонов, то есть именно к «преонному газу».

## Давление света

Наиболее просто давление света объясняется с помощью представления фотона как частицы. Однако есть и определенная проблема. Фотон в квантовой механике – частица «безмассовая»; ее «масса» в формуле энергии $E=mc^2$ – параметр чисто формальный, ибо постулируется, что она не обладает классической «массой покоя». Поэтому не вполне ясно, как подобное классическое «образование» может воздействовать на материальное тело (создавая давление). И поэтому обычно все обсуждение ведется в терминах «энергии», ничего не дающих для понимания собственно «механизма» такого воздействия. Выше, в главе 6 «Атом» была сделана попытка объяснить это явление – давление теоретически может возникать при отражении фотона от вертушки протона, а также и при «прямом попадании» фотона в протон, при соударении.

Может возникнуть вопрос – почему давление света столь мало выражено? Ведь, например, поглощение света телами вызывает очень даже заметный эффект; на солнечном свету тела нагреваются до большой температуры, а никакого давления на них свет, по-видимому, не оказывает!?

Ответ мы можем найти, обратившись к описанному выше механизму отражения света от тел. От зеркального поверхностного слоя фотоны действительно отражаются, но это не связано с соударением фотонов с атомами. Фотоны огибают атом под влиянием гравитонного давления, и потому интегральная сила, действующая на атом, на всей траектории, огибающей ядро, исключительно мала. Да и сам поверхностный слой составляет очень небольшую величину от толщины измерительного лепесточка фотометра (вертушки Лебедева). Те же фотоны, которые проникают в материал глубже, не возвращаются обратно в пространство, а «запутываются» между атомами вещества, и, в конечном счете, так или иначе, разваливаются на составляющие их преоны, приводя к нагреву материала. Черная поглощающая часть легкого лепестка «радиометра», конечно, нагревается несколько сильнее отражающей части, но световое давление здесь ни при чем. Попытки запустить в космос световой парус, таким образом, основаны на ничем не подтвержденных гипотезах. Эксперимент со спутником «Эхо», проведенный в 1960-1968 гг., показал влияние на него только «солнечного ветра» – потока ионизированных **частиц** (гелиево-водородной плазмы), на фоне которого давление именно светового излучения было крайне малым.

Вся эта идея основана на совершенно превратном представлении о механизме отражения и поглощения фотона. Фотон отражается от материала не в результате «соударения» (с ядром или электроном атома – неважно). При отражении фотон огибает ядро атома в результате внешнего гравитонного давления на участке огибания (зона влияния), и поэтому никакой «отдачи», никакого «обмена количеством движения» здесь быть не может. (Почти аналогичное заблуждение имеет место в современных представлениях о круговом движении космических объектов (часть 1-я этой книги, Приложение).

С другой стороны, если поглощение фотона атомом все же состоялось, то при этом вся кинетическая энергия фотона (вместе с импульсом) превратилась в энергию кругового (эллиптического) движения преонов фотона в атоме, и потому также никакого влияния на кинетический момент атома оказать не могла. Фактор непосредственного влияния соударения фотона с ядром атома, как уже было показано выше, может проявиться только в огромном количестве слоев, чего, конечно не было в случае спутника «Эхо» - полиэфирная пленка толщиной 0,127 мм с алюминиевым покрытием.

## Поляризация

Поляризация появляется у световой волны при ее прохождении через кристаллы и дифракционные решетки. Однако из этого нельзя делать вывод, что решетка лишь <u>выделяет</u> из общего потока нечто уже «поляризованное», исходно в нем существующее. Ведь не исключено, что эффект создается самой механической структурой.

Явление поляризации может быть объяснено волновой теорией, но лишь в предположении поперечности волн, чего в весьма разреженной («газовой») среде быть не может. Поперечность волн удалось ввести в теорию только после признания возможности распространения волн в пустоте! И то лишь в математическом виде. Но в пустоте невозможно распространение каких-либо «волн»!

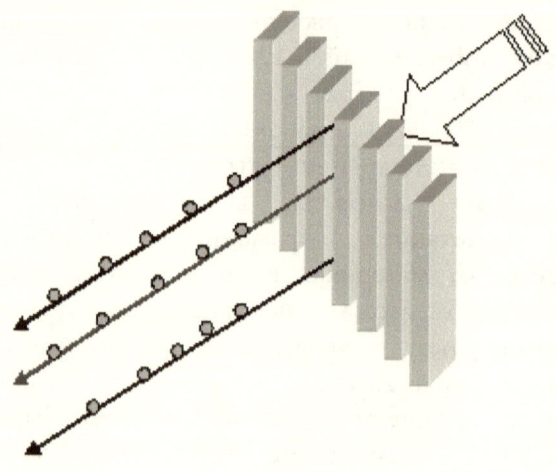

Рис. 12.

Прежде всего, нужно иметь в виду, что поляризация света обнаруживается только после прохождения света через какие-либо оптические системы. Поляризация проще всего объясняется "эффектом бойниц" (рис. 12).

Понятно, что если на пути фотонов, прошедших через такую решетку, поставить другую решетку, перпендикулярную первой, то бо́льшая часть фотонов, прошедших через первую решетку, дальше второй решетки не пройдет.

Столь простое объяснение эффекта поляризации не было дано ранее именно потому, что обсуждалась парадигма "или-или". Или свет это корпускула (частичка), или это колебание среды.

Возможность того, что фотон представляет собой цуг преонов, даже не обсуждалась.

Любопытно и другое. На основе утверждения, что свет – это колебания (в сочетании с рассмотрением эффекта поляризации) было сделано умозаключение, что эти колебания имеют поперечный характер, и никак не могут быть продольными. Это даже как бы подтверждалось опытом низкочастотной электродинамики – линейно «поляризованными» антеннами.

*В разделе о явлениях электродинамики в главе 7 «Электричество» мы остановимся на этом вопросе подробнее и покажем действительную причину возникновения "поперечных колебаний" у радиоволн.*

Согласно представлениям гравитонно-преонной гипотезы (ГПГ) существует некоторое количество траекторий фотонов в материале, одна из которых условно показана на рис.13.

Рис. 13.

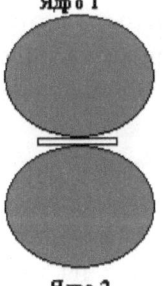

Рис. 14.

Учитывая относительные размеры преона и протона (разница примерно в пять порядков) при наблюдении от начала этой траектории дело выглядит так, как будто преоны проходят через очень   узкую   ГОРИЗОНТАЛЬНУЮ   (!)   щель   (белый прямоугольничек на рис.14)

При   прохождении   этого   участка   (а   он   относительно небольшой) поток преонов "уплощается", приобретает форму этой щели (на самом деле, конечно, не прямоугольной).   Это и создает эффект "поляризации". Поляризуется, приобретает определенную плоскую   форму   не сам фотон (это плохо представимо даже в квантовой физике), а поток фотонов. Поскольку форма щели не идеально прямоугольная, то и поляризация не бывает идеально линейной;   всегда   остается   некая   составляющая   другой, перпендикулярной поляризации.

Возможно, существуют и другие объяснения возникновению эффекта поляризации, но в любом случае одиночный фотон не может быть поляризован, это понятие относится только к   потоку фотонов.

## Отражение от границы с прозрачной средой

Понятно, что чем более гладкой является поверхность, тем ближе угол падения к углу отражения для каждого конкретного фотона, и тем меньше   рассеивание их в других направлениях. Идеальным зеркалом оказалось так называемое "венецианское стекло",   получаемое   сдавливанием   мягкой   полурасплавленной стеклянной   массы   между   полированными   металлическими (медными!) пластинами.

## Полное внутреннее отражение

При   полном   внутреннем   отражении   фотоны,   видимо, выскакивают за край материала на расстояние около длины волны, но возвращаются назад той же силой, которая заставляет их отклониться   при   вхождении   в   среду   –   гравитонной бомбардировкой (короткие черные стрелки на рис. 15).

Такое представление подтверждается также и в литературе [Л.6]. На рис.16 в раствор флуоресцирующего вещества помещена призма. Свет, падающий извне на призму (например, нормальное падение на грань), испытывает полное внутреннее отражение на границе «призма-жидкость». Свечение тонкого слоя раствора у основания призмы показывало, что свет проникает и за границу раздела сред на некоторое расстояние.

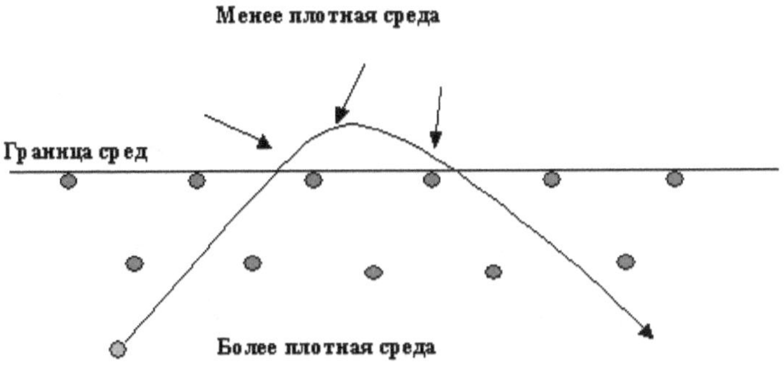

Менее плотная среда

Граница сред

Более плотная среда

Рис. 15.

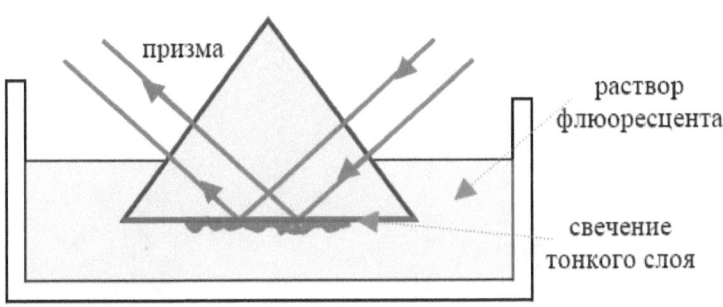

призма

раствор
флюоресцента

свечение
тонкого слоя

Рис. 16.

# Угол Брюстера

## "Общеобразовательное" описание процесса

«Белая» и черная стрелки на рис.17 указывают направление возможной "поляризации" светового луча (волны). Именно "волны", потому что понятие о поляризации в общем случае относится только к волновому процессу, причем к процессу, в котором элементы среды колеблются в направлениях, перпендикулярных направлению распространения волны (лучу).

Но ведь в преонно-газовой среде такие процессы невозможны! И именно эта невозможность как раз и привела к отказу от представления об эфире как о сплошной среде! И тем не менее...

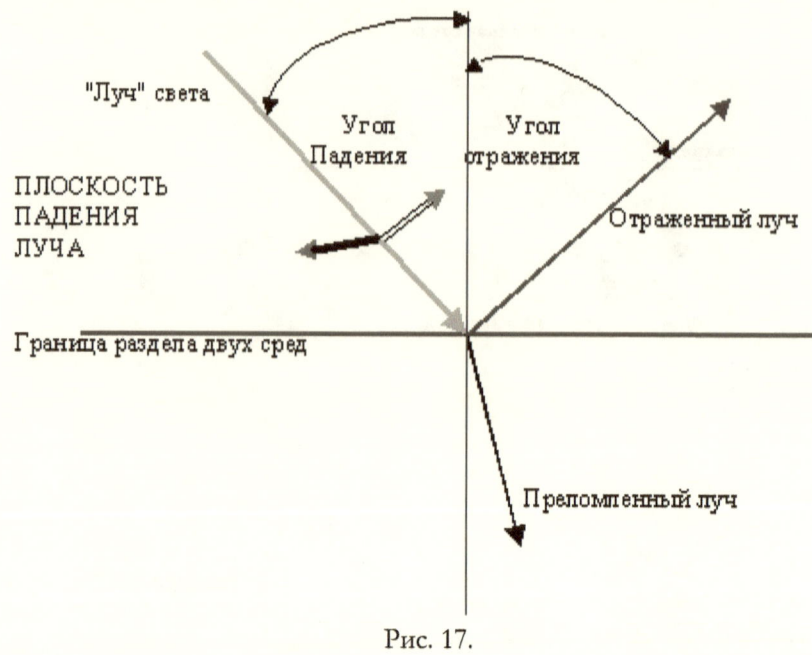

Рис. 17.

### "Элементы" пишут [Л.7]:

*Свет, как и любое электромагнитное излучение, состоит из распространяющихся* **колебаний электрического и магнитного полей,** *которые ориентированы под прямым углом друг к другу. Направление электрического поля определяет направление, в котором будет двигаться электрический заряд при прохождении электромагнитной волны. Поляризацией волны как раз и называется направление электрического поля в волне.*

*Световые волны могут иметь линейную поляризацию (в этом случае колебания электрического поля происходят в фиксированной плоскости), круговую поляризацию (электрическое поле вращается подобно стрелке часов) или эллиптическую поляризацию (электрическое поле вращается, при этом его абсолютная величина зависит от направления). Закон Брюстера описывает линейную поляризацию света при отражении луча от поверхности. Согласно этому закону, при определенном угле падения свет* **(опущено главное – отраженный свет!)** *полностью поляризуется параллельно отражающей поверхности, и величина этого угла зависит от свойств отражающего вещества. Угол падения, при котором происходит полная поляризация отраженного и преломленного света, называется углом Брюстера, и его тангенс равен коэффициенту преломления отражающего вещества. Даже при углах падения, заметно отличающихся от угла Брюстера, свет в значительной мере* *поляризуется, но в этом случае и для преломленного, и для отраженного луча характерна эллиптическая поляризация.*

*Коэффициент преломления света в веществе равен отношению скорости света в вакууме к скорости света в веществе. У обычного стекла, например, коэффициент преломления 1,5. Это означает, что свет, распространяющийся в вакууме со скоростью около 300 000 км/с, в стекле распространяется со скоростью всего лишь около 200 000 км/с. Следовательно, для стекла угол Брюстера, при котором происходит полная поляризация, составляет около 57°. (Конец цитаты)*

**Тангенс угла Брюстера равен коэффициенту преломления, а поскольку коэффициент преломления равен 1,5, то и угол, тангенс которого равен 1,5 должен быть равен *57°*. Железная логика, не правда ли? Очень понятное «объяснение»! Только причина остается неизвестной!**

**Иначе говоря:**

*«Закон Брюстера»* - это соотношение между показателем преломления диэлектрика и таким углом падения j на него естественного (неполяризованного) света, **при котором отражённый от поверхности диэлектрика свет полностью поляризован.** *При этом отражается только компонента* $E_s$ *электрического вектора световой волны, перпендикулярная плоскости падения, т. е. параллельная поверхности раздела* **(сред)** *(точки-векторы на рис.16, направленные перпендикулярно плоскости рисунка),   а компонента* $E_p$, *лежащая в плоскости падения (стрелочки на рис.18), не отражается, а преломляется.*

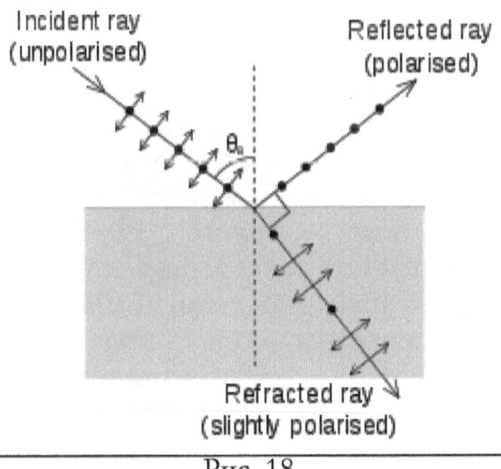

Рис. 18

**Википедия пишет:**

*Закон Брюстера (Б.з.) — закон оптики, выражающий связь показателей преломления двух диэлектриков с таким углом падения света, при котором свет, отражённый от границы раздела диэлектриков, будет полностью поляризованным в плоскости, перпендикулярной плоскости падения. При этом преломлённый луч частично поляризуется в плоскости падения, и его поляризация достигает наибольшего значения (но не 100 %, поскольку от границы отразится лишь часть света, поляризованного перпендикулярно к плоскости падения, а оставшаяся часть войдёт в состав преломлённого луча). Угол падения, при котором отражённый луч полностью поляризован, называется* **углом Брюстера.** *При падении под углом Брюстера отражённый и преломлённый лучи взаимно перпендикулярны.*

*Это происходит при условии tg j=n. Угол j называется углом Брюстера. Поскольку в силу закона преломления* получим $v_1/\sin\alpha = v_2/\sin\beta$, *что эквивалентно* <u>закону Снелла</u>, *sin j/ sin r=n  (r — угол преломления, j - угол падения), то из закона Брюстера следует, что cos j=sin r или j+r=90°, т. е. угол между отражённым и преломлённым лучами составляет 90°. Закон установлен англ. физиком Д. Брюстером (D. Brewster) в 1815. Б.з. можно получить из формул Френеля  для прохождения света через границу двух диэлектриков. Простейшее физическое истолкование Б.з. состоит в следующем: электрическое поле падающей волны вызывает в диэлектрике колебания электронов, направление к-рых совпадает с направлением электрич. вектора преломлённой волны $E_{прел}$. Эти колебания возбуждают на поверхности раздела отражённую волну $E_{отр}$, распространяющуюся от диэлектрика. Но линейно колеблющийся электрон не излучает в направлении своих колебаний. Т. о., в отражённой волне колебания электрического поля $(E_s)_{отр}$ происходят только в плоскости, перпендикулярной плоскости падения.*

*Как показали специально поставленные опыты, Б.з. выполняется недостаточно строго, а именно: при падении света под углом j отражённый свет обнаруживает слабую эллиптическую поляризацию, а это означает, что электрическое поле отражённой волны содержит и компоненту $(E_p)_{отр}$ в плоскости падения. Небольшое отклонение от Б.з.* **объясняется существованием очень тонкого переходного слоя на отражающей поверхности раздела двух сред, где $n_1$ переходит в $n_2$ быстрым непрерывным изменением, а не скачком.**

**При отражении от одной пластинки под углом Брюстера интенсивность линейно поляризованного света очень мала** (**около 4%** *от интенсивности падающего луча). Поэтому для того, чтобы увеличить интенсивность отраженного света (или поляризовать свет, прошедший в стекло, в плоскости,* **параллельной** *плоскости падения) применяют несколько скрепленных пластинок, сложенных в стопу – «стопу Столетова». Пусть на верхнюю часть стопы падает луч света. От первой* *пластины будет отражаться полностью поляризованный луч (около 4% первоначальной интенсивности), от второй пластины также отразится полностью поляризованный луч (около 3,75% первоначальной интенсивности) и так далее. При этом луч, выходящий из стопы снизу, будет все больше поляризоваться в плоскости, параллельной плоскости падения, по мере добавления пластин. (Конец цитирования Википедии).*

Общий случай и вытекающий из него случай «угла Брюстера» рассмотрены в [Л.3, Л.4]

**Итак,** во всех случаях объяснения процессов отражения-преломления света авторы ссылаются на "электронную теорию", в соответствии с которой электроны атомных оболочек якобы подвергаются воздействию "света" (!?) и создают вторичные колебания. Затем можно построить картины отражения и преломления "по Гюйгенсу". При этом имеется в виду "волновая" теория, в соответствии с которой волны могут распространяться в вакууме, безо всякой среды. Понятно, что подобный подход для нас неприемлем. Почему?

1. Все рассмотрения такого рода не учитывают гигантского соотношения между энергией движущегося в атоме электрона и энергией фотона. Но если не фотон, тогда ЧТО воздействует на электрон атома?

2. Объяснение угла Брюстера посредством использования представления об излучающем волны электроне не объясняет исключительно высокой точности существования и определения этого угла – до единиц угловых минут. Чтобы такое объяснение было приемлемым, необходимо предположить столь же точную ориентацию электронных облаков в материале.

3. Из объяснения следует, что поляризация света не есть нечто физическое, а лишь преобладание некоего математического "вектора" напряженности электрического "поля" в каком-то направлении. При этом не доказана сама "электромагнитная" природа света.

Если теперь мы вспомним, что современная физика считает возможным распространение волны без среды, то и вопрос о возможности поперечных колебаний отпадает сам собой. Не имеет никакого значения, как называть эти колебания, потому что их просто быть не может. А что же есть в классической математической физике? А есть в ней некие математические уравнения, которые якобы описывают эти несуществующие колебания путем введения неких электрических и магнитных векторов и полей, существование которых у света даже и не доказано.

### А с точки зрения ГПГ...

А с точки зрения гравитонно-преонной гипотезы происходит вот что.

Поляризация света в ГПГ объясняется чисто механическим пространственным "вырезанием" из потока света очень тонкого слоя (рис.19). В зависимости от ориентации этого слоя относительно потока получается та или иная поляризация (продольная или поперечная). Вырезание цилиндрической поверхностью приводит к круговой "поляризации", или к эллиптической, если оси цилиндра не равны.

На выходе поляризатора возникает очень тонкий слой... фотонов. Траектории движения фотонов всегда лежат в плоскости, параллельной плоскости щели поляризатора. Поток представляется наблюдателю "поляризованным". Почему?

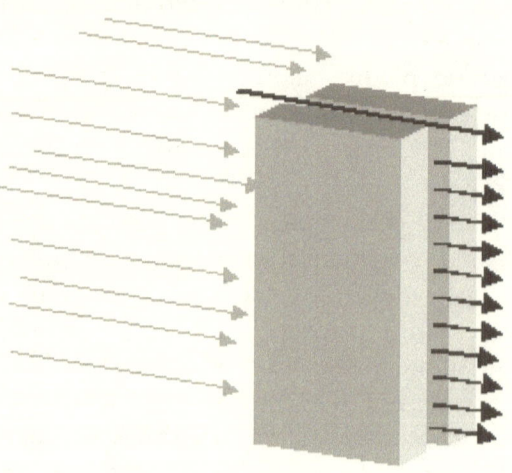

Рис. 19.

Потому что если вы поставите на пути этого потока точно такой же поляризатор, но повернутый на 90 градусов к первому, то на выход пройдет очень небольшое число фотонов (рис.20).

Именно таким "простецким" способом и доказывается обычно "поляризуемость" света. А на самом деле поляризуется не свет, и свет не поляризуется. А просто формируется плоский тонкий поток.

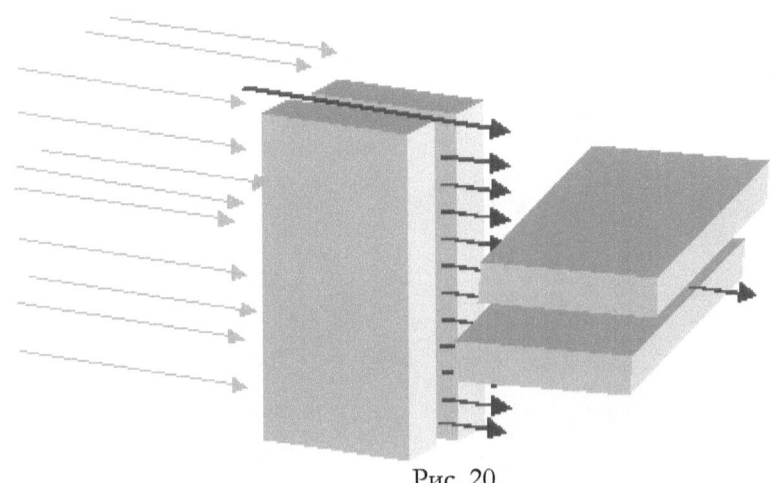

Рис. 20.

*Существует еще также вращающаяся поляризация, но об этом мы поговорим гораздо позже, после рассмотрения других (электромагнитных) эффектов.*

Рис. 21.

Поставленные в один ряд такие "поляризаторы" (рис.21) образуют "поляризационную решетку.

Если мы теперь поместим наш простой поляризатор в плоскость падения луча (рис. 22), то выходной поток поляризатора окажется лежащим в плоскости падения луча. Такая "поляризация" получила название "параллельной". При этом считается, что якобы "вектор электрической составляющей светового колебания" расположен в плоскости падения луча света. Этому случаю соответствует его "общеобразовательное" описание в виде картинки (рис. 23).

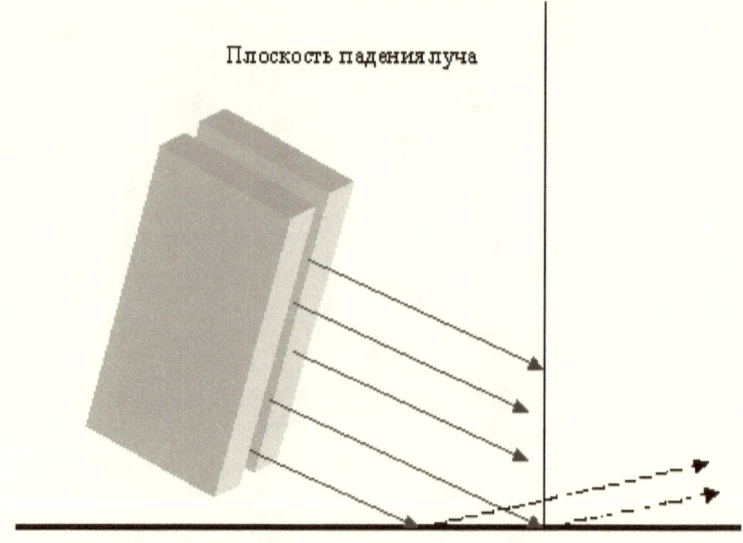

Плоскость падения луча

Рис. 22.

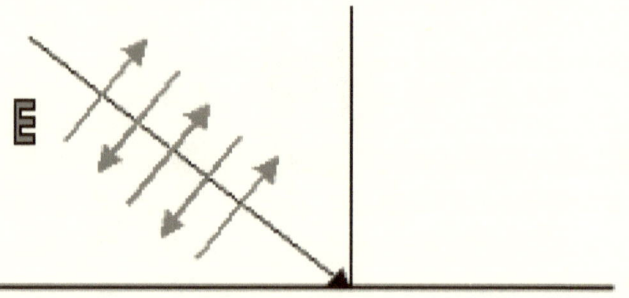

Рис. 23.

Здесь вектор "Е" изображает "электрическую» составляющую, якобы совершающую колебания по амплитуде в поперечном направлении. Понятно, что между этими рисунками (рис.22 и рис.23) мало общего, кроме того, что и "векторы электрического поля" и направления движения фотонов лежат в одной плоскости. Как говорится: "Похоже, да не то же!"

При "перпендикулярной" поляризации "вектор электрического поля" якобы лежит в плоскости, перпендикулярной плоскости падения (зеленая толстая стрелка на рис. 24).

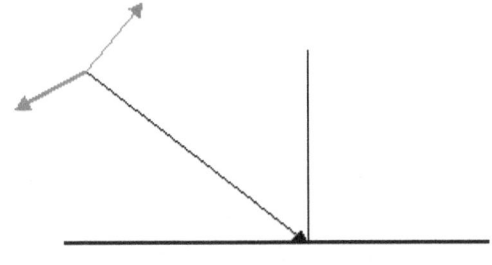

Рис. 24.

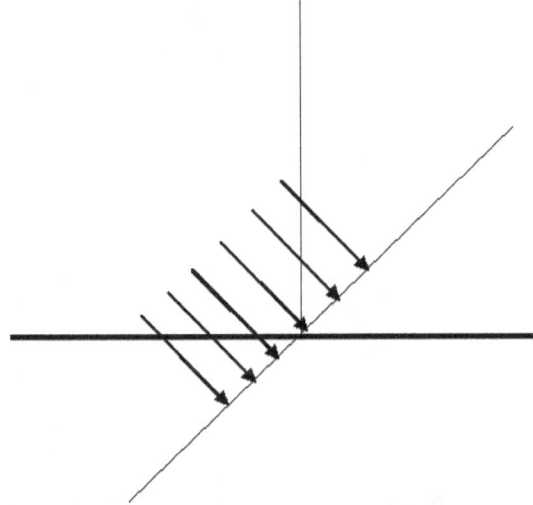

Рис. 25.

С точки же зрения ГПГ поляризатор вырезает из входящего в него потока тонкую плоскость, в пределах которой и движутся фотоны. Эта плоскость перпендикулярна плоскости падения "светового луча". Поэтому такой поток называют "перпендикулярно поляризованным" (рис.25).

Потоки с "параллельной" (рис.22) и "перпендикулярной" (рис.25) поляризацией ведут себя по-разному при падении на частично отражающую поверхность. Для наглядности объяснения будем считать, что плоскость, в которой движутся прошедшие через поляризатор фотоны, исключительно тонка, гораздо меньше размеров ядра атома. При этом не будем забывать, что в ГПГ фотон представляется цугом преонов, а размеры преона исключительно малы - около $1.10^{-18}$ см (то есть примерно на 5 порядков меньше размера протона).

Рассмотрим плоскость падения на прозрачный (стеклянный) образец в масштабе, увеличенном настолько, что ядра атомов представляются некими "шариками" (они показаны на рис.26 крупными черными точками). Пусть эти шарики находятся друг от друга примерно на одинаковых расстояниях. Пространство между ядрами (межатомное пространство) заполнено преонным газом, и на движение фотонных преонов не влияет.

Преоны, претерпевающие отклонение и преломление, показаны черными стрелками. Процесс же огибания преонами ядер (и, как следствие, отражения) показан более толстой линией.

Какая-то часть фотонов "проваливается" мимо ядер в толщу стекла, а другая (сравнительно небольшая) часть проходит вблизи ядер, отклоняется ими и выбрасывается обратно в воздух под тем же углом, под которым фотоны пришли извне.

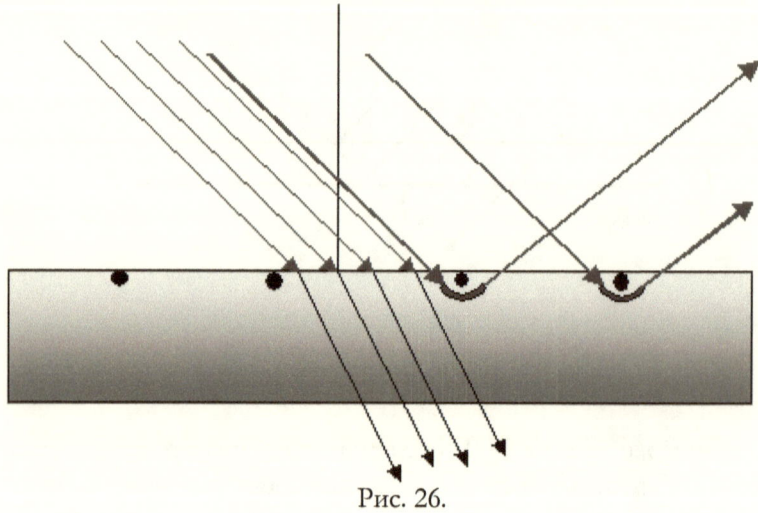

Рис. 26.

При угле падения равном нулю, как было указано ранее (мы с этим встретимся далее в квантовой электродинамике Фейнмана) от стекла отражается в обратном направлении около 4% падающих фотонов – сплошные толстые стрелки на рис.26.

Чем больше угол падения, тем больше преонов потока все ближе подходят к ядрам и разворачиваются ими в сторону ОТ отражающе-преломляющей поверхности.

Картина совершенно аналогична освещению бóльшей поверхности при увеличении угла падения. При увеличении этого угла, при отклонении потока ближе к поверхности стекла, все большее количество преонов падающих фотонов будет проходить вблизи ядер атомов поверхности, а стало быть – возвращаться ими обратно в воздух. Угол падения равен углу отражения по классическим законам небесной механики.

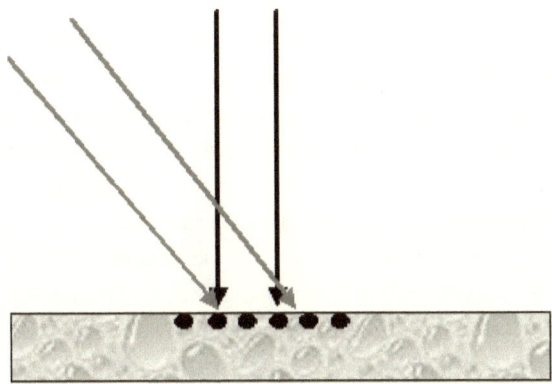

Рис. 27.

Часть преонов, таким образом, отражается в исходную среду, а часть (в соответствии с выше изложенным «механизмом» преломления), уходит в стекло.

Если мы будем увеличивать толщину слоя, в котором распространяются фотоны, то коэффициенты отражения и преломления не изменятся. Просто оба потока возрастут пропорционально увеличению толщины слоя, толщины луча света.

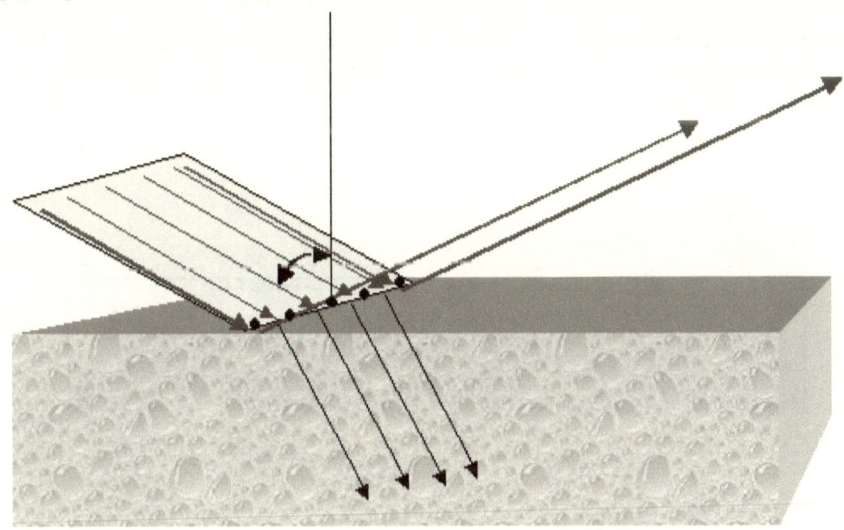

Рис. 28.

При "перпендикулярной поляризации" картину приходится уже рисовать в аксонометрии или, как теперь принято говорить, – в 3D варианте (рис. 28).

Черные жирные точки – ядра атомов материала стекла. Они распределены более или менее равномерно по всей отражающей поверхности. Тем не менее, существует какое-то среднее расстояние между ними, и **именно оно определяет оптическую плотность материала** (в совокупности, конечно, с массой ядер).

При "перпендикулярной поляризации" (как и в случае "параллельной поляризации") какая-то часть фотонов "проваливается" мимо ядер в толщу стекла, а другая часть проходит вблизи ядер, отклоняется ими и выбрасывается обратно в воздух под тем же углом, под которым фотоны пришли извне. Для стекла это все те же самые 4%.

Однако, если толщина слоя, в котором распространяются фотоны, исключительно мала, то, как следует из рис.28 , сколько ни изменяй положение плоскости этого слоя, величина отраженного потока практически не изменится. При сдвиге плоскости поляризации параллельно самой себе, в нее будут, конечно, попадать другие ядра (а прежние – уходить из нее), но среднее количество отраженных (обогнувших ядро) фотонов останется приблизительно одинаковым. Коэффициенты начнут меняться только в случае, если мы будем увеличивать толщину слоя фотонов. Тогда при увеличении угла падения все больше фотонов будет достигать зоны, в которой на них оказывают отклоняющее воздействие ядра атомов.

Однако, разница между ситуациями все же имеется.

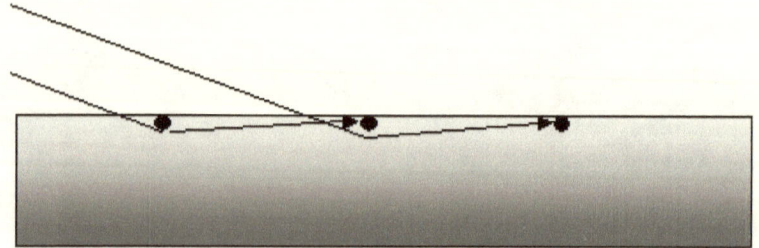

Рис. 29. Угол Брюстера.

В случае "перпендикулярной" поляризации (рис. 28) **при определенном угле падения** (для каждого материала – своем собственном) фотоны, обогнувшие первое ядро, попавшееся на их пути, упираются в ядро соседнего атома (и затем рассеиваются в случайном направлении) (рис. 29). Таким образом, они исчезают из отраженного потока. А, стало быть, исчезает и весь отраженный поток, ибо все остальные фотоны испытали преломление, и ушли в материал. Угол, при котором это происходит, называется "углом Брюстера".

Нужно иметь в виду, что процесс огибания преонами фотона ядра атома вообще может происходить только в непосредственной близости к ядру. Преоны фотона, движущиеся со скоростью света, не могут заметно отклониться от направления своего движения уже при расстояниях от ядра значительно меньших, чем размер самого атома. Именно этим и определяется исключительно высокая точность самого угла Брюстера, указываемая в справочниках с точностью до угловой минуты! Понятно, что никакое предполагаемое теоретиками излучение электромагнитных волн диполем-электроном, якобы колеблющимся под действием фотонов (волн) в продольном направлении, не может обеспечить подобную пространственную избирательность эффекта.

Так дело обстоит при очень малой толщине фотонного слоя; но при увеличении этой толщины принципиально ничего не меняется. Бо́льшая часть фотонов проходит в промежутки между атомами в материал стекла, но при определенном угле падения (угле Брюстера), во всех плоскопараллельных слоях фотонов возникает одна и та же ситуация - весь ОТРАЖЕННЫЙ поток (а на самом деле – очень сильно преломленный) наталкивается на соседние ядра поверхности материала. Конечно, речь может идти только о средних расстояниях, но когда физики говорят о фотонах, они всегда имеют в виду не единичный фотон, а большое их количество (ансамбль).

Из сказанного, в частности, понятно, почему угол падения и угол "отражения" связаны одним и тем же параметром – "коэффициентом преломления". Оба процесса суть процессы преломления, то есть изменения направления движения фотонов в материале. А сам коэффициент преломления зависит исключительно от атомной структуры среды (материала).

Для случая же "параллельной поляризации" дело обстоит иначе. Как мы видели, в случае "перпендикулярного" фотонного слоя, толщина которого соизмерима с межатомным расстоянием, изменение угла падения не приводит к изменению соотношения между падающим и отраженным потоком.

В первом случае ("параллельная поляризация"), если мы возьмем любой плоскопараллельный слой фотонов, в нем будет наблюдаться та же картина, что и в первом слое, но, возможно (и скорее всего) – со сдвигом в ту или другую стороны. Поэтому общий результат изменения угла падения будет одним и тем же во всех слоях.

Во втором случае ("перпендикулярная поляризация") толщина слоя невелика. И если мы попробуем разрезать его на слои плоскостью, параллельной плоскости падения, то мы получим слои, не вполне соответствующие случаю "параллельной поляризации". В слой попадет очень ограниченное количество атомов поверхности стекла. А при этом уже нельзя говорить об ансамбле и среднем расстоянии между ядрами атомов. То есть, следующее ТОЧНОЕ совпадение с углом Брюстера будет только в каком-то очень неопределенном по счету параллельном слое. А это означает, что не будет ярко выраженного отсутствия отраженного луча.

Но есть и еще одно важное обстоятельство, связанное с небольшой толщиной слоя.

В сравнительно толстом слое существуют не вполне параллельные лучи света, не вполне параллельные направления распространения фотонов (рис.30).

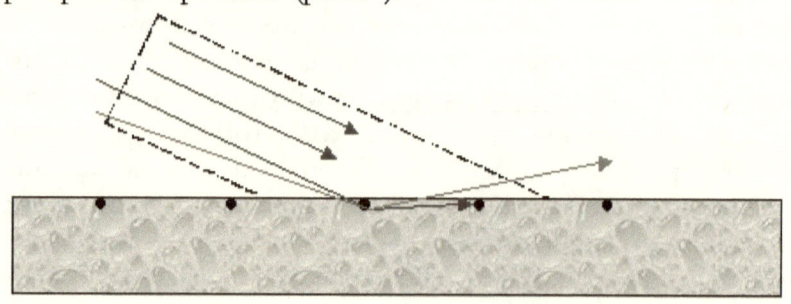

Рис. 30.

В этом случае даже если значительная часть фотонов и движется под углом Брюстера, то существует не меньшая, а может быть и бóльшая часть фотонов, двигающихся по другим траекториям. И на их фоне «фотоны Брюстера» могут быть не слишком заметными.

То же самое, конечно, может произойти, если траектории фотонов в случае "параллельной поляризации" окажутся непараллельными.

Аналогичные явления возникнут, видимо при обратном движении луча – из более плотной среды в менее плотную.

Соответствующие зависимости приведены в [Л.8]:

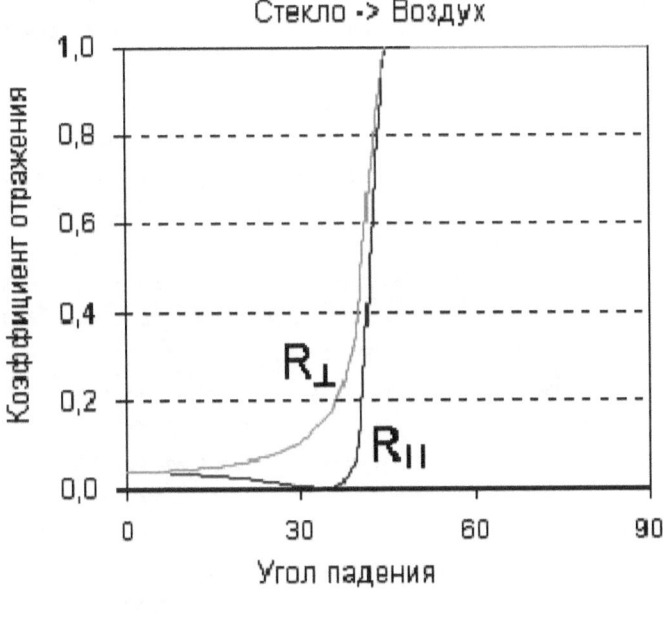

Рис. 31.

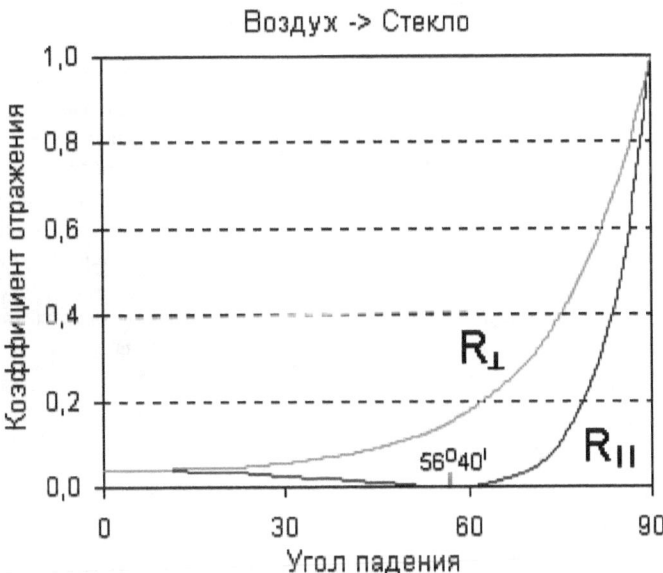

Рис. 32.

*На рисунках рис.31 и рис.32 показан график зависимости отражательной и пропускательной (ориг. текста) способности границы раздела сред R и T от угла падения:*

*Мы можем видеть из приведённых здесь графиков и анимаций, что для луча, распространяющегося из стекла в воздух, существует угол полного внутреннего отражения* $q_{TIR}$*. Это означает, что при углах падения бóльших* $q_{TIR}$ *(42° для границы между стеклом и воздухом) луч не будет проходить через границу сред, и будет полностью отражаться внутри среды падения. Этот эффект используется, в частности, для передачи света по волоконным световодам на большие расстояния с очень малым коэффициентом затухания*

$$q_{TIR} = \arcsin(n_2/n_1), n_1 > n_2$$

*Из графиков также видно, что для света, распространяющегося из воздуха в стекло, имеется угол* $q_{BR}$*, при котором составляющая с параллельной поляризацией не будет отражаться от границы раздела сред, в то время как интенсивность отражённого света с перпендикулярной поляризацией отлична от нуля. Этот угол называется углом Брюстера. Величина угла Брюстера для границы раздела воздух-стекло составляет величину, равную примерно 56°40'. Этот эффект используется в лазерах, а также для создания оптических поляризаторов.*

$$q_{BR} = \text{arctg}(n_2/n_1), n_1 < n_2$$

*Анимация в [Л.8, Л.9]. Все права на анимацию принадлежат компании Accurion Scientific Instruments. (Конец цитирования).*

> Замечание.
> Как и в случае с квантовой электродинамикой (Фейнман), имелись объяснения (и даже математика) для "волнового" варианта, для которого физически понятно, что такое "поляризация". Но представления о фотонах как о частицах потребовали и соответствующих наглядных объяснений. А они найдены не были. В этом случае оставалось непонятным, что такое частота фотона (в том смысле, как она влияет на оптические явления, если фотон - безразмерная частица), а также непонятно, что такое поляризация фотона. (Я не говорю уже о "спине".)

## «Просветленная» оптика

В технической оптике известен метод «просветления» линз, позволяющий уменьшить оптические потери из-за отражения светового потока от фронтальной поверхности линзы. Достигается это на практике нанесением на поверхность стекла пленки с вполне определенной толщиной, равной  длине волны света примерно в середине «просветляемого» диапазона. Одновременно это обстоятельство считается весомым аргументом в пользу волновой теории; ведь при этом волны падающего и отраженного света взаимно уничтожаются! Тем более, что «просветление» реализуется не во всем диапазоне видимого света, а лишь в его части.

Уточним ситуацию. По волновой гипотезе падающий вертикально свет отражается от стеклянной поверхности материала (линзы). Отражается при этом примерно 4%. Эта отраженная часть достигает верхней границы пленки, и снова отражается от нее. Но затем вторично отраженная волна снова достигает границы со стеклом и... вторично отраженная волна уже проходит через раздел стекло-пленка с таким же коэффициентом отражения 4%. Таким образом, суммарный коэффициент отражения становится уже 4% от 4%, то есть им можно пренебречь.

Речь идет, по сути, о возвращении в поток части, которая могла потеряться при отражении.

Спрашивается – противоречит ли это гипотезе ГПГ?

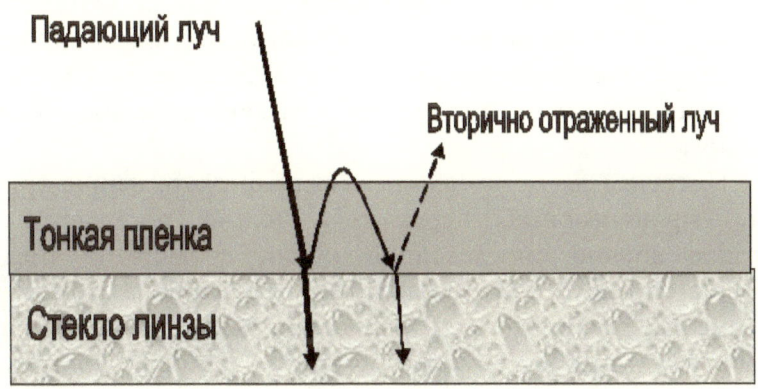

Рис. 33

Отнюдь. ГПГ объясняет причину отражения 4%, но, как следует из вышеприведенного описания процесса, нам нигде не потребовалось учитывать фазу возвращенного потока. Поэтому данное явление никак не доказывает «волновой» характер света. Точное равенство толщины пленки величине полуволны вовсе не обязательно.

А как же «красная оптика» и «голубая оптика»? Откуда берется цвет в отраженном потоке (и спектральная характеристика)?

А оттуда, что условия отражения для разных частей спектра разные.

При вылете перед вторым погружением часть преонов все же улетает в пространство (отражается), а часть – загибается снова в стекло. И вот тут проявляется разница между массами преонов. (рис.33). Улетают в пространство более массивные, которых не удалось завернуть в обратном направлении.

## Частичная когерентность фотонов (псевдокогерентность)

В крупномасштабных физических экспериментах мы никогда не наблюдаем каждый фотон в отдельности. Мы всегда наблюдаем поток огромного количества фотонов. И даже если каждый фотон представляет собой цуг преонов с определенной частотой повторения (аналогичный радиоимпульсу определенной частоты), то все вместе они могут выглядеть как хаотический поток преонов.

Возьмем теперь элементарную площадку, расположенную перпендикулярно потоку фотонных цугов, со стороной, равной примерно расстоянию между атомами в структуре материала (пока неважно – отражающего или прозрачного). При поперечном размере фотона в один преон на эту поверхность (при достаточном для зрения человека освещении) падает огромное количество фотонов.

Поставим на их пути оптический фильтр, например, синего цвета, пропускающий через себя только последовательности фотонов вполне определенной массы, с частотой следования преонов, определяемой условиями их излучения из атомов. Теперь мы имеем "радиоимпульсы" приблизительно с одной частотой заполнения, но эти «радиоимпульсы» не сфазированы, они некогерентны. Однако, если таких некогерентных импульсов достаточно много, то на площадке со стороной, равной длине волны синего цвета, мы найдем достаточно много пачек, импульсы внутри которых расходятся между собой на не очень большую величину (скажем не более 10 процентов). Вот такие пачки уже можно считать *приблизительно когерентными*, частично когерентными, сфазированными.

Конечно, начала и концы самих пачек импульсов расходятся на относительно большую величину, поэтому их общая синфазная часть может быть существенно меньше длительности каждого из них (рис.34).

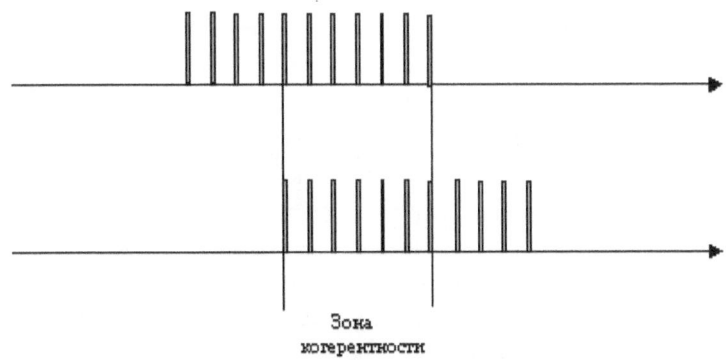

Рис. 34.

Поскольку длина волны синего света $\lambda=\sim 4.10^{-7}$ см, а поперечный размер фотона примерно равен размеру преона ($1.10^{-18}$ см), то на расстоянии длины волны света можно будет найти огромное количество «псевдокогерентных» фотонов, сфазированных лишь частично, лишь на отдельных отрезках своей длительности.

Таким образом, свет представляет собой поток фотонов, которые в свою очередь представляют собой очень длинные последовательности преонов (может быть до нескольких миллионов в одном фотоне). При этом в таком потоке всегда существуют «псевдокогерентные» фотоны. И к такому потоку, вообще говоря, можно было бы применить «волновую механику» Гюйгенса, если бы ... если бы сама среда, в которой распространяются волны, была бы похожа на обычную среду. И только отказ от представления о фотоне как о точечной безразмерной частице позволяет использовать при его рассмотрении понятие о «частоте» и длительности фотона.

И здесь приходится еще раз вспомнить о полупрозрачном зеркале, которое часто используется в случаях необходимости создать два так называемых «когерентных» источника света. Под когерентными источниками понимаются источники, частота и фаза излучения которых остаются связанными в течение, по меньшей мере, времени измерения. В нашем случае «время измерения» – это длительность фотона.

Если свет – это волна, то проблем нет – полупрозрачное зеркало пропускает часть волны и отражает другую ее часть. Волна есть непрерывное колебание среды, и ее амплитуда может быть любой. Но если свет – волна, то в какой среде она распространяется? Такой среды нет, по ообщему убеждению физиков. А если свет – это поток фотонов в вакууме, то каким образом можно создать когерентные источники таким способом? Ведь каждый фотон пополам не разделишь, а между собой фотоны не синхронизированы? Каким же образом удалось в опытах Френеля (см. ниже) получить интерференционные картины?

И вообще, ведь даже "простое отражение" или преломление объяснялось Гюйгенсом с помощью фазовых диаграмм, что априори предусматривает представление о свете не только как о волне, но и как о волне весьма большой протяженности, чего на самом деле нет. Единый фронт такой протяженности вызвал бы к жизни исключительно узкий луч (в соответствии с теорией того же Гюйгенса!). А если предположить несинфазность на разных участках, то не получится ни картины отражения, ни КАРТИНЫ преломления, да и результат будет похож на отражение света от CD-диска (радужные картинки).

Представление о фотоне как о псевдокогерентной последовательности преонов разрешает эти противоречия.

И только теперь, будучи уже более уверенными в правильности выбранного нами направления, мы можем обсуждать причины тех или иных оптических явлений, где используется понятие когерентности. Явления эти расположены в таблице 1 (см. в конце главы «Свет») в порядке возрастания сложностей, возникших в свое время при их описании. Это, конечно, не означает, что первые по порядку явления, такие как отражение и преломление света объясняются в преонной теории сравнительно легко. Проблема состоит в том, что и при "классическом" их объяснении имеется много неясностей, которые их апологеты, по выражению Фейнмана, "заметали под ковер". Преонная гипотеза не может себе этого позволить....

# Опыт Френеля. Интерференция и дифракция.

*С целью экономии места в этой книге, читателю, не знакомому с опытами Френеля, рекомендуется сразу обратиться к Приложению [Л.10] для восстановления в памяти этой части курса оптики, с которым его знакомили еще в 9-10 классах средней школы.*

### Фраунгофер и Френель

Всем школьникам известен опыт Френеля – на пути потока света от **монохроматического** источника света относительно небольших размеров помещается круглый непрозрачный диск. Учитель спрашивает: «Если свет представляет собой поток каких-то частиц, то за диском должна быть круглая тень, не так ли?»

Однако в центре тени от диска можно заметить некоторое просветление, а по краям диска – **слабые** концентрические круги.

Еще более выраженной может быть картина тени от простого карандаша или палочки – посередине тени явно видна светлая полоска (хотя к дифракции это явление имеет слабое отношение).

Экспериментатор делает вывод – поскольку полоска **похожа** на результат огибания волнами в пруду препятствия, значит свет в этом эксперименте проявляет "волновые свойства".

И Френель, пользуясь идеей Гюйгенса о переизлучении волны каждой точкой <u>пространства</u> (?) на ее пути, строит графики, показывающие синфазное сложение амплитуд колебаний в одних местах тени от непрозрачного препятствия, и противофазное вычитание амплитуд, приводящее к взаимной компенсации амплитуд колебаний световых волн. Убедительно?

То же самое получается в случае прохождения света через малое отверстие. Только в центре освещенного круга можно наблюдать темное пятно, которого там быть не должно, если свет распространяется точно прямолинейно.

И если считать, что каждая точка плоской волны в плоскости отверстия излучает волны синфазно и независимо от остальных точек в этой плоскости, то можно эту картину получить и теоретически (по Гюйгенсу). Еще более убедительно?

Да, если забыть о том, что вся картина строится **в предположении**, что источник света – точечный, и из этой точки во все стороны распространяются сферические волны [11].

Да, если забыть о том, что во времена Френеля решался принципиальный вопрос о природе света (волны или корпускулы?). И при этом считалось, что пространство либо заполнено «эфиром» (неощутимой средой, в которой распространяются световые волны), либо пустое (в котором могут распространяться частички света – «корпускулы»). Третьего, как говорится, было «не дано».

Но современные представления и данные об излучении света в корне противоречат этой картине. Сегодня считается, что свет – это поток безмассовых частичек (фотонов), у которых отсутствует синфазность их колебаний, даже если это свет монохроматический.

Более того, если бы даже такая синфазность имела место (как у монохроматического лазера), то такой источник при его конечных и даже достаточно небольших размерах (безусловно меньших, чем размер источника света у Френеля) должен был бы излучать (по тому же Гюйгенсу) очень узкий луч (как это и имеет место у лазера), и никак не мог бы излучать сферическую волну.

Именно это и демонстрирует нам опыт с лазером [Л.11]. Диаметр отверстия исключительно мал – около миллиметра. Но ведь лазерное излучение не только монохроматическое, оно еще и практически когерентное. И даже в этом случае нужно иметь хорошее отражение потока от краев отверстия.

Да и не было лазера у Френеля! А некогерентный свет разве может дать такую картинку?!

Поэтому интерпретация опыта Френеля как доказательство волновой природы света не может таковым считаться. **Он просто необъясним** ни с какой из существующих точек зрения, как и все остальные опыты с дифракцией и интерференцией якобы световых волн.

Но ведь и в принятом наукой предположении о распространении света в виде фотонов, мы тоже не получим дифракционной картины!

И поэтому во всех учебниках нас убеждают, что **свет имеет «двойственную»** природу. В некоторых случаях он ведет себя так, как будто представляет собой волны в среде, а в некоторых случаях – как некие частицы. И тогда, мол, можно объяснить все световые явления. Но в случае явления дифракции оказывается, что мы не можем сделать ни того, ни другого. Если мы, вслед за современной физикой, признаем, что свет может распространяться в пустоте, то теория Френеля-Гюйгенса неприемлема, так как основана на идее излучения сферических волн каждой точкой фронта волны, а таких волн в пустоте быть не может. Корпускулярная теория просто никак не объясняет явление дифракции. О каком «дуализме» тут можно говорить, если оба подхода оказываются неработоспособными?

На примере Френеля и его толкования результатов опыта с дифракцией можно обнаружить основы мышления, которое закладывалось в науке уже в те времена (как неизбежное следствие метафизики), а именно: 1) преклонение перед авторитетами (даже когда они, мягко говоря, были очевидно неправы) и 2) если удалось создать математическую модель явления, то углубляться в его физику – не обязательно. Крайний случай – полное игнорирование физики процесса, и признание достаточным нахождение математического аппарата, с помощью которого можно было бы рассчитывать результаты экспериментов. Этот метод получил характернейшее название "математическая физика". Его ярым сторонником был Р. Фейнман.

Но мы пока попробуем разобраться в вещах простейших.

Прежде всего, все математические расчеты и графические построения для описания дифракции и интерференции справедливы только для когерентного излучения. Но ведь все классические опыты на эту тему были сделаны еще до изобретения лазера, а значит – хотя и при монохроматическом свете, но все же не когерентном излучении? Значит, хотя и использовался по возможности точечный источник света, но к разным частям мишени приходили волны некогерентные? Как же они могли создать картины типа «зон Френеля»?

*Обратим внимание – прямой свет от открытого огня не обнаруживает признаков поляризации, а дифракция и интерференция возникают только после взаимодействия прямого излучения с объектами.*

*Явление интерференции может наблюдаться только при наличии когерентных источников, коими излучающие атомы не являются (а фотоны излучаются только атомами, и никаким иным способом они на свет божий появиться не могут). Но обычное представление о фотоне не может объяснить явление интерференции. Не удается также логично объяснить получение когерентных потоков при разделении общего потока фотонов (!) с помощью полупрозрачных зеркал. А без этого все рассуждения о распространении света в оптических приборах теряют под собой почву!*

Поэтому, если такая картина имеет место только при монохроме, следует задуматься о причинах этой псевдо-когерентности. Эта причина была нами рассмотрена в разделе «Частичная когерентность фотонов». В некоторых современных описаниях опытов Френеля имеются указания на то, что у "фотонов" существует некоторая "зона когерентности", то есть средний световой "фотон" имеет длину (!) около 30 см. С другой стороны, угол расходимости в опытах Френеля вроде был очень малым (минуты)! Но он и не мог быть очень большим из-за существования зоны когерентности.

Препятствием к принятию такого объяснения являлось то, что даже в этом случае никакой интерференционной картины быть не может, ибо одновременно существует большое количество других фотонов, хотя и взаимно когерентных, но не синфазных с первой группой. Ведь при этом подразумевается, что пресловутая "частота" фотона связана с <u>синусоидальностью</u> колебаний, так или иначе имеющих место в фотоне (у фотона), но не в пространстве!

(Лазерное же излучение когерентно во времени и в пространстве.)

Вполне возможно, что из-за отсутствия современных знаний и техники (лазер) некоторые явления были истолкованы в прошлом определенным образом в результате наличия артефактов. Так, например, выделение спектральных полос цветными фильтрами вполне возможно в случае исследования спектров, но если такой фильтр используется в интерференционном опыте, и без фильтра ничего не получается, следует задуматься – а не создает ли сам фильтр колебания, близкие к когерентным? Действительно, радиотехнический фильтр способен выделить из «белого шума» узкую полосу, и сигнал на его выходе будет максимально близким к синусоиде по той простой причине, что сам фильтр является резонатором, колебательной системой, а источник шума является лишь генератором "подкачки", возбудителем этих колебаний.

Прямоугольный радиоимпульс способен создать на выходе узкополосного электрического фильтра нарастающий и убывающий синусоидальный сигнал. Разложение такого импульса в математический ряд по Фурье (или Бесселю, как угодно), создаст при сложении всех этих функций исходный импульс. Но это утверждение справедливо только в предположении о существовании всех этих функций в бесконечности! Никто же не будет всерьез утверждать, что это реализуется на практике!

Пространственная же некогерентность излучателей (излучательных групп) источника света не может обеспечить никакой интерференционной картины!

Как же все-таки получается интерференционная картина при использовании узкополосных оптических фильтров («монохроматоров»)?

Как показано в предыдущем разделе, пространственный излучатель может быть представлен в виде суммы отдельных конгломератов излучателей, размеры каждого из которых настолько велики, что среди всех фотонов, излучаемых этими излучателями в данный момент всегда можно найти достаточно большое число фотонов "приблизительно когерентных", с расхождением фаз примерно на 10-20 градусов. Если взять только эти "квазикогерентные фотоны", то они, будучи излучены в достаточно большом пространственном угле, способны создать кратковременную интерференционную картину.

Если бы это были обычные колебания в среде, то положительные и отрицательные их полуволны уничтожили бы друг друга. Но в нашей гипотезе фотон - это цуг преонов. Цуг этот периодический, но он не имеет формы синусоидальной волны, он более похож на последовательность импульсов с очень большой скважностью. У него нет «отрицательных» полупериодов, которые могли бы привести к снижению освещенности при сложении с «положительными» полупериодами. Поэтому **при синфазном наложении одного цуга на другой в какой-то одной точке (импульсы совпадают) освещенность этой точки будет пропорционально увеличиваться. А в других точках, где такого совпадения нет, будет иметь место средняя освещенность**. Если считать преон неким импульсом (как в электротехнике), то при совпадении импульсов результат будет пропорционален квадрату амплитуды.

Похоже, что именно это и наблюдается в опытах Френеля. Темные полосы там не бывают совершенно черными, они все же частично освещены.

Мы не можем предъявлять претензий к ученым прошлого – ведь только совсем недавно был открыт эффект вынужденного излучения и создан лазер. К тому же, с позиций существующих теорий строения атома очень трудно предложить адекватную теорию явления дифракции и интерференции.

Кроме сказанного выше, следует принять во внимание идеи, изложенные в статье проф. М.Амусья и проф. В.Цитовича "О коллективном излучении электромагнитных волн" [Л.12]. По мнению авторов, любой фотон, излученный каким-либо атомом, который проходит в непосредственной близости от другого (возбужденного) атома (уже поглотившего, но еще не излучившего фотон), воздействует на возбужденный атом *как бы* дистанционно, вызывая излучение фотона возбужденным атомом. "Как бы" – потому, что авторы указанной выше статьи, излагая результаты экспериментов, остаются на позициях математических теорий внутриатомных процессов, и не рассматривают физику явления.

Этот процесс авторы называют "коллективным поведением атомов". Суть его в том, что даже если в атоме отсутствует "перенаселение высших уровней" (на чем и основан принцип действия лазеров), то в нагретом до высокой температуры газе (веществе) могут происходить процессы когерентного излучения света (фотонов) отдельными группами атомов, Число таких атомов может быть сравнительно небольшим, но важно, что они излучают синхронизированные (к тому же – по фазе, то есть когерентные) фотоны во всех направлениях. И вот уже эти фотоны, распространяясь по разным путям и отражаясь от препятствий, могут создавать дифракционные и интерференционные картины.

Таким образом, некогерентность источников обычного и естественного света, возможно, только кажущаяся. Естественный и искусственный источник света могут быть лишь похожи на некогерентные только потому, что это как бы лазеры, излучающие во все стороны. То есть это некая объемная хаотическая лазерная структура.

При очень большом числе осцилляторов всегда найдется достаточное их количество, чтобы их фазы более-менее совпадали (не обязательно точно, это не лазеры). Этим может объясняться результат опыта Френеля.

Возможно, секрет здесь именно в исключительно большой скважности последовательности преонов в фотоне (отношении периода последовательности к длине самого преона). Эта скважность достигает величин 10-го и 12-го порядка. А это значит, в свою очередь, что при хаотическом распределении преонов по длине периода мы в любой точке экрана получаем некоторую среднюю освещенность; а при частичной когерентности даже небольшого количества фотонов при их совпадении освещенность экрана может быть существенно большей.

Как прямо следует из описанного ранее "механизма" преломления света, почти аналогичное явление наблюдается и при дифракции (например, на отверстии или на ядрах атомов). На рис.35 в сильном увеличении изображено отверстие в металле, в которое слева входит поток преонов фотона. Разумеется, показана утрированная картина происходящего.

Обратим внимание, что для траекторий «e» и «б» (пунктир), а также все других, проходящих еще ближе к металлу, ситуация отличается от простого отражения от поверхности по закону Снеллиуса (угол падения равен углу отражения). Преоны движутся вначале очень близко к поверхности, и постепенно меняют угол вхождения в металл, в поверхностный слой атомов. Чем ближе начало траектории к поверхности металла (траектория «e»), тем раньше начинается отклонение, и тем больше угол вхождения преона в металл вблизи ядра атома. Соответственно, тем больше «угол отражения», и тем сильнее искажается траектория к моменту выхода преона из отверстия. В результате на некотором расстоянии от отверстия справа фотоны, прошедшие по разным путям, накладываются друг на друга и способны создать интерференционную картину. При этом, поскольку большая часть их отклоняется от направления осевой линии, то точно на это направление может попасть значительно меньшая часть фотонов, чем пришедшая по другим путям.

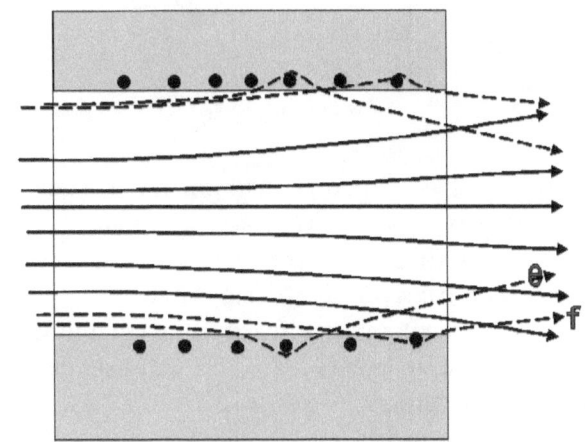

Дифракция на отверстии

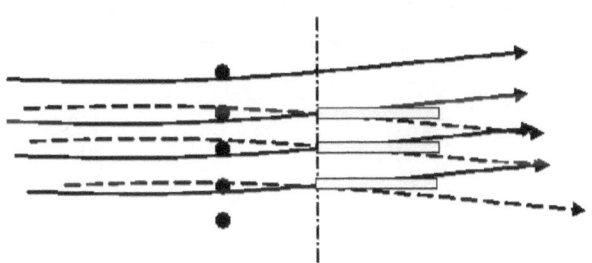

Дифракция на атомной решетке
Рис. 35.

Результатом падения на экран потока фотонов, изображенного на рис.35, будет ослабление потока по осевой линии в направлении его движения и возникновение боковых зон освещенности (рис.36).

Возникновение нескольких колец в этом опыте происходит вследствие разной длины путей фотонов при отклонении.

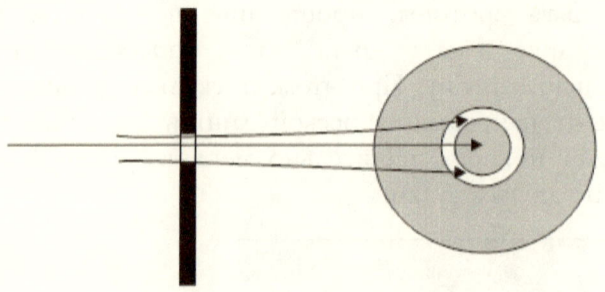

Рис. 36.

Почти аналогичная картина наблюдается при отклонении фотонов, проходящих очень близко к краю непрозрачного сравнительно тонкого (!) диска (рис.37). В этом случае фотоны, отклоненные атомами материала диска, могут при определенных условиях (маленький диск!) даже попасть в центр тени, создаваемой диском в параллельном пучке света. При определенных условиях (размерах и расстояниях) не требуется даже никакой «интерференции» (так называемая «первая зона Френеля»») и, соответственно, когерентности потока света. Это результат не интерференции, а дифракции.

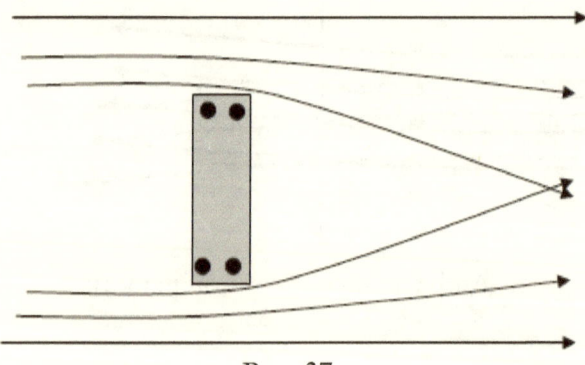

Рис. 37

Таким образом, для объяснения явлений дифракции и интерференции в рамках представлений гравитонно-преонной гипотезы нет необходимости привлекать понятие о волновой природе света, тем более, что оно само по себе входит в противоречие с абсурдным представлением современной физики об отсутствии среды, в которой могут распространяться световые и электромагнитные колебания.

Дифракционная и интерференционная картина, возникающая при сверхслабых освещенностях (на одиночных фотонах) – опыты Яноши [13], объясняется точно таким же образом – многократным наложением картины отклонения траекторий одиночных фотонов.

## Опыт Физо (увлечение света движущейся средой)

Опыт был поставлен с целью получения ответа на вопрос о способе распространения света, а по сути – для выбора между двумя существовавшими в то время точками зрения на природу света: волновой (свет распространяется как волны в некоей среде - "эфире"), или корпускулярной (свет может распространяться в виде частичек, движущихся в пустоте). Так, если верна вторая точка зрения, то при движении среды, в которой распространяется свет (вода в данном случае), никакой реакции прибора наблюдаться не должно. Вода движется сама по себе, а свет – сам по себе (в пустоте). Если же свет распространяется в некоей среде (эфир), то вода может увлекать за собой эту среду. И прибор должен зафиксировать результат сложения скоростей. Кроме того (и это очень важно!) можно было получить ответ на вопрос о максимальной скорости распространения света.

*Примечание. Третий вариант – что корпускулы света могут каким-то образом увлекаться водой, видимо, не рассматривался. Это не единственный случай, когда рассматриваются не все возможные варианты в силу самого априорного представления об «эфире».*

Результат опыта оказался неожиданным для исследователей. Свет как бы даже и увлекался средой (его задержка в среде изменялась при изменении скорости потока воды, в которой распространялся свет), но не так сильно, как ожидалось, исходя из вышеуказанных предположений.

Понятно, что поскольку сама природа света оставалась для физиков загадочной, рассматриваться могли только две теоретических модели – волновая и корпускулярная. Как говорится, "третьего в тот момент было не дано". Но, по-видимому, ни одна из этих моделей не была адекватной. Когда выяснилось, что окончательное решение принять невозможно, было принято все то же устраиающее всех "соломоново" решение – свет был объявлен имеющим "свойства" как корпускулярные, так и волновые.

Описаний опыта Физо в известной литературе огромное количество. *Схема опыта приведена на рис.2.4 оригинала (он же – рис. 38 по нашему тексту), описание заимствовано из статьи Г. Соколова[Л.14]*

1). Опыт Армана Физо (1851). Физо рассматривал распространение света в движущейся среде. Для этого пропускал луч света через стоячую и текущую воду и с помощью явления интерференции света сравнивал интерференционные картины, по анализу которых можно было судить об изменении скорости распространения света (см схематичный рисунок 2.4). Два луча света, отразившись от полупрозрачного зеркала (луч 1) и пройдя его (луч 2) проходят дважды через трубу с водой и затем создают интерференционную картину на экране. Сначала измеряют в стоячей воде, а затем в текущей со скоростью

> *Интересно отметить, что для измерений использовался интерферометр, что изначально предполагает волновую природу света!*

*V.* При этом один луч (1) движется по течению, а второй (2) – против течения воды. Происходит смещение полос интерференции вследствие изменения разности хода двух лучей. Разность хода лучей измеряется и по ней находится изменение скоростей распространения света. Скорость света в неподвижной среде $\tilde{c}$ зависит от показателя преломления среды $n$:

$$\tilde{c} = \frac{c}{n} \tag{2.2.11}$$

По принципу относительности Галилея для наблюдателя, относительно которого свет движется в среде, скорость должна быть равна:

$$v = \frac{c}{n} \pm V \tag{2.2.12}$$

Экспериментально Физо установил, что имеется коэффициент при скорости воды $V$ и поэтому формула выглядит следующим образом:

$$v = \frac{c}{n} \pm \alpha V, \tag{2.2.13}$$

где $\alpha$ - коэффициент увлечения света движущейся средой:

$$\alpha = \left(1 - \frac{1}{n^2}\right) \tag{2.2.14}$$

Таким образом, эксперимент Физо показал, что классическое правило сложения скоростей неприменимо при распространении света в движущейся среде, т.е. свет только частично увлекается движущейся средой. Опыт Физо сыграл важную роль при построении электродинамики движущихся сред. Он послужил обоснованием СТО, где коэффициент $\alpha$ получается из закона сложения скоростей (если ограничиться первым порядком точности по малой величине $v/c$). *Вывод, который следует из этого опыта, состоит в том, что классические (Галилеевские) преобразования неприменимы при распространении света.*

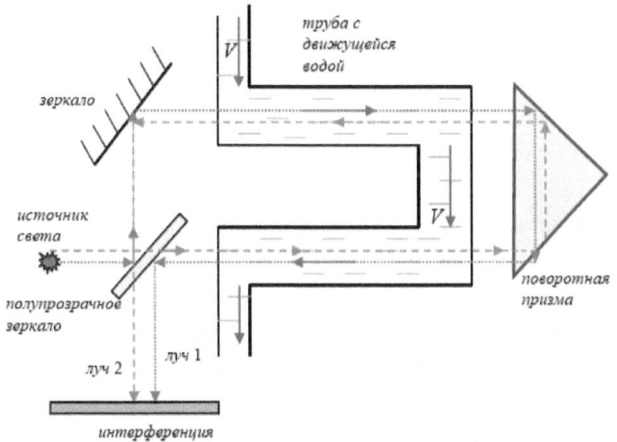

Рис.38. Рис.2.4 по тексту вышеприведенной цитаты

*При этом чаще всего умалчивается, что если вместо движущейся воды взять движущуюся стеклянную пластинку, то "явления Физо" не наблюдается! А коэффициент преломления - один и тот же! А ведь Араго [Л.15] провел и такой эксперимент!*

Мы не будем здесь рассматривать многочисленные попытки объяснить это явление с разных позиций – "эфирных" и "классических". Этому обсуждению посвящены десятки и сотни работ. Мы дадим лишь объяснение этого явления с позиций гравитонно-преонной гипотезы (ГПГ).

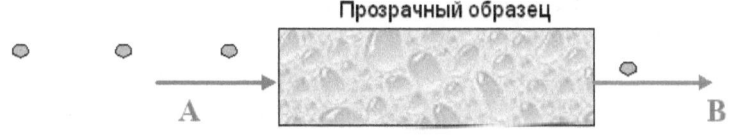

Рис. 39.

Фотон в ГПГ представляется в виде цуга преонов, следующих в образце друг за другом по извилистой линии.

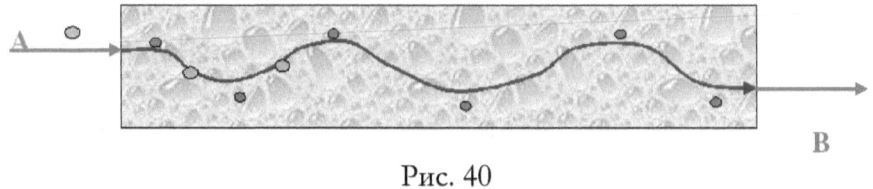

Рис. 40

Свет в виде последовательности преонов распространяется в вакууме по прямой линии со скоростью «С», но в среде он распространяется по извилистой линии от ядра к ядру. Преоны испытывают воздействие со стороны гравитонов, попадая в гравитонную тень ядер атомов. Поэтому общая длина пути преонов в материале увеличивается, а средняя скорость света – уменьшается. Вот почему (как мы указывали в самом начале главы) средняя скорость света зависит от так называемой "оптической плотности" материала. Угловое расхождение между направлениями А и В на входе и выходе может иметь место, но оно очень незначительное, на порядки меньше длины волны.

Согласно ГПГ-модели внутри образца существует преонный газ, но степень его «увлечения» значения не имеет, ибо поток фотонных преонов с преонным газом практически не взаимодействует. Выше было показано, что достаточно прозрачная среда (типа воды или стекла) пронизывается преонами на очень большую глубину (толщину). То есть можно считать, что преоны внутри образца распространяются в той же "пустоте", что и преоны вне образца. Задержка же происходит не из-за захвата фотона атомом (как у Соколова – см. примечание-курсив ниже), а просто из-за извилистости пути фотона, преоны которого отклоняются некоторыми встречающимися по дороге ядрами атомов, достаточно близкими к трассе преонов.

*Г. Соколов [16] высказывает предположение, что задержка распространения может быть вызвана захватом фотонов атомами с последующим их возвращением. Однако автор не предлагает конкретной модели атома, способной произвести подобную операцию с высочайшей точностью, необходимой для продолжения движения фотона в прежнем направлении. Кроме того, известно, что атом может принять только фотоны совершенно определенных частот. Есть и другие недостатки у этого подхода.*

Следует также отметить, что очень часто при рассмотрении явлений на микроуровне авторами не принимается во внимание, что конечный результат опыта суть "равнодействующая" процессов, происходящих с каждой микрочастицей, то есть средний статистический результат их поведения.

Если бы летящие преоны «А» (рис.41) были "привязаны" к медленно перемещающимся атомам «В», то, их скорость можно было бы складывать со скоростью преона, помноженной на косинус угла наклона (средний) между их траекториями.

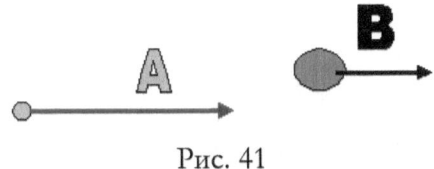

Рис. 41

Движение атома в направлении "В" приводит к "увлечению" преона «А» лишь постольку, поскольку атом "притягивает" к себе преон (рис.41).

Но, во-первых, сила воздействия на преон зависит от расстояния.

Во-вторых, это "поле притяжения" несколько изменяется из-за попутного движения преона и ядра.

В-третьих, вследствие криволинейности среднего движения преона, векторное сложение собственной скорости преона и вызываемой атомом скорости (ускорения) приводит к уменьшению этого эффекта по сравнению с "идеальным" случаем.

В-четвертых, после пролета преоном атома сила воздействия атома на преон меняет знак. Теперь преон тормозится притяжением к атому (который он проскочил) (рис.43). Но, поскольку они движутся в одном направлении, влияние притяжения несколько усиливается (пролонгируется) по сравнению с предыдущим случаем попутного движения.

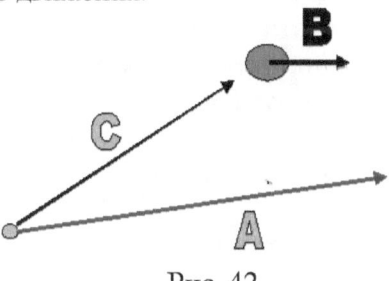

Рис. 42

Детальный анализ всего этого процесса (если он вообще возможен) должен привести нас к формуле Физо, выражающей СРЕДНЕЕ воздействие движения среды на поток преонов.

Другими словами, вследствие движения атомов «В» меняется также и форма кривой, по которой двигаются преоны «А».

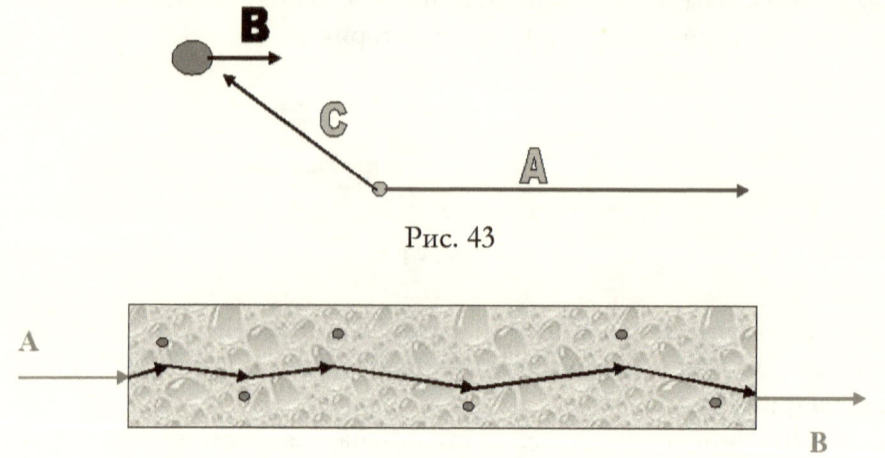

Рис. 43

Рис. 44

Двигающийся фотон (цуг преонов) время от времени попадает в области, близкие к ядрам атомов прозрачного материала, и претерпевает некоторое отклонение от своего пути (рис.44). Конечно, каждый фотон будет двигаться по своей траектории; но суммарный эффект его распространения в образце будет результатом суммы этих отклонений. Суммарное отклонение будет зависеть от плотности вещества (количества и массы ядер по пути следования фотона). А это как раз и есть коэффициент преломления, как мы видели ранее при обсуждении проблемы преломления и угла Брюстера.

Если фотоны двигаются в материале, размеры которого не меняются при его движении (стеклянная пластинка), то количество ядер, которые попадутся на пути движения фотона и заставят фотон отклониться от своего направления, останется одним и тем же при любой скорости движения образца (рис.45-а).

При движении образца движущийся (вправо) образец (рис. 45-б) «с точки зрения фотона» как бы удлиняется, расстояние между притягивающими фотон центрами увеличивается, но одновременно увеличивается и время распространения внутри образца. Общее количество атомов, повлиявших на движение фотона, остается неизменным. Поэтому движущаяся стеклянная пластинка не влияет на скорость и фазу (в интерферометре) распространения света. Именно это и наблюдалось в опытах Араго[Л.15].

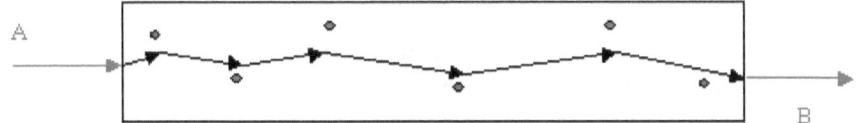

а) При неподвижном твердом образце

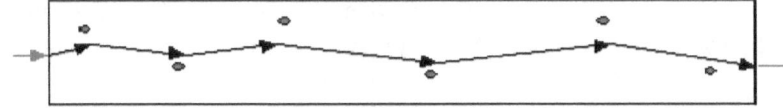

б) при движущемся твердом образце

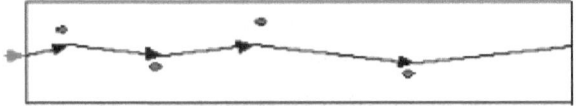

в) В опыте Физо
Рис. 45.

*Примечательно, что в статье [Л.15] результат этого абсолютно корректного опыта Араго был объявлен ошибочным! Иначе теория процесса, созданная автором статьи, «разваливалась». Вот так работают современные комментаторы!*

В опыте Физо (рис.45-в) образец был неподвижен, а внутри него двигалась вода, двигались центры притяжения внутри образца ("среда"). В этом случае к моменту, когда фотон доходит до конца образца, некоторые атомы, которые еще могли бы повлиять на фотон, если бы образец был твердым, уже вышли из образца. В результате количество притягивающих центров за время прохождения фотонов всего образца становилось меньше, и общая длина пути фотона оказывалась меньшей, чем при неподвижных центрах (ядрах). Приблизительная оценка показывает, что за время движения фотона в воде, движущейся со скоростью 1 м/сек, количество ядер на пути следования фотона изменилось примерно на $1.10^{-8}$ при длине кюветы в 1 м. Эта величина соизмерима с размером одного атома. И этого достаточно для заметного изменения положения линии на интерферометре.

Ранее мы полагали, что прозрачность среды определяется очень малой вероятностью прямого столкновения фотона с ядром атома, на котором только и может рассеиваться фотон. С одной стороны, это действительно так. Но при прохождении фотоном достаточно большого пути в материале, возникает еще одно явление – время от времени фотон проходит ВБЛИЗИ ядер, и траектория его движения несколько изменяется. Конечно, в каждом конкретном случае траектория отдельного фотона может быть отличной от других, но статистически это приводит к тому, что средняя длина пути фотонов в материале увеличивается в зависимости от некоторой величины, называемой "коэффициентом преломления", а разница между различными путями в среднем весьма мала.

На рис.46 сплошная кривая линия утрированно изображает приблизительную траекторию одного фотонного преона вблизи атомного ядра прозрачного материала. Проходя мимо ядра на различном расстоянии, разные фотоны отклоняются по-разному. Но в любом случае, если преоны фотона не захватываются атомом (проходя на очень близком к ядру расстоянии), они вначале приближаются к ядру, а затем – удаляются от него, ибо скорость движения фотона намного выше возможностей ядра изменить эту скорость. Фотон продолжает двигаться с прежней линейной скоростью, со скоростью света, но к вектору этой скорости добавляется переменный вектор, возникающий при взаимодействии преона с близко расположенным ядром. Результатом является местное изменение траектории с последующим продолжением пути в прежнем прямолинейном направлении. Эта дополнительная добавка и является причиной "замедления" групповой скорости фотонов. Групповой в том смысле, что результат определяется суммой всех, больших и малых, отклонений от прямолинейного движения.

На рис.47 показана упрощенная картина происходящего – кривая линия движения фотона заменена на прямую, проходящую вблизи ядра атома, вызывающего отклонение преонов.

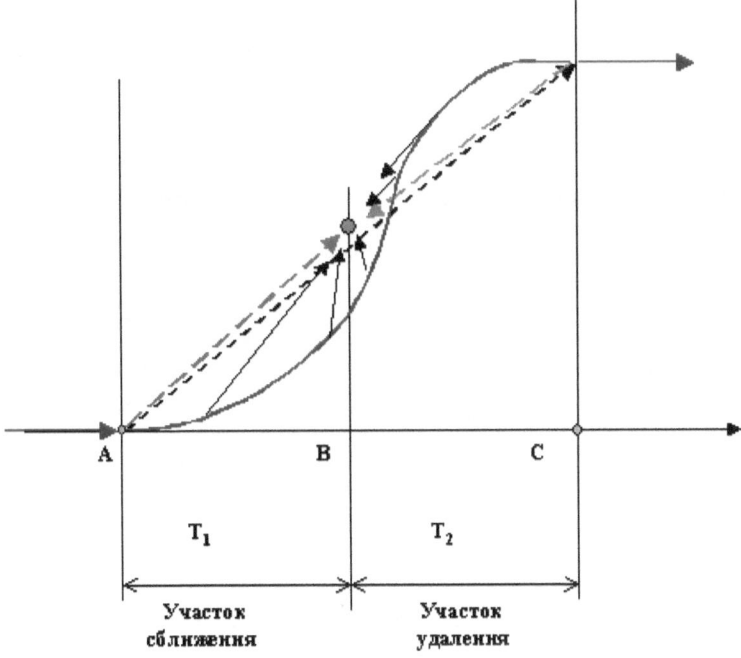

Рис. 46

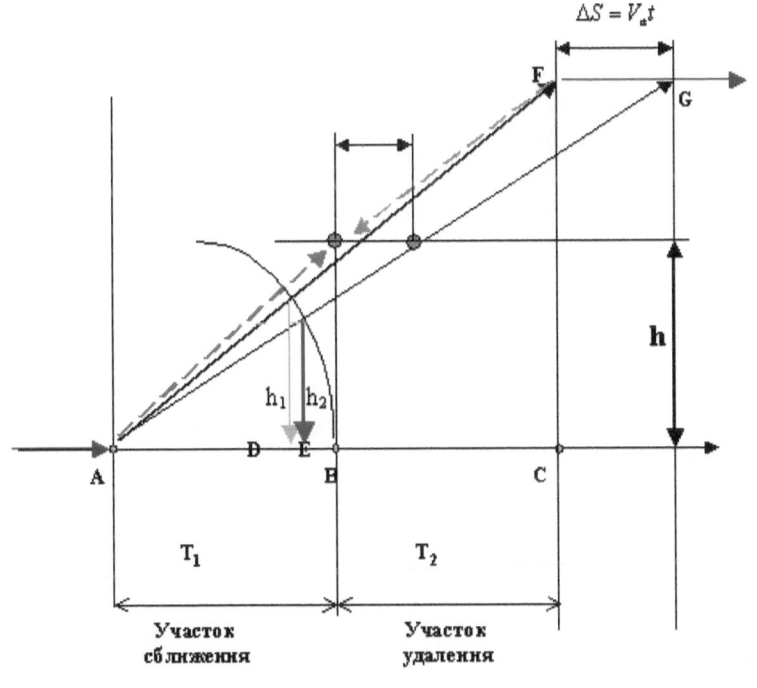

Рис. 47.

Если же атом, с которым происходит взаимодействие фотона, в процессе этого взаимодействия перемещается (хотя бы и не на очень большую величину), то картина несколько изменяется. На рис.48 показана только первая половина пути фотонного преона - от начала взаимодействия с атомом до ближайшего к нему положения.

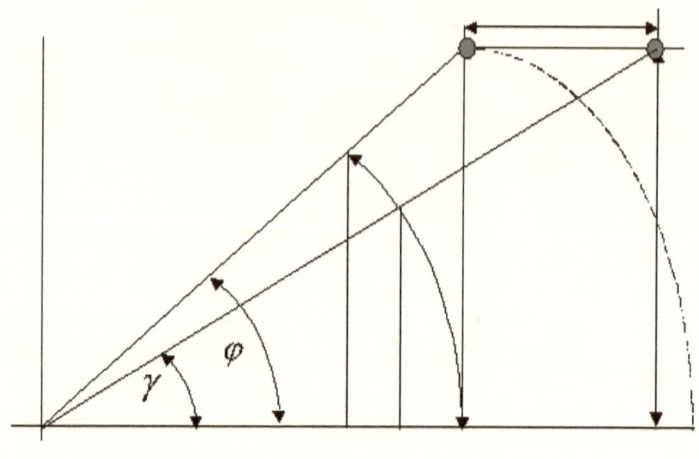

Рис. 48

Рис.48 является весьма грубым статистическим приближением. Реально сама траектория – криволинейна, и суммарная картина является усреднением по большому количеству траекторий фотонов.

Следует иметь в виду, что во всех описаниях схемы измерений опыта Физо авторами опытов предполагалось, что движение среды влияло на скорость фотона НЕПОСРЕДСТВЕННО. По мысли исследователей среда (эфир) должна была либо ускорять фотон, либо тормозить его.

Предполагая такой «механизм» увлечения света средой, вы, конечно, получите несоответствие опыта с теорией, ибо не знаете, КАК распространяется свет, и что такое свет вообще.

В нашей модели зависимость скорости фотонного преона от времени довольно сложная – движется атом, а траектория преона меняется в зависимости от его движения.

Таким образом, при движении среды одновременно возникают два явления (процесса). Так, при попутном движении атома и преона атом удаляется от преона, в результате чего угол наклона траектории преона к направлению движения несколько уменьшается, что приводит к уменьшению времени их задержки в движущейся среде, и к кажущемуся увлечению фотонов средой. Однако, на интервале взаимодействия фотонного преона с атомом последний вначале "убегает" от преона, уменьшая величину его притяжения, а затем движется ему вслед, увеличивая время нахождения преона в поле притяжения, что тормозит преон. В результате этого процесса "увлечение" преона атомами среды несколько уменьшается.

## Опыт Майкельсона

Опыт Майкельсона в различных его модификациях описан в литературе тысячи раз с момента его проведения. К широко известной литературе (в том числе ВИКИ-педии) следует добавить еще две небольшие книги-статьи [Л.17] и [Л.18]. Мы здесь даем только краткие соображения, детали которых читатель может уточнить самостоятельно. Более подробное обсуждение будет проведено в третьей книге «Физическая физика. Эффекты».

Эксперимент был поставлен Майкельсоном для разрешения спора о корпускулярно-волновой природе света. В опыте было обнаружено отсутствие зависимости скорости света (при принятом методе измерений, заметим) от движения источников и приемников света. Из этого было сделано умозаключение об отсутствии среды (эфира), в которой мог бы распространяться свет.

Логика ученых того времени была примерно следующей...

Ньютон, в свое время поставивший и объяснивший результаты большого количества опытов со светом, первоначально считал свет мельчайшими частичками (корпускулами). Однако он не смог объяснить в рамках этих представлений ряд оптических экспериментов.

Гюйгенс, имевший большой опыт работы со звуком, считал свет колебаниями «светоносного эфира»; среды, аналогичной газу (воздуху), но гораздо менее плотной. Эти его представления позволили объяснить ряд опытов, результаты которых не смог объяснить Ньютон. Представления Гюйгенса легли в основу теоретической и практической оптики. Корпускулярная модель Ньютона временно отошла на второй план.

Максвелл предположил (на основании равенства скорости распространения света и электромагнитного излучения), что свет суть электромагнитные колебания (того же «эфира»). На основании факта поляризуемости света в направлении, перпендикулярном его распространению, Максвелл утверждал, что свет суть электромагнитная волна с поперечными колебаниями (относительно направления распространения волны).

При этом характерно, что осталось совершенно непонятно, что же такое на самом деле «электро-магнитная» природа света. Ведь природа «электричества» и, тем более – магнетизма, до сих пор не известна.

Как уже было сказано выше, критики «эфирных» представлений доказывали, что эфир не может быть средой для распространения для световых колебаний; необходимые для этого параметры эфира получаются в этом случае просто непредставимыми. Такой «эфир» должен был бы обладать сверхвысокой упругостью, а, следовательно, и плотностью. И хотя Максвелл считал эфир существующим, но объяснить саму возможность существования поперечной волны в разреженной среде он никак не мог. В средах такого рода возможны только продольные колебания (аналогично звуку в воздухе).

С целью разрешения всех этих противоречий и был поставлен опыт Майкельсоном, использовавшим прибор собственного изобретения, названный впоследствии «интерферометром» [Л.17, Л.18].

В этом приборе луч источника света раздваивался на полупрозрачном зеркале на два пучка, один из которых направлялся по вращению Земли, и возвращался обратно после отражения от зеркала, а второй направлялся поперек направления вращения Земли, и также возвращался обратно после отражения. Затем лучи складывались опять-таки на полупрозрачном зеркале и результат их сложения (интерференция) наблюдался через микроскоп.

Предполагались всего два возможных варианта условий опыта, а, следовательно, и его результата.

1. Неподвижный эфир с неизвестными свойствами заполняет все мировое пространство (и Земля движется сквозь этот эфир не испытывая сопротивления с его стороны).

2. Эфир частично увлекается движущейся Землей.

В обоих указанных случаях должен был бы наблюдаться так называемый «эфирный ветер» – встречное по отношению к прибору на Земле движение эфира. А, значит, скорость распространения света вдоль направления движения Земли должна зависеть от того, по какому направлению распространяется свет в интерферометре.

Случай полного увлечения эфира движущейся Землей (наличие «эфирной атмосферы» только около Земли) не рассматривался по понятной причине – если вне Земли эфира нет, то как же распространяется свет в космосе?

Эксперимент Майкельсона показал полное отсутствие влияния ориентации прибора на его показания. Это могло иметь место только в случае, если эфира вообще нет. К тому же в тот же период времени было обнаружено взаимодействие света с атомами вещества, а именно – фотоэффект. Фотоэффект (хотя и с оговорками) можно было объяснить только с «корпускулярной» точки зрения. За это объяснение Эйнштейн и получил, собственно, свою Нобелевскую премию. Частичка (корпускула) света получила название «фотон» (которое, конечно, не сам Эйнштейн предложил).

И хотя такое представление о свете и объясняло некоторые явления в атомной физике, тем не менее, сами свойства фотона оказывались довольно странными – частичка эта не имела массы, не имела размеров, однако очевидно имела некоторую «частоту», от которой к тому же зависела и ее энергия!

Однако это были уже те времена в физике, когда противоречия в моделях не останавливали фантазию математиков от физики. «Главное, чтобы уравнения были красивыми!» (Р.Фейнман).

Правда, последующие эксперименты Майкельсона и Морли показали некоторую зависимость скорости света от направления, но это произошло спустя 20 лет, когда уже в «официальной» (понимай – корпоративной) науке ничего изменить было нельзя. Да и причина этого явления так и осталась невыясненной, хотя и лежала на поверхности…

Таким образом, от существования эфира официальная наука в тот период отказалась; волнам, очевидно, распространяться было просто не в чем. В свою очередь это заставляло сосредоточиться на разработке корпускулярной модели света. Но, как и ранее, вопросов оставалось больше, чем ответов. И поэтому энтузиасты – сторонники обоих направлений – продолжали попытки найти единое объяснение световым явлениям, ибо всякая «дуальность», по выражению того же Фейнмана, есть следствие нашего непонимания сути происходящего.

Разработанная в данной главе гипотеза позволяет нам в самых общих чертах принять корпускулярную гипотезу как основную, однако при этом само представление о фотоне пришлось существенно изменить. Фотон в нашей гипотезе есть имеющий пространственную протяженность цуг преонов, каждый из которых суть отдельная частичка, преон (вихрь), находящаяся на определенном расстоянии от соседних частичек. Это расстояние может считаться периодом частоты фотона. Но частички, из которых состоит фотон, могут отличаться у разных фотонов своей массой, причем значительно. Это отличие по массе однозначно связано с частотой (периодом) последовательности преонов, и это отличие определяется внутриатомными процессами, в результате которых фотон излучается атомом.

Все особенности световых явлений объясняются с этой точки зрения. Эту точку зрения нельзя назвать строго корпускулярной, поэтому в дальнейшем ей будет придумано другое название (например – «преонная»).

### Опыт Майкельсона (простой расчет)

Имя Эйнштейна чаще всего связывается с разработанной им «теорией относительности», а вовсе не с «открытием» фотона, которое («открытие») есть по существу всего лишь объяснение явления фотоэффекта. При этом утверждается, что Эйнштейн постулировал постоянство скорости света в любых условиях на основе результатов первого эксперимента Майкельсона.

Апологеты эфирной теории утверждают, что сам Эйнштейн до конца жизни колебался между идеей существования эфира и его отсутствия. Да и немудрено. Тем не менее, постулировать постоянство скорости света мог только тот, кто совершенно ничего не знал о работах Рёмера [18], задолго до Эйнштейна измерившего и скорость света, и изменение видимого периода обращения спутника Юпитера. Из этих работ с очевидностью следовало, что скорость света складывается геометрически со скоростью источника и приемника света. Может быть, Эйнштейн не знал этого; но эти работы Рёмера были общеизвестны; и не нашлось никого, кто мог бы ему о них сообщить??

Этот как бы парадокс объясняется просто – постулат о так называемом постоянстве скорости света – «вырван из контекста». Верно, что по Эйнштейну скорость света постоянна в любой системе координат. Но это не значит, что если вы имеете поток света в какой-либо системе координат, будете в этой системе двигаться и тащить вместе с собой свою собственную систему координат, то вы измерите ту же скорость. Такое представление есть результат профанации теории. Теория же говорит совсем о другом – что если вы в движущейся системе координат поставите источник света (!), и ПОСЛЕ ЭТОГО начнете измерять скорость света (от этого источника) в этой своей новой системе координат, то вы намерите ту же самую скорость «С».

И в этом уже нет никакого парадокса – это обычный случай игры в пинг-понг в движущемся вагоне.

Рассмотрим еще раз опыт Майкельсона, исходя из преонной гипотезы о строении фотона, описанной нами ранее, и приняв во внимание результаты опытов Рёмера и Бредли **(см. ниже в разделе «Звездная аберрация»).** Опираясь на «механизм» излучения фотона, описанный в главе «Атом», можно полагать, что при вылете фотона из атома в процессе излучения «света», фотон имеет скорость, равную сумме двух скоростей; одна из них – это скорость фотона, которую он приобретает в результате ускорения преонов в самом атоме при преодолении ими силы гравитации в направлении протона, а вторая, естественно, это скорость самого атома (относительно материала, излучающего фотоны).

Рис. 49

На рис.49 фотон вылетает из точки «А» (излучатель света) и движется в направлении точки «В», в которой расположено зеркало, от которого впоследствии должен отразиться фотон (в обратном направлении). Фотон вылетает со скоростью света $C_{cc}$ относительно неподвижной Земли, на которой находится вся установка, состоящая из излучателя в точке «А» и отражающего свет зеркала в точке «В». Расстояние между точками «А» и «В» равно $S$.

Если вся установка движется вправо в направлении стрелки со скоростью движения Земли $V_{з}$, то луч света «догонит» зеркало в момент времени, когда оно окажется в точке «С». За это время зеркало пройдет путь «ВС», равный «$d_1$», а луч света – расстояние $S+d_1$.

Это произойдет через время
$$t_1=d_1/V_{з} \qquad (1)$$
для зеркала или $t_1=(S+d_1)/C$ для луча света. В этот момент времени луч догонит удаляющееся от него зеркало. Приравняв правые части уравнений, получим

$$(S+d_1)/C= d_1/V_3$$

Проведя простейшие преобразования, получим

$$d_1 = V_3 \frac{S}{C-V_3} \qquad (2)$$

Это справедливо, если луч света вылетает из излучателя «А» со скоростью «С» относительно неподвижной опоры. Но если опора движется со скоростью $V_3$ относительно неподвижного наблюдателя, то к скорости фотона, вылетающего из излучателя со скоростью света $C_{cc}$, следует прибавить скорость движения установки в пространстве $V_3$.

Тогда время прохождения светом участка пути от излучателя до зеркала будет равно

$$t_1' = \frac{d}{V_3}$$

и с учетом уравнения (2) получим

$$t_1' = \frac{d}{V_3} = \frac{V_3 S}{V_3(C-V_3)} = \frac{S}{C_{cc}+V_3-V_3} = \frac{S}{C_{cc}}$$

Очевидно, это время не зависит от скорости движения установки (скорости Земли).

Отражаясь от зеркала (в соответствии с «механизмом» отражения, описанном в предыдущих разделах), фотон будет иметь скорость, меньшую скорости $C_{cc}$ на величину скорости зеркала установки (скорости Земли).

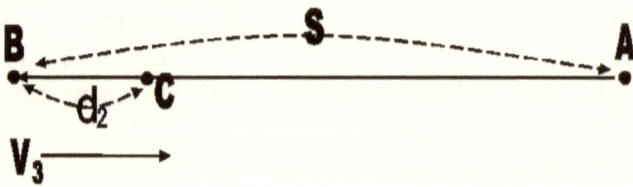

Рис. 50

Теперь для достижения точки «А», которая двигается ему навстречу, фотону потребуется время

$$t_2 = \frac{d_2}{V_3} = \frac{S-d_2}{C}$$

После преобразования

$$C \cdot d_2 = SV_3 - V_3 d_2$$

Но скорость вылета фотона C после отражения от зеркала будет меньше скорости света на величину $V_3$, поскольку зеркало теперь движется в сторону, противоположную движению фотона. Поэтому, заменяя $C=(Ccc - V_3)$ получим после сокращений

$$C \cdot d_2 = SV_3$$

откуда

$$t_2^{'} = \frac{d_2}{V_3} = \frac{S}{Ccc}$$

Оказывается, что эти времена равны

$$t_1^{'} = t_2^{'}$$

Это полностью соответствует принципу относительности Галилея (случаю игры в пинг-понг в быстро движущемся салоне поезда или самолета, как было сказано выше). Незачем было и огород городить из формул... Именно это и было полностью подтверждено экспериментом Майкельсона. Если отбросить рассуждения о якобы волновой природе света, то для подтверждения фотонной (корпускулярной) гипотезы больше ничего и не нужно. Эфира нет, фотоны распространяются в пустоте, скорость распространения относительно наблюдателя может быть как больше скорости света, так и меньше нее.

На основании всего сказанного выше, в настоящей работе теория относительности просто не обсуждается, в силу своей очевидной ложности. Причина создания этой теории, по нашему мнению, изложена в кратком виде в [Л.19]. Никакого влияния на наши выводы теория относительности Эйнштейна не оказывает (ни специальная, ни тем более – общая, предлагающая не менее абсурдное представление об искажении пространства при гравитации).

Все известные нам «подтверждения» теории относительности (включая изменение хода времени на движущихся объектах) являются спекулятивными «объяснениями», часто скрывающими от неискушенного читателя существеннейшие особенности таких явлений и экспериментов. К таковым якобы относятся подтверждения теории относительности об изменении хода времени на искусственных спутниках Земли (что якобы подтверждается необходимостью периодической коррекции аппаратуры в системе глобальной навигации). Однако при этом тщательно затушевывается факт использования на этих спутниках цезиевых стандартов частоты, действительно изменяющих свою частоту при изменении гравитации (на некотором расстоянии от Земли). Кварцевые же (механические) стандарты частоты этой особенности не имеют. В следующем (третьем) томе книги будут рассмотрены многие физические явления и эксперименты, не нашедшие удовлетворительного объяснения в рамках классической физики при прежнем подходе вне гравитонно-преонной гипотезы.

# Космологические аспекты
## Прямолинейное распространение света

Прямолинейное распространение колебаний (света в частности) в однородной среде описывается с помощью метода Гюйгенса – метода вторичных волн. Метод этот является исключительно математическим приемом, если речь идет о колебаниях несуществующей среды.

В то же время прямолинейное распространение цуга преонов с первого взгляда возражений не вызывает... до тех пор, пока мы ограничиваемся длиной свободного пробега преонов в нашем пространстве (в воздушной среде?), которая, по нашей приблизительной оценке (гл.1) находится в пределах 0,5 – 1 км.

А что происходит на расстояниях, бо́льших длины свободного пробега (ДСП) преона?

В конце первой же дистанции свободного пробега произойдет столкновение свободного преона пространства с каким-нибудь преоном фотона, и обмен скоростями между ними. Здесь следует вспомнить о законе сохранения момента в изолированной системе. При соударении двух одинаковых частиц их суммарный момент (с учетом того, что эти моменты – величины векторные) должен остаться без изменения. Самый простой случай показан на рис.51. Стрелками 1 и 2 изображены моменты количества движения преонов до удара. Сплошная стрелка без номера – суммарный момент количества движения. Пунктирные стрелки – эти же моменты как составляющие суммарного момента.

Поскольку суммарный момент (два одинаковых момента) измениться не должен, из этого следует, что частички просто поменяются местами (это явление хорошо известно любителям биллиарда). Частица 2 полетит в направлении прежнего движения частицы 1 и наоборот. Внешне это будет выглядеть так, как будто частицы пролетели одна сквозь другую.

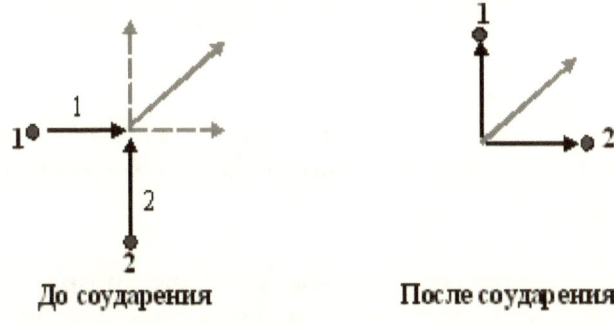

До соударения          После соударения

Рис. 51.

Отсюда следует, что при движении фотона (цуга преонов) будет наблюдаться та же ситуация (рис. 52)

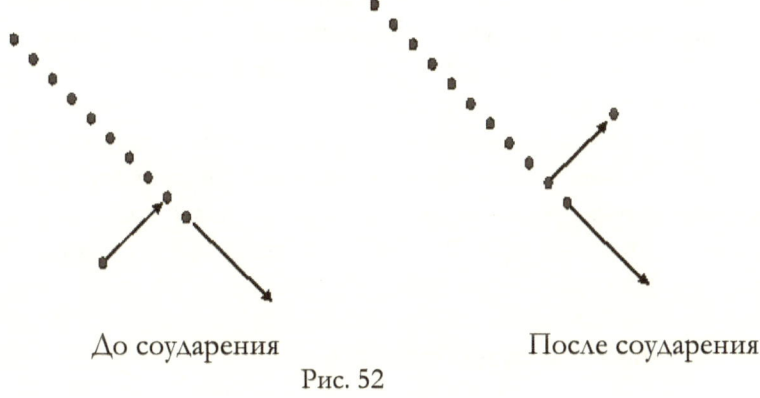

До соударения          После соударения

Рис. 52

В этом и состоит "секрет" того, что фотоны могут распространяться на неограниченные расстояния в преонном газе с любой степенью разрежения.

*Примечание.* Вероятность взаимодействия двух фотонов действительно крайне мала. Длина волны видимого света, например – полмикрона, то есть $0,5.10^{-4}$ см. Размер преона – примерно $10^{-18}$ см. Скважность последовательности преонов в таком фотоне составляет примерно $Q=10^{14}$; при этом вероятность встречи двух преонов измеряется уже величинами порядка $1.10^{-28}$.

*Более того, при этом преонный газ вряд ли мог бы существовать, каждый преон «не видел» бы другого. Но мог бы существовать такой газ, если бы они обменивались скоростями стопроцентно? Это вопрос интересный. В этом случае хотя они*

*бы и обменивались скоростями (векторами), их движение можно
было бы представлять как независимое ни от чего. До тех пор,
однако, пока они не входили бы во взаимодействие с более
плотными объектами.*

То есть газ-то он – газ, но газ "сверх-идеальный" –
его частички фактически не взаимодействуют друг с
другом!

Но, если все это так, и преоны "свободно проходят" друг через
друга, то это означает, что сопротивление преонной среды
возникает только для тел, существенно крупнее преонов (протона,
например). А для самих преонов верхний предел их скорости,
которого они достигают (скорость света), определяется
сопротивлением уже гравитонной среды, то есть балансом,
возникающим при разгоне отдельного преона гравитонным газом
и одновременным его торможением со стороны того же
гравитонного газа, а вовсе не сопротивлением самой преонной
среды (как это имеет место для обычного молекулярного газа).

Обратим внимание, что отсутствие взаимодействия фотонов –
фотонов даже, а не просто преонов пространства(!) – было
истолковано как сильный довод в пользу волновой "природы" света
(!). И это, опять же, при условии отсутствия точного представления о
природе фотона!

### И еще раз о скорости света

Иногда еще одним «весомым» доводом в пользу применения
теории относительности (ее постулата о постоянстве скорости
света), является вопрос о «двойных звездах». Эти звезды вращаются
вокруг общего центра масс, и поэтому имеют переменную и
заметную скорость по отношению к земному наблюдателю.
Говорят, что если бы выполнялся «галилеевский» принцип
относительности **всякого** движения, то из него следовало бы, что
при корпускулярном представлении о свете собственное движение
звезд-излучателей должно либо прибавляться к скорости
излучаемого света, либо вычитаться из нее (в зависимости от
направления движения звезды по отношению к земному
наблюдателю). Поскольку эти звезды находятся на довольно
большом расстоянии от нас, такое явление должно было бы
приводить к сильным искажениям наблюдаемых орбит. А этого
искажения не наблюдается.

Искажения могут отсутствовать в «волновой» теории света, но другие эксперименты не позволили исследователям принять эту гипотезу.

В результате была принята гипотеза пустого пространства (постулат), в котором свет распространяется с вполне определенной скоростью (тоже постулат). Причина именно такой скорости света остается при этом неизвестной, не обсуждается. Постулат же!

Гравитоника объясняет этот «парадокс», исходя из представлений о **причине**, по которой скорость света имеет определенную величину, и исходя из представлений о гравитонной среде, заполняющей пространство. В главе «Гравимеханика» первой части книги было показано, что при движении преона в гравитонном газе он ускоряется гравитонами в попутном направлении, и тормозится – во встречном направлении по отношению к проходящим сквозь преон гравитонам. В конце концов в преонном газе в течение определенного времени устанавливается некое состояние равновесия, при котором преоны имеют скорость около $C_{cc} = 3.10^{10}$ см/сек. В гравитонике «галилеевский» принцип сложения скоростей является естественным, и потому – непреложным. Поэтому скорость фотона (цуга преонов), вылетающего из излучателя, движущегося навстречу наблюдателю, будет больше $C_{cc}$. Скорость фотона, вылетающего из излучателя, удаляющегося от наблюдателя, будет меньше $C_{cc}$. Но в течение определенного времени (величину которого еще предстоит уточнить) и на некотором расстоянии от звезды скорости фотонов уравниваются, и становятся равными скорости света $C_{cc}$, так как преоны «быстрого» фотона тормозятся гравитонным газом, а преоны «медленного» фотона – соответственно ускоряются. Таким образом, парадокс исчезает.

Однако, существует еще более простое объяснение этого явления [Л.18]. В этой работе показано, что отклонения параметров наблюдаемых орбит, если они даже и имеют место, столь малы, что просто не могут быть обнаружены имеющимися у нас сегодня средствами наблюдения.

Здесь, может быть, уместно сказать о способе «рассуждений», который используется даже известными учеными для «доказательства» своих выводов. Его безошибочно можно определить по выражению типа «если бы это было так, то... а это невозможно». При этом, как правило, обсуждаются явления, физическая суть которых авторам неясна. Этот способ рассуждений в свое время был широко распространен в различного рода религиозно-философских сочинениях.

## «Красное смещение»

Этот вопрос не относится напрямую к собственно оптическим явлениям, и дискутируется до сих пор.

Красное смещение не имеет отношения к эффекту Доплера. "Википедия" по этому поводу сообщает:

> *Часто космологическое красное смещение связывают с эффектом Доплера. Однако, на самом деле, эффект Доплера не имеет никакого отношения к космологическому красному смещению, которое в действительности* **связано с расширением пространства** *согласно ОТО. В наблюдаемое красное смещение от галактик вносит вклад как космологическое красное смещение из-за расширения пространства Вселенной, так и красное или фиолетовое смещения эффекта Доплера вследствие собственного движения галактик. При этом на больших расстояниях вклад космологического красного смещения становится преобладающим.*
>
> *Образование космологического красного смещения можно представить так: рассмотрим свет — электромагнитную волну, идущую от далёкой галактики. В то время как свет летит через космос, пространство расширяется. Вместе с ним расширяется и волновой пакет. Соответственно, изменяется и длина волны. Если за время полёта света пространство расширилось в два раза, то и длина волны и волновой пакет увеличивается в два раза.*

Легко и просто, не правда ли? При этом "забывается", что пространство предполагается пустым, и остается не вполне понятно, как может "пустое" расширяться. Согласно ВИКИ – может. Согласно Эйнштейну, оно даже может искривляться…. Точка.

При этом полагается, что фотон с пустым пространством не взаимодействует! Но, может быть, "Википедия" - не авторитет?

БСЭ:

> **КРАСНОЕ СМЕЩЕНИЕ**, *увеличение длин волн линий в спектре источника излучения (смещение линий в сторону красной части спектра) по сравнению с линиями эталонных спектров. Красное смещение возникает, когда расстояние между источником излучения и его приемником (наблюдателем) увеличивается (см. Доплера эффект) или когда источник*

*находится в сильном гравитационном поле (гравитационное красное смещение). В астрономии наибольшее красное смещение наблюдается в спектрах далеких внегалактических объектов (галактик и квазаров) и рассматривается как следствие космологического расширения Вселенной.*

Однако, в соответствии с этими описаниями, красное смещение для разных линий спектра все же должно быть пропорциональным частоте, и это противоречит данным некоторых авторов о том, что при «красном смещении спектра» (!) сдвиг частоты у всего спектра одинаков; спектр смещается как единое целое, а не растягивается как резинка. Однако, этих авторов «официальная наука» относит к «альтернативщикам». И это при том, что смещение спектра как единого целого соответствует гипотезе «расширения пустого пространства Вселенной», которая выдвинута самими представителями «современной науки»!

В представлениях гравитонно-преоннной гипотезы причиной "красного смещения" может также являться изменение параметров орбит преонов в атоме вследствие иной плотности гравитонного газа в других областях (ближе к границам) Вселенной. Однако, как указывалось в главе «Атом», не менее вероятной причиной может быть также «утяжеление» (и, соответственно – «покраснение») преонов из-за накопления в них гравитонов в течение многих миллионов лет. Эта причина может быть более вероятной, так как имеет следствием наблюдающуюся пропорциональную зависимость «красного смещения» от расстояния до объектов вселенной. Кроме того, она объясняет равномерное смещение всего спектра (недопплеровское).

Что касается "фиолетового смещения", то оно наблюдается только для звезд нашей Галактики «Млечный путь», что однозначно соответствует встречному движению таких звезд по отношению к Солнцу (именно на основании эффекта Допплера).

И, наконец, если из других данных известно, каково расстояние до звезды, то по величине «красного» смещения можно определить ее возраст.

# Звездная аберрация

Секерин пишет [Л.18]:

*3. Звездная аберрация.*

*В 1727 году астроном Д. Бредли открыл явление звездной аберрации, которое заключается в том, что все звезды в течение года описывают на небесной сфере эллипсы с большой полуосью, наблюдаемой с Земли под углом $\alpha$ - 20,5".*

*Аберрация обусловлена движением Земли" по орбите вокруг Солнца со скоростью $V = 29,8$ км/сек (рис. 53). Чтобы с движущейся Земли наблюдать звезду, необходимо наклонить трубу телескопа вперед по движению, потому что за время, пока свет проходит трубу, окуляр вместе с Землей передвинется вперед. (Это точная аналогия, например, для капли дождя в движущемся вагоне, попадающей через отверстие в крыше, если пренебречь сопротивлением воздуха). Очевидно, что*

$$v/c = tg\ \alpha, \qquad c = v/tg\ \alpha$$

*Скорость света относительно звезды, излучателя, равна c, а в системе Земли, приемника, движущегося со скоростью v перпендикулярно направлению движения света, равна c и находится по формуле*

$$c_1 = \sqrt{c^2 + v^2}$$

*Используя правило расчета сложения скорости света со скоростью источника, Бредли довольно точно определил скорость света. (Конец цитаты)*

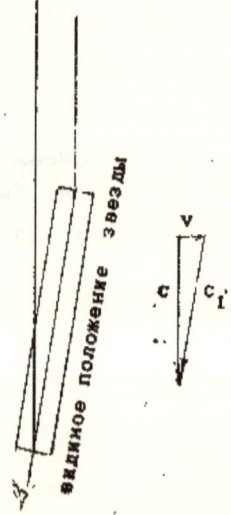

Рис. 53

Как и во многих ранее рассмотренных случаях, здесь «дьявол кроется в деталях». И бедный Брэдли тогда еще не знал, что через 200 лет придет Эйнштейн и станет утверждать, что скорость света не зависит от скорости источника.

В различных описаниях этих опытов от неискушенного читателя остается скрытым простой факт, что положения светил на небосводе определяются, прежде всего, ВРЕМЕНЕМ прохождения светила через меридиан, а не углом наклонения трубы телескопа к местной вертикали. И для точного определения этого времени в астрономии применяются очень точные методы и приборы. Астрономические хронометры имеют точность хода менее одной секунды. Точнее при наблюдениях и не нужно – наблюдатель все равно не успевает отреагировать быстрее (а не надо забывать, что эти опыты делались в конце 18-го века!)

На заре астрономии положение звезды на небесной сфере фиксировалось с помощью секстанта – небольшой оптической трубы с перекрестием в ее центре. Естественно, что время прохождения света по ее небольшой длине не учитывалось в силу малости. Положение звезды определялось относительно линии горизонта, что давало возможность использовать его во время плавания.

При изготовлении и установке на обсерватории телескопа с трубой бо́льшего размера приходилось использовать точные механические системы управления. Поэтому труба (с механизмом измерения) действительно могла быть установлена вертикально. И вот только после этого было выяснено, что показания секстанта и трубы не всегда совпадают. Ибо таблицы положений звезд во времени (карта неба) была первоначально составлена с помощью наблюдений звезды в секстант.

Большой телескоп имеет очень узкое поле зрения. Поэтому к нему обычно прикреплена (механически) маленькая зрительная труба (визир), позволяющая быстрее найти нужное поле (звезду) на небе. При этом маленькая труба имеет в поле зрения перекрестие для точного наведения (и вместе с ней – большой трубы). Ход лучей в большой трубе может быть довольно сложным. Поэтому «привязка» направления этих двух труб (большой и малой) линзовом телескопе осуществляется к середине большой (главной) линзы механическим креплением (!), и никакого «перекрестия» в поле зрения большого телескопа вы не увидите.

И теперь нам «объясняют»…

Пусть телескоп (обе трубы) направлены точно вертикально. Если бы Земля не вращалась, то изображения звезды в большом телескопе и малой трубе находились бы по центру поля зрения. Но Земля движется, и система телескопов перемещается в горизонтальном направлении; к тому моменту, когда свет попадает в глаз (окуляр) малой трубы, поток фотонов с этого направления еще не успевает дойти до окуляра (или фотопластинки) большого телескопа. За необходимое для этого время вся система успевает повернуться на угол примерно 15-20 угловых секунд, и изображение звезды оказывается сформированным уже на некотором расстоянии от центра поля зрения (очень небольшом). Это явление и называется «аберрацией» (см. «Принцип Арнольда» в эпиграфе к книге – следует читать «Абберация» – по имени открывшего это явление физика Аббе). Брэдли использовал это явление для вычисления скорости света.

Но ведь это может быть только в том случае, если малая визирная труба прикреплена к большой трубе **в месте нахождения объектива!** Тот, кто хотя бы раз видел телескоп обсерватории, понимает, что этого не бывает по простой причине – наблюдатель обычно находится именно в конце большой трубы, внизу, у ее окуляра! И время хода луча света по трубе в точности равно времени хода луча вне трубы! Откуда же появляются 20 угловых секунд?

Спросим у Брэдли?

А Брэди нам скажет, что он, понимая, что Земля вращается, просто использовал свой небольшой телескоп длиной менее 1 метра для практического измерения скорости света. Устанавливая малую визирную трубу в начале большой трубы и в ее конце, он как раз и выяснил, что положение звезд, наблюдаемых по движению Земли и поперек этого движения, отличаются (на его телескопе!) на эти самые 20 угловых секунд. И простой расчет безо всякого релятивизма (о котором Брэдли и понятия не имел), и безо всякого понятия об эфирном ветре, дал ему величину скорости света.

Но сторонники эфира стремились дать собственное толкование эксперимента, и опустив «мелкие технические подробности» (вроде моментов прохождения звезды через меридиан и расположения визирной трубы), пытались обосновать собственные взгляды. Что и привело к страшной путанице.

## Объяснения аберрации в рамках эфирных теорий («Википедия»)

*Т. Юнг в 1804 году дал первое волновое объяснение аберрации, как результат действия «эфирного ветра», дующего с равной по величине и обратной по направлению движения наблюдателя скоростью. В 1868 г. Хук поставил опыт, в котором наблюдал земной источник света в телескоп через двухметровый столб воды. Отсутствие предполагаемого сдвига изображения, обусловленного суточным вращением Земли, Хук объяснил на основе теории Френеля. Он пришел к выводу, что френелевский коэффициент увлечения справедлив с точностью до 2 %. В свою очередь Клинкерфус поставил аналогичный опыт с 8-дюймовым столбом воды и получил увеличение постоянной аберрации на 7,1" (по его теории ожидалось увеличение на 8"). Для разрешения этого противоречия серию точных опытов провел в 1871—1872 гг. Эйри. Рискуя испортить большой гринвичский телескоп, наполнил его водой и повторил опыт Брэдли по наблюдению звезды γ-Дракона. Он наблюдал звезду вблизи зенита с помощью вертикально установленного телескопа высотой 35,3 дюйма, заполненного водой. По теории Клинкерфуса за полгода угловое смещение звезды должно было составить около 30", в то время как на опыте смещение не превышало 1" и лежало в пределах ошибок эксперимента.[10] Согласно выводам из опыта Эйри следовало —* **орбитальное движение Земли полностью увлекает светоносную среду.**

Но для фотонной гипотезы этого и не требуется! Она прекрасно «работает» безо всякой «светоносной среды», без «эфира»!

Более того, в этом опыте смещения не было вообще! Из этого пекоторые даже деслают вывод, что луч изменил направление еще раньше! А луч вообще не менял направления. Потому что эксперимент был выполнен грамотно – с привязкой к верхнему концу трубы и расчетом времени прохождения звезды через меридиан!

**Таким образом, следует сделать вывод – одних только простых упоминаний о том или ином кем-либо проведенном опыте совершенно недостаточно для далеко идущих выводов; учет даже казалось бы незначительных особенностей эксперимента может привести к совершенно обратному заключению.**

Отсюда ясно, что это явление на самом деле не имеет отношения к выяснению собственно природы света (волновой или корпускулярной). Оно возникает из-за движения наблюдателя относительно светового потока, приходящего с определенного направления при неправильной установке визирного телескопа и тенденциозной трактовке результатов опыта. Явление звездной аберрации зависит исключительно от того, в каком месте вы прикрепили малый визир к трубе большого телескопа. И в реальной астрономии этот «факт» не используется – достаточно правильно установить телескоп.

Тем не менее, он был использован в качестве аргумента в дискуссии о корпускулярной или волновой природе света, и при обсуждении вопроса о существовании «эфира» как светоносной среды. Последнее особенно интересно, так как противоречит основному принципу старика Оккама – не вводить сущностей без необходимости. Ведь представление света в виде фотонов, распространяющихся в пустоте, полностью объясняет явление аберрации и не требует введения «эфира».

## Влияние гравитации на распространение света («гравитационные линзы»)

Гравитоны «тени» прижимают преонную среду к гравитирующим массам (планетам), вследствие чего вокруг них образуется "преонная атмосфера". Аналогично тому, как это происходит с газовой атмосферой, вблизи поверхности Земли, преонная "атмосфера" неподвижна относительно поверхности Земли.

Можно было бы предположить, что явление отклонения света вблизи массивных тел могло бы быть связано с «преонной рефракцией», то есть с прохождением светом областей с разной концентрацией преонов. Но ориентировочный расчет показывает, что возможный градиент концентрации преонного газа вблизи Земли вряд ли может вызвать изменения направления распространения преонов.

В первой главе было показано, что гравитонная гипотеза исключает существование гравитационных воздействий («полей») на расстояниях около 1 парсек от гравитирующих масс. Это означает в свою очередь, что следует искать иные причины наблюдающимся явлениям типа «гравитационных линз». И такие причины в настоящее время найдены. Но об этих явлениях мы поговорим уже при обсуждении различных эффектов и парадоксов в третьей книге.

### Основные оптические явления

Данные в этой главе весьма краткие объяснения известных эффектов, безусловно, неполны. Да они и не могут быть полными, если учитывать ограниченный объем текста и недостаточную разработанность каждого раздела, по которому в литературе также можно найти просто «монбланы» книг и статей.

Дальнейшая работа над объяснением этих и множества других явлений должна прояснить неясные на сегодняшний день вопросы.

Таблица 1.

| Явление | В волновой теории | В корпускуляр-ной (квантовой) теории | В преонно-гравитонной теории |
|---|---|---|---|
| Скорость света | Не объясняется | Постулируется как мировая постоянная | Определяется скоростью преонов, не является мировой постоянной |
| Прямолинейное распространение света | Объяснение Гюйгенса - сложение сигналов отдельных излучателей | Поток фотонов | Объясняется взаимодействием преонов как абсолютно упругих "точечных" частиц и крайне малой вероятностью встречи двух преонов |
| Скорость света в среде | См. справа | Определяется как скорость света в пустоте, деленная на коэффициент оптической плотности (ОП). Физическая сущность понятия остается непонятой | Скорость преонов в среде меньше, чем в вакууме вследствие криволинейности их движения под влиянием притяжения к ядрам |
| Прозрачность среды. | Нет объяснения | Нет объяснения | Большим отношением площади поперечного сечения атома к площади ядра |
| Дисперсия | Нет объяснения | Нет объяснения | Изменение траектории преонов разной массы вблизи атомов вещества на границе двух сред |

| | | | |
|---|---|---|---|
| Отражение света | Метод Гюйгенса. Отражение от границы более плотной среды | Нет объяснения | Виртуальный метод Гюйгенса. Огибание фотоно-преонами ядер атомов на границе сред |
| Преломление света. | То же | Нет объяснения | Изменение траектории преонов разных масс вблизи атомов вещества на границе двух сред |
| Аберрация | Относительная скорость | Относительная скорость | Преонная линза около массивных тел, относительная скорость |
| Интерференция Опыты Френеля | Неубедительно | Неубедительно | Частичная когерентность преоно-фотонов |
| Дифракция на препятствии | Гюйгенс | "Волна Де-Бройля" | Изменение траектории преонов вблизи атомов вещества на границе двух сред |
| Поляризация | Объясняется электромагнит-ными свойства-ми света | Нет объяснения | Неправильное толкование эксперимента |
| Давление света | Нет объяснения | Прямое давление фотонов | Прямое столкновение с ядрами вещества и неправильное толкование эксперимента |
| Угол Брюстера | Нет удовлетво-рительного объяснения | Нет объяснения | Взаимодействие с ядрами атомов |
| Опыт Физо | Движение среды | Неубедительно | Объясняется через описание прохождения фотоно-преонов через вещество |
| Опыт Майкельсона | Неверная постановка опыта и неверное его толкование | C=const | Полностью соответствует ГПГ |

| | | | |
|---|---|---|---|
| Влияние гравитации на распространение света | Нет физического объяснения | ОТО | Преонная линза |
| Поглощение и излучение света | Не объясняется | Чисто формальное объяснение | Разработана физическая модель |
| Фотоэффект | Не объясняется | Неверное толкование | См. в тексте гл. «Атом» |
| Влияние электрических и магнитных "полей" на спектры атомов | Не объясняется | Расщепление уровней (формальное объяснение) | Разработана физическая модель (см. т.3 книги) |
| Красное смещение спектра дальних галактик | Самые разные | Самые разные | 1.Изменение параметров орбит преонов в атоме вследствие иной плотности гравитонного газа в других областях Вселенной. 2. Увеличение массы преонов со временем. |

## Литература

1. Шаляпин А.Л. Состояние современной физики.
   http://www.shal-14.narod.ru/

2. Ак. В.Арнольд. Нужна ли в школе математика?
   http://vivovoco.astronet.ru/VV/PAPERS/ECCE/ARNOLD.HTM,
   http://www.mccme.ru/edu/index.php?ikey=viarn_nuzhnali

3. Стасенко А.Л. Угол падения равен... //Квант. — 2005. — № 1. — С. 31,34.

4. Отражение и преломление света на границе раздела двух сред
   http://aco.ifmo.ru/el_books/basics_optics/glava-3/glava-3-1.html

5. Дисперсия и поглощение света

   Дисперсия

   http://ens.tpu.ru/POSOBIE_FIS_KUSN/%D0%9A%D0%BE%D0%BB%D0%B5%D0%B1%D0%B0%D0%BD%D0%B8%D1%8F%20%D0%B8%20%D0%B2%D0%BE%D0%BB%D0%BD%D1%8B.%20%D0%93%D0%B5%D0%BE%D0%BC%D0%B5%D1%82%D1%80%D0%B8%D1%87%D0%B5%D1%81%D0%BA%D0%B0%D1%8F%20%D0%B8%20%D0%B2%D0%BE%D0%BB%D0%BD%D0%BE%D0%B2%D0%B0%D1%8F%20%D0%BE%D0%BF%D1%82%D0%B8%D0%BA%D0%B0/10-1.htm

   Нормальная и аномальная дисперсия

   http://ens.tpu.ru/POSOBIE_FIS_KUSN/%D0%9A%D0%BE%D0%BB%D0%B5%D0%B1%D0%B0%D0%BD%D0%B8%D1%8F%20%D0%B8%20%D0%B2%D0%BE%D0%BB%D0%BD%D1%8B.%20%D0%93%D0%B5%D0%BE%D0%BC%D0%B5%D1%82%D1%80%D0%B8%D1%87%D0%B5%D1%81%D0%BA%D0%B0%D1%8F%20%D0%B8%20%D0%B2%D0%BE%D0%BB%D0%BD%D0%BE%D0%B2%D0%B0%D1%8F%20%D0%BE%D0%BF%D1%82%D0%B8%D0%BA%D0%B0/10-2.htm

   Классическая теория дисперсии

   http://ens.tpu.ru/POSOBIE_FIS_KUSN/%D0%9A%D0%BE%D0%BB%D0%B5%D0%B1%D0%B0%D0%BD%D0%B8%D1%8F%20%D0%B8%20%D0%B2%D0%BE%D0%BB%D0%BD%D1%8B.%20%D0%93%D0%B5%D0%D0

%BE%D0%BC%D0%B5%D1%82%D1%80%D0%B8%
D1%87%D0%B5%D1%81%D0%BA%D0%B0%D1%8F
%20%D0%B8%20%D0%B2%D0%BE%D0%BB%D0%B
D%D0%BE%D0%B2%D0%B0%D1%8F%20%D0%BE
%D0%BF%D1%82%D0%B8%D0%BA%D0%B0/10-
3.htm

Поглощение света

http://ens.tpu.ru/POSOBIE_FIS_KUSN/%D0%9A%D0%B
E%D0%BB%D0%B5%D0%B1%D0%B0%D0%BD%D0
%B8%D1%8F%20%D0%B8%20%D0%B2%D0%BE%D
0%BB%D0%BD%D1%8B.%20%D0%93%D0%B5%D0
%BE%D0%BC%D0%B5%D1%82%D1%80%D0%B8%
D1%87%D0%B5%D1%81%D0%BA%D0%B0%D1%8F
%20%D0%B8%20%D0%B2%D0%BE%D0%BB%D0%B
D%D0%BE%D0%B2%D0%B0%D1%8F%20%D0%BE
%D0%BF%D1%82%D0%B8%D0%BA%D0%B0/10-
4.htm

6.http://lms.physics.spbstu.ru/pluginfile.php/2152/mod_resource/content/1/opt_3_03.pdf

7. «Элементы». http://elementy.ru/trefil/21106

8. http://physics.nad.ru/Physics/Cyrillic/opt_txt.htm#Rays

9. http://physics.nad.ru/Physics/Cyrillic/rays_ref.htm

10. Дифракция в параллельных лучах (дифракция Фраунгофера)

http://ens.tpu.ru/POSOBIE_FIS_KUSN/%CA%EE%EB%E
5%E1%E0%ED%E8%FF%20%E8%20%E2%EE%EB%
ED%FB.%20%C3%E5%EE%EC%E5%F2%F0%E8%F7
%E5%F1%EA%E0%FF%20%E8%20%E2%EE%EB%E
D%EE%E2%E0%FF%20%EE%EF%F2%E8%EA%E0/
09-4.htm

Дифракция Френеля от простейших преград

http://ens.tpu.ru/POSOBIE_FIS_KUSN/%CA%EE%EB%E
5%E1%E0%ED%E8%FF%20%E8%20%E2%EE%EB%
ED%FB.%20%C3%E5%EE%EC%E5%F2%F0%E8%F7
%E5%F1%EA%E0%FF%20%E8%20%E2%EE%EB%E
D%EE%E2%E0%FF%20%EE%EF%F2%E8%EA%E0/
09-3.htm

Дифракция на пространственных решетках

http://ens.tpu.ru/POSOBIE_FIS_KUSN/%CA%EE%EB
%E5%E1%E0%ED%E8%FF%20%E8%20%E2%EE%E
B%ED%FB.%20%C3%E5%EE%EC%E5%F2%F0%E8
%F7%E5%F1%EA%E0%FF%20%E8%20%E2%EE%EB

%ED%EE%E2%E0%FF%20%EE%EF%F2%E8%EA%
E0/09-5.htm

11. Круглое отверстие. Геометрическая оптика - дифракция Френеля,
https://www.youtube.com/watch?v=-pQo6Tc1naU
Круглое отверстие. Геометрическая оптика - дифракция Фраунгофера,
https://www.youtube.com/watch?v=fwQ5y8yNWTY

12. М. Амусья и В. Цитович "О коллективном излучении электромагнитных волн"
http://www.elektron2000.com/amusja_0006.html

13. Моисеев Б.М. Волновые и корпускулярные свойства света; 2004, ГУГЛ.

14. http://www.wbabin.net/sokolov/sokolov4r.pdf

15. Петров В. Опыты Араго и теория Френеля,
http://n-t.ru/tp/iz/oa.htm

16. Соколов. СТО может быть опровергнута экспериментально.
http://www.gsjournal.net/old/sokolov/sokolovr.pdf

17. Заказчиков А.И. Загадка эфирного ветра.
http://www.twirpx.com/file/521342/

18. Секерин. Теория относительности – мистификация века.
http://www.koob.ru/sekerin_v_i/teoriya_otnositelnosti_mistifi
kaciya_20_veka

19. Главная заслуга Альберта Эйнштейна перед человечеством
http://www.elektron2000.com/vilshansky_0045.html,
http://www.geotar.com/position/kapitan/stat/ein.pdf

# Глава 7. Электричество

## 1. Электростатика
### Притяжение и отталкивание «заряженных» предметов

Прежде всего нужно отметить, что проблемы многих исследователей именуемых «математическими физиками» состоят в том, что они не представляют себе собственно физических процессов, которые пытаются описать математически. Этот подход был использован еще Ньютоном. Но, конечно, никого при этом осуждать невозможно, ибо каждый работает в пределах известных ему сведений о мире. Однако чаще всего исследователь использует уже известные ему процессы для создания моделей (для моделирования) явлений, которые его интересуют. Известно, что Максвелл вначале пытался моделировать электромагнитные процессы с помощью шестеренок, затем использовал гидродинамическую модель... и был вынужден на этом остановиться, так как ничего иного использовать просто не мог.

Его последователи все же смогли создать «математическое» представление о взаимовлиянии неких «факторов», непосредственно не наблюдаемых, и условно обозначаемых математическими «векторами» (Е и Н). Но все же оставались «белые пятна»...

*Такова, например, «сила Лоренца», действие которой направлено перпендикулярно действию и существованию двух других сил, ее вызывающих. Оптимизма прибавляло объяснение работы гироскопа с помощью математической операции «векторного произведения».*

В конце этой главы нам станут яснее некоторые обстоятельства, которые привели Максвелла к написанию его уравнений (ну, пусть не совсем его, но уравнений, получивших его имя).

Первоначально предполагалось дать краткую аннотацию к этой главе; но в конце концов выяснилось, что материал этот настолько противоречит многим установившимся в сознании специалистов представлениям (при всей его адекватности природе явлений), что от краткости пришлось отказаться. Читатель должен либо читать текст подряд, либо вообще отказаться от этого занятия. И это несмотря на то, что никакой особенной «математики» в этом разделе книги почти не содержится.

*

В прежние времена исследователи часто использовали модели явлений (конечно, построенные на основании имевшихся тогда сведений о мире). И, с самого начала развития знаний об электричестве, моделью служили явления гидравлические, как наиболее тогда изученные и подходящие. Электричество явно «перетекало» с одного предмета на другой, оно явно «текло» по проводам, как вода по трубам, оно могло накапливаться в настоящих «сосудах» – лейденских банках. Были и другие непонятные проявления этой невидимой «субстанции», но их надеялись смоделировать и объяснить в будущем. Основой для исследователей были опыты «первопроходцев» (в первую очередь – Фарадея) и их математическое описание, сделанное Дж.Максвеллом (впоследствии «доработанное» Герцем и Хевисайдом).

В полном соответствии с Принципом Оккама: «Не вводи новые сущности без необходимости» все было как бы в порядке; «новые сущности» не вводились (хотя необходимость в них явно была).

Однако главная проблема физического объяснения электрических явлений оставалась нерешенной. Таинственная «электрическая жидкость» проявляла странные свойства – иногда «наполненные ею» тела притягивались, а иногда – отталкивались. Электричество явно было двух разных типов; и эти типы были НАЗВАНЫ положительным и отрицательным электричеством. Понимания «физики» процессов это не прибавило, но облегчило практическое применение нового типа взаимодействия в технике. А для удобства рассуждений (и, в дальнейшем, вычислений) вместо термина «электрическая жидкость» было введено понятие «Заряд» (Кулон, 1785).

Поскольку физическая суть понятия «заряд» не была известна, то не было также и полной уверенности, что к этим частицам вообще применимо понятие «носитель» этого самого «заряда». Тем не менее, сама формулировка понятия способствовала внедрению в массы исследователей представления, что ЗАРЯД есть некая «субстанция», и частица может быть ее НОСИТЕЛЕМ. И на первых порах многие именно так и думали.

> В настоящее время принято, что «Электрический заряд (количество электричества) – это физическая скалярная величина, определяющая **способность тел быть источником** электромагнитных полей и принимать участие в электромагнитном взаимодействии (конец цитаты, Википедия)

Мы уже говорили ранее [т.1], что подобные «определения» на самом деле ничего не определяют и ясности не вносят. «Способность тел к чему-то» не объясняет причину этой «способности», а введение в определение понятий «электромагнитных полей и взаимодействий» – тем более. XIX веку это было простительно, но в XXI веке это нас уже не устраивает. Мы ожидаем от Науки ответов на вопросы не «Как?», а «Почему?».

В XX веке, в результате большого количества разных экспериментов, выяснилось, что обнаруженные Резерфордом элементарные частицы протон и электрон, похоже, удовлетворяют требованиям, предъявляемым к так называемым «носителям заряда». По мнению Резерфорда простейший атом водорода должен был состоять из двух частиц – протона и электрона; и эти частицы якобы являются «носителями» (обладателями) двух принципиально разных «видов» заряда – «положительного» и «отрицательного». Первый был <u>приписан</u> протону, второй – электрону. Ибо на практике дело (по-видимому) обстояло так, что два одинаковых по «величине» «заряда»  либо притягиваются, либо отталкиваются с одной и той же силой, величина которой равна

$$F = k\frac{q_1 \cdot q_2}{r^2}$$

При этом  $k$ – некоторый «коэффициент взаимодействия», «размерный коэффициент», призванный привести в соответствие размерность левой и правой частей уравнения; физическая сущность коэффициента $k$ неизвестна.

> Кстати сказать, никакого особенного смысла в приписывании протону именно «положительного» заряда не было. Вполне можно было бы поступить и наоборот.

Причем, что интересно – «одноименные» частицы отталкиваются, а «разноименные» притягиваются. Почему – неизвестно и по сей день.

## Притяжение и отталкивание

Из опыта нам известны три случая взаимодействия между частицами:

1. Электрон – электрон
2. Протон – протон
3. Протон – электрон

В двух первых случаях тела (частицы) отталкиваются, в третьем – притягиваются. Протону было приписано «свойство» иметь «заряд» «положительного знака», а электрону – «свойство» иметь «заряд» «отрицательного знака.

Экспериментально было установлено, что масса электрона почти в 2000 раз (точнее – в 1836 раз) меньше, чем масса протона. Судя по литературе, причина столь странного соотношения масс до сих пор понятна далеко не всем. (В главе 5 «Атом» было показано, что причиной такого соотношения масс является равенство кинетических моментов вращения протона и «электронного облачка», что совершенно необходимо для устойчивости атома.)

Считалось также, что протон по размерам существенно больше электрона. Такое представление возникло как бы само собой из «резерфордовской» модели атома, в которой электрон вращался вокруг протона. Ясное дело, вращаться могла бы только гораздо более мелкая по размерам и массе частица. В дальнейшем это представление уже никто не пересматривал. (В нашей теории модель Резерфорда не используется).

Очень важно постоянно иметь в виду, что минимальный «положительный заряд» считается равным минимальному «отрицательному заряду». Это отражает и формула Закона Кулона – при изменении знака у заряда меняется только направление СИЛЫ, но не меняется ее величина. (Однако впоследствии кое-кто стал в этом сомневаться. Более точные эксперименты показали, что сила притяжения несколько отличается по величине от силы отталкивания. Но не намного [Л.1])

**Возьмем два электрона. По неизвестным нам пока причинам, они отталкиваются друг от друга.**

Теперь заменим один из этих двух электронов протоном. Эти две частички будут притягиваться. Почему? Что изменилось? Протон, как говорят, существенно больше и массивнее. Может быть, дело в величине и массе? Нет, отвечают нам. В формулу

Кулона масса не входит. Да, электрон почти в 2000 раз меньше протона по массе. Но если мы возьмем 2000 электронов, сумма масс которых равна массе протона, то они не перестанут притягиваться к протону. То есть масса значения не имеет. Размер – тоже. Вращение? Похоже, нет. Имеет значение «ЗАРЯД» – некая неизвестная <u>физическая сущность</u>, которая вызывает СИЛУ (притяжения или отталкивания). Никакой известный физический параметр, характеризующий **состояние (!!!) тела** (частицы) не имеет никакого отношения к понятию «заряд», и никак не влияет на его «величину» (то есть на «способность, свойство» притягиваться и отталкиваться от другой подобной частицы).

Почему?

Современная наука ответа на этот вопрос не дает. Положение в науке по этому вопросу описано в статьях Шаляпина [Л.2]. А тем, кто слишком интересуется, тычут в нос математические уравнения, которые, не спорю, может быть и отражают формально **взаимодействие** между частицами, но от этого ничуть не становится яснее, <u>почему</u> происходит это взаимодействие? А что касается самого вопроса "ПОЧЕМУ", то некоторые (с подачи, между прочим, самого Эрнста Маха) даже отвечают, что наука, по их мнению, и не должна этим интересоваться…

Но мы все же попробуем хоть как-то прояснить ситуацию…

Нам кажется логичным предположить, что дело тут обстоит в точности, как в случае с гравитацией. Гравитацию вызывает не тело и не его состояние; **гравитацию вызывает среда**, в которой находятся тела. В случае гравитации такой средой является «гравитонный газ». В случае электрических явлений такой средой является «преонный газ».

Прежде всего (и это тоже входит в нашу ПАРАДИГМУ) обратим внимание на то, что эффекты притяжения и отталкивания должны вызываться **ЕДИНОЙ ПРИЧИНОЙ**. Ибо трудно предположить (хотя, конечно, все возможно), что какие-то существенно различные явления приводят к ситуации, когда у принципиально разных тел существуют в точности совпадающие по величине «заряды» и диаметрально противоположные «знаки» этих «зарядов». Что-то у этих тел должно быть «общее»…

Как следует из Первой части этой книги, тела могут «притягиваться» (а на самом деле – «приталкиваться») друг к другу в результате воздействия на них частиц окружающей среды ПРИ УСЛОВИИ, что длина свободного пробега частиц этой среды больше, чем расстояние, на котором находятся эти тела. Таким образом, строго говоря, эти тела НЕ взаимодействуют между собой сами по себе, это неадекватный термин в данном случае. Они взаимо-действуют «по-видимому», но не «по существу».

Отталкиваться же в подобных условиях тела, вроде бы, вообще не могут.

В конце концов, наука об электричестве обошла эту проблему таким образом:

«Понятием «Электрическое поле» мы обозначаем **пространство**, в котором проявляются действия электрического заряда..."

Ландсберг (т.2, 1971, стр.42)

«Заметим, что в начале изучения электричества часто возникает стремление «объяснить» электрическое поле, то есть свести его к каким-либо иным, уже изученным явлениям, подобно тому, как тепловые явления мы сводим к беспорядочному движению атомов и молекул. Однако многочисленные попытки подобного рода в области электричества неизменно оканчивались неудачей. Поэтому мы считаем, что электрическое поле есть **самостоятельная физическая реальность**, не сводящаяся ни к тепловым, ни к механическим явлениям. Электрические явления представляют собой новый класс явлений природы, с которыми мы знакомимся на опыте, и дальнейшая наша задача должна состоять в изучении электрического поля и его законов».

Там же, стр.43.

Иными словами, многие поумнее вас, тут искали, и ничего не нашли...

Сделаем вид, будто мы этого учебника никогда в глаза не видели, и попробуем все же объяснить эти явления, используя развитые нами ранее представления о существовании гравитонов и преонов. Однако, для полного объяснения столь, казалось бы, «простого» явления, как притяжение и отталкивание электростатических «зарядов» (настолько «простого», что объяснять причины этих явлений не считают нужным ни в средней школе, ни в высшей), приходится привлекать понятия из физики атома. Но не из общепринятых сегодня в науке представлений о строении атома, а уже из представлений нашей, «гравитонной» теории.

Вот почему в начале Второй части этой книги мы были вынуждены рассмотреть общие вопросы атомной физики, и только потом взяться за электричество. Исторически же в науке получилось как раз наоборот. И поэтому атомной физике было навязано «атомистическое, демокритовское» представление о протонах и электронах как о неделимых частицах, из которых якобы состоят атомы (отсюда как раз и возникают «планетарные» и др. модели атомов), где одни частички якобы вращаются вокруг других и «нейтрализуют» «разноименные заряды» друг друга.

И первое, что от нас требуется, – это объяснить явления электростатики с точки зрения ранее развитых представлений о существовании преонного и гравитонного газов.

Не анализируя причин тех или иных взглядов других авторов (поскольку в данном случае мы явно не «стоим на плечах гигантов»), рассмотрим сразу адекватную (с нашей точки зрения) модель.

\*

Прежде всего, мы должны не забывать, что, в соответствии с ранее описанной моделью гравитации, отдельные преоны преонного газа неспособны проникнуть внутрь протонов – у них для этого недостаточно мал размер и недостаточно велика скорость. А учитывая различие в массах на много порядков, преоны, по-видимому, **должны отражаться** от протонов как горох от массивного шарика.

С электронами дело обстоит несколько сложнее. Два преона при столкновении могут, видимо, разлетаться в разные стороны («упругий удар», никаких потерь энергии нет). Но, если движущийся преон наталкивается на сравнительно плотную группу таких же преонов, то столкновение происходит аналогично столкновению существенно разных масс (как это описано в первой книге). В случае столкновения преона с электроном одиночный преон передает большой массе электрона часть своего кинетического момента, и отражается от нее с несколько меньшей скоростью.

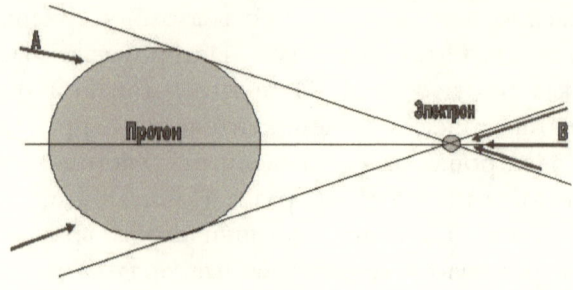

Рис.1

(Напомним, что в нашей модели свободный электрон представляется в виде тороидального образования, подобного протону, но меньших размеров.)

Аналогично тому, как это происходит при гравитационных явлениях, за протоном (вблизи него, на расстоянии свободного пробега преонов) образуется «преонная тень». Находясь в этой тени, электрон испытывает преимущественное давление с одной (внешней по отношению к протону) стороны (стрелки «В» на рис.1).

Разность этих давлений и создает силу притяжения (а на самом деле – приталкивания) электрона к протону.

Сходным образом «преонная тень» образуется и вблизи свободного электрона. Размеры этой тени, понятно, прямо зависят от размеров электрона.

Но в настоящее время принято представлять протон и электрон в виде точечных образований. Имеет ли это принципиальное значение? Да, имеет.

**Среда может создавать только приталкивание из-за образующейся тени.** Отталкивание может возникать либо в результате неких особых свойств поверхностей частиц (что требует введения специальных дополнительных предположений, а этого мы стараемся избегать), либо в результате излучения элементарными частицами каких-то гораздо более мелких частиц. Именно это в литературе называется потоком или излучением Ритца (он был первым, кто предположил существование такого потока). Вот на это последнее и стоит обратить внимание.

Но, если мы ограничиваемся «точечным» представлением об элементарных частицах, то ни о какой «тени» и помыслить невозможно.

В главе о строении атома мы на первых порах уже использовали представление о таком излучении. Там было показано, что множество явлений можно объяснить, если принять, что протон представляет собой тороидальный вихрь преонов, окружная скорость которых на поверхности тора примерно равна скорости света.

Удерживается такой тор в стабильном состоянии гравитонной бомбардировкой.

Рис.2

С одной стороны вращающегося тора изолированного протона (рис.2, рис.3) образуется воронка, попадая в которую преоны, приходящие из пространства, выбрасываются с противоположной стороны в виде узкого пучка (преонов). При этом им, по большей части, даже не нужно изменять свою линейную скорость. **Они всего лишь направляются воронкой в определенном направлении.**

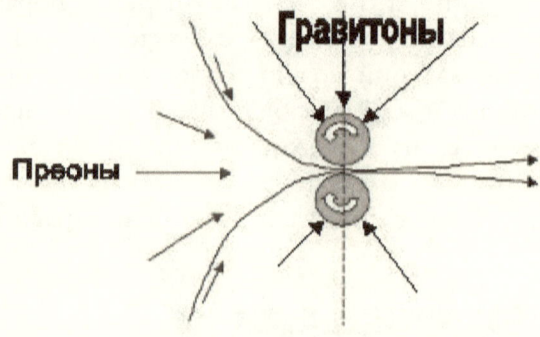

Рис. 3.

Ось такого тора (рис.4) быстро меняет свое положение в пространстве, так что выходящий из тора луч преонов также быстро меняет свое направление (как бы сканирует по пространству). В среднем преоны, входящие в воронку слева, рассеиваются затем по пространству с правой стороны столь же хаотически. Но, если на пути луча попадается какая-то частичка (электрон или протон), она получает кратковременный импульс от попавших на нее преонов.

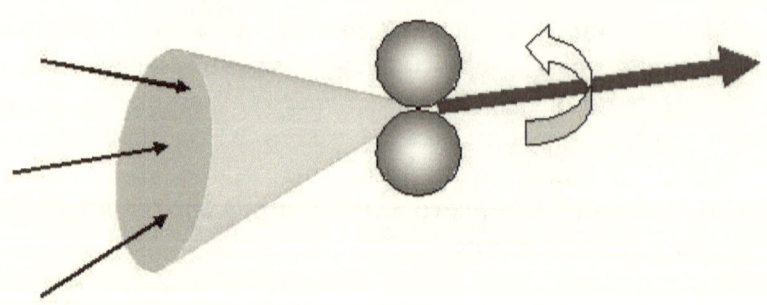

Рис. 4.

Поскольку электрон также имеет тороидальную форму (а, будучи вихрем, он вряд ли может иметь другую форму, да и условия его возникновения при выходе из атома тому способствуют – см. ниже), то он, как и протон, выбрасывает из выходной горловины своего тора поток преонов, которые попали во входную горловину его тора из окружающего пространства. При любых размерах тора в правой части от вертикальной пунктирной линии на рис.3 на всей длине свободного пробега (!) существует направленный от излучающей частицы поток преонов, плотность которого (естественным образом) уменьшается пропорционально квадрату расстояния.

Явление «всасывания преонов» это имеет ту же природу, что и используемая врачами полированная воронка для исследования ушных каналов, направляющая рассеянный внешний свет внутрь уха. Наглядной моделью выброса преонов из тора является всем известный бытовой вентилятор с периодическим изменением направления потока в горизонтальной плоскости. Если вы попробуете уловить поток воздуха извне к вентилятору с его задней стороны, то сможете убедиться в слабости этого потока.

## Относительные параметры протона, электрона и преона

В гл.5 этой части книги не была рассмотрена «конструкция» свободного электрона. Был описан лишь в общих чертах процесс вылета электрона из атома при поглощении атомом фотона. При этом «внутриатомный» электрон представлялся иглоидальным облачком преонов, и был совсем не похож на классическое представление о нем в виде точечной (!?) «заряженной чем-то» массы.

Когда такое облачко преонов оказывается вне атома и выходит из-под воздействия гравитонной тени тора протона, оно также превращается в тороидальный вихрь (сам механизм выброса электронного облачка из атома формирует этот вихрь). Этот вихрь (его форма) также удерживается гравитонной бомбардировкой (ничем другим он удерживаться не может).

Между прочим, из этого следует, что в процессе образования электронов в природе «первичным» элементом является протон, который захватывает преоны из окружающего пространства, формирует электрон внутри атома, и только потом уже при некоторых условиях выбрасывает преоны внутриатомного электрона в окружающую протон область, в результате чего может образоваться свободный электрон.

Представление об очень малом размере электрона возникло, во-первых (и прежде всего), из планетарной модели атома (от которой потом вскоре отказались!) – ведь электрон должен был вращаться вокруг протона как отдельная самостоятельная частичка! Далее, если электрон почти в 2000 раз менее массивен, чем протон, так почему он не может быть меньше протона? В конце концов, развитая на основе модели Резерфорда-Бора квантовая механика стала считать элементарные частицы точечными объектами!

В нашей модели подобных ограничений нет. Зато есть другое ограничение – размер частички определяется потоком внешней (по отношению к ней) гравитонной бомбардировки.

В рамках нашей гипотезы появляются дополнительные соображения, наводящие на мысль, что размеры электрона могут превышать общепринятые в настоящее время величины. Из простейшей логики вроде бы следует, что если протон и электрон состоят из одинаковых частиц (преонов), то электрон по своим размерам должен быть как минимум в 10 раз меньше по диаметру (и более чем в 1000 раз меньше по объему!), чем протон.

## Причина притяжения и отталкивания «элементарных» частиц

Обычно электроны образуются путем «выбивания» электронного облачка из атома. В атоме облачко образуется в результате постепенного «высасывания» преонов из окружающего пространства протоном.

Рассмотрим три ситуации:

а) Протон-протон (рис. 5). Протоны отталкиваются «потоком Ритца» (поток преонов, вылетающих из тороидального протона или электрона). Если бы протоны были «шариками», то они должны были бы слиться под давлением преонного газа. Но они – торы. На рис. 5 они показаны шариками лишь условно (можно считать, что это «вид сбоку»).

Поток P2 приталкивает протоны из-за наличия преонной тени от левого протона. Поток P1 (поток Ритца) отталкивает протоны.

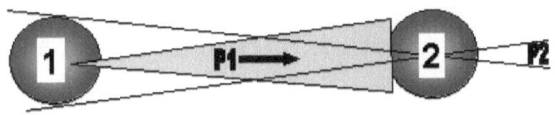

Рис. 5

Если поток слева (от P1) превышает поток справа (P2), то, очевидно, должно происходить отталкивание протонов.

б) Электрон – электрон (Рис. 6)
Та же картина. Взаимное отталкивание.

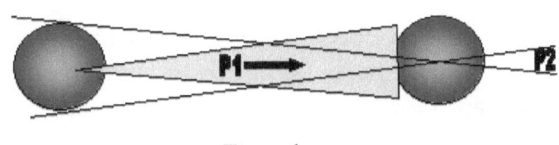

Рис. 6

в) Но вот взаимодействие протона и электрона – иное. Они приталкиваются. ПОЧЕМУ?

Любой поток преонов от протона неспособен пробить ни протон, ни его «оболочку», даже если таковая имеется. Поэтому протоны отталкиваются от протонов, а электроны – от электронов.

Электрон также представляет собой преонный вихрь, но количество преонов в нем почти в 2000 раз меньше, чем в протоне. Причем, согласно учебникам, сила отталкивания двух электронов равна силе притяжения электрона к протону!

## ЗАРЯД

**«Заряд» – это явление истечения преонного потока из тороидальной частицы.** Такой поток вызывает только отталкивание! Ибо это ПОТОК преонов. Именно это явление следовало бы называть «отрицательным электричеством». А приталкивание (притяжение) разных объектов вызывается преонным газом, распределенным по пространству! И зависит оно как от площади поперечного сечения (ППС) объекта, образующего «преонную» тень (при условии его непрозрачности), так и от ППС объекта, на который воздействуют «преоны тени».

Эффективное приталкивание имеет место только к ПРОТОНУ. Оно возникает вследствие давления преонов на приталкиваемый объект со стороны «преонной тени» объекта, к которому происходит приталкивание (аналогично явлению гравитации, но в преонном газе). И это явление следовало бы называть «положительным электричеством» или «зарядом», хотя на самом деле никакого «заряда» тут нет, поскольку нет излучаемого потока.

Преонная тень создается не только протонами, но и электронами, но она имеет существенно меньшие размеры из-за малых размеров самого электрона.

*

Здесь мы временно «пойдем на попятную», и представим себе распределение сил в пространстве в виде привычного «поля». В каждой точке близлежащего (к протону) пространства на любой объект будет действовать СИЛА приталкивания со стороны преонного газа, направленная к формирователю «тени» (протону №1 на рис.5), и сила отталкивания со стороны потока преонов, излучаемого протоном №1.

Если бы на месте протона №2 был электрон, то в силу его малости основной поток преонов от протона №1 проходил бы мимо него, и этот электрон испытывал бы только силу приталкивания к протону №1.

В соответствии с принципом, считающимся основным и даже доказанным в электростатике, сила отталкивания и сила притяжения зарядов одной величины должны быть (считаются) равными.

И если теперь мы электрон заменим протоном №2, этот протон должен отталкиваться от протона №1 с той же силой, с которой приталкивался электрон.

При этом на электрон действовали только «преоны тени», а на протон №2 действует определенная часть «потока Ритца».

Это существенно разные потоки.

***

Пусть мы имеем два «незаряженных» объекта типа протона (но не протоны), расположенные на определенном расстоянии друг от друга. Тогда каждый из них окажется в «преонной тени» другого, и возникнет сила приталкивания со стороны преонного газа. Эта сила (в отличие от случая гравитации) пропорциональна не массе объектов, а их ППС – площади поперечного сечения (ибо преоны внутрь объектов не проникают). Обозначим эту силу как (F+) («сила притяжения»).

> Кстати сказать, это вовсе не вымышленная ситуация; именно это происходит на практике в так называемом эффекте Казимира.

Заменим теперь наши «нейтроны» протонами, излучающими «поток Ритца», поток преонов. Эти потоки также действуют на наши протоны, только в обратную сторону, они их отталкивают, расталкивают. При равенстве потоков приталкивания и отталкивания наши протоны будут оставаться в покое. Для того, чтобы они отталкивались с той же силой, с которой их вначале (при нейтральности) приталкивали преоны преонного газа, необходимо, чтобы воздействие потока Ритца от каждого протона вдвое превышало бы внешнее давление со стороны преонного газа.

Рис. 6 (повторение)

То есть, иными словами, давление потока излучения протона (F-) должно быть вдвое больше силы притяжения (F+).

\*

Прежде чем сделать следующий шаг, примем во внимание соотношение масс протона и электрона (для простоты – примерно в 2000 раз). Кроме того, допустим, что плотности протона и электрона одинаковые. Это весьма вероятно, так как и протон и электрон формируются из одинаковых частичек (преонов) благодаря давлению гравитонов со всех сторон.

В свою очередь, это означает, что при одном и том же «преонном материале», из которого состоят протоны и электроны, диаметр электрона должен быть более чем в 10 раз меньше диаметра протона. При этом площадь поперечного сечения (ППС) (свободного) электрона будет примерно в 100 раз меньше ППС протона.

## ПРОМЕЖУТОЧНЫЕ ВЫВОДЫ

Теперь мы можем попытаться сформулировать общие положения «физической электростатики»:

1. Притяжение происходит в результате приталкивания частиц преонным газом при попадании частиц в «преонную тень».

2. Отталкивание происходит в результате давления преонного потока (потока Ритца), излучаемого «заряженной частицей» (протоном или электроном – других не бывает).

3. «Положительный заряд» – это жаргонное название потока преонов, излучаемых протонами.

«Отрицательный заряд» – это жаргонное название потока преонов, излучаемых электронами.

Принципиальной и даже качественной разницы между этими потоками нет, разница – в величине потока и в источнике.

4. Притяжение протона и электрона – главная проблема классической электростатики. При этом в классике не принимается во внимание наличие преонной среды (только в эфирных теориях).

5. Отталкивание протонов происходит по схеме рис.5

Отталкивание электронов происходит по схеме рис.6

Отталкиваются и протоны и электроны (потоками Ритца). Приталкивается только электрон к протону (давлением преонного газа).

6. Таким образом «разные заряды» – нонсенс. Есть разные тела.

Положительных и отрицательных «зарядов» не бывает. Заряд это поток преонов, вылетающих из вертушек протона и электрона. А вот «поля» можно считать разными.

«Поле притяжения или поле приталкивания» – это поле сил, вызывающих сближение частиц, и эти силы возникают в результате экранировки телами потоков преонов в преонной среде.

**Примечание.** Притягиваться к «заряженным» телам могут даже «незаряженные» объекты. А вот отталкивания незаряженных никто не наблюдал!

### Попробуем теперь «свести концы с концами»...

Согласно приведенному выше простейшему расчету размер (диаметр) электрона может быть примерно в 10 раз меньше размера протона; соответственно в 100 раз меньше будет ППС электрона, и примерно в 1000 раз меньше – масса электрона.

Чтобы сработал «эффект тени», приталкивающий электрон к протону против давления потока преонов со стороны протона, нужно, чтобы размер электрона был существенно меньше размера протона, для того, чтобы поток Ритца от протона в основном шел мимо. Поэтому принимается вариант «электрон меньше протона»

Но вот тут возникает необходимость учесть дополнительные эффекты.

По аналогии с гравитацией можно было бы предположить, что сила давления со стороны преонного газа на частицу зависит только от размера излучающего протона №1. Потому что от этого зависит размер части сферы, от которой задерживаются преоны. Но все не так просто.... Оказывается, в этой модели участвует и размер электрона! Однако в классике найти решение невозможно, так как элементарные частицы полагаются не имеющими размеров (точечные).

Кроме того, протон вращается. Давление Ритца пропорционально средней величине потока, попадающего на выделенную поверхность. Но если поверхность (электрона) уменьшить в 10 раз, то среднее время присутствия потока на этой поверхности уменьшится в 100 раз. Да и сама поверхность, на которую давит преонный газ в сторону протона, стала меньше в 100 раз. Таким образом, давление потока Ритца на поверхность уменьшается пропорционально четвертой степени размера поверхности. А давление «преонной тени» уменьшается пропорционально квадрату. Таким образом, давление Ритца на электрон со стороны протона резко уменьшится, и электрон будет приталкиваться к протону.

И тут особый вопрос – с какой силой?

Здесь мы должны попробовать понять, что такое «сила, действующая на заряд». Ибо это абсурд. Никакая «сила» на «заряд» действовать не может, ибо заряд – не тело, не объект, это даже согласно Фейнману – ПОТОК (интеграл потока по сфере). Причем, согласно «теории», эта сила от массы заряженного тела не зависит. И это естественно, так как заряд, повторяем, это поток, это количество движения преонов.
Но если эта сила никак не зависит от массы, то как она измеряется?

По-сути это сила, создаваемая ПОТОКОМ, падающим на определенную площадку, то есть ДАВЛЕНИЕ. Она действительно не зависит от массы тела, отдельные части которого (элементарные частицы) создают этот ПОТОК. Но так или иначе, этот поток создается либо протоном, либо электроном – то есть частичками (телами), имеющими массу.

И тогда один и тот же поток (например от протона) будет оказывать разное воздействие на электрон и протон. А согласно «теории» и закону Кулона «сила» зависит только от заряда. Отсюда понятно, что поскольку Кулон ничего не знал о сути понятия заряд, то он и обо всем остальном знать не мог. Отсюда понятно и то, что пресловутый «коэффициент k» в формуле Кулона (о физической сути которого физики якобы ничего сказать не могут) как раз и превращает выражение $F/k$ в выражение для «ускорения».

Почему «ускорения»? Потому что силу в подобных случаях можно измерить (определить) только путем наблюдения за ускорением частиц в электрическом поле (конденсатора). И если исходить из равенства сил, действующих на электрон и протон, следует ожидать, что при разнице в массах в 2000 раз электрон должен ускоряться и отклоняться в поле в 2000 раз эффективнее протона. Практика это не подтверждает; а подтверждает она другое, что отклонение частицы пропорционально ее «удельному заряду», **то есть отношению q/m** (в соответствии с формулой $F=ma$).

Поэтому в **случае $R_э=0,1R_р$** давление потока Ритца от протона на электрон в 100 раз меньше давления потока Ритца на протон. А с учетом эффекта вращения источника потока это давление уменьшается еще в 100 раз (итого – в 10000 раз). И давление среды (со стороны «преонной тени») на электрон уменьшается в 100 раз из-за пропорционального сокращения ППС. Итого, суммарная сила давления на электрон со стороны протона уменьшается в 100 раз.

**То есть по мере уменьшения размеров электрона давление со стороны протона уменьшается быстрее, чем давление со стороны «преонной тени», которое пропорционально квадрату уменьшения диаметра частицы.**

Для «сведения концов с концами» (для уменьшения давления в 2000 раз, пропорционально разнице в массах) нужно принять, что диаметр электрона меньше диаметра протона в 45 раз. Соответственно, и поток преонов от «вертушки» электрона окажется в 45 раз меньшим, чем поток от вертушки протона.

В этом случае уже понятно, почему в электростатических расчетах нужно использовать понятие «удельный заряд».

Остается понять, почему сила потока, вылетающего из протона, превышает силу давления со стороны тени именно в два раза?

Нельзя исключить, что это определяется геометрией тороидальной вертушки. Но если бы даже эта сила была бы другой, это принципиально ничего бы не изменило в электростатике.

Сегодня мы не можем ответить на вопрос, почему одна сила именно в два раза больше другой (хотя ответ, возможно «лежит на поверхности»); это требует дополнительного изучения.

## Отношение заряда электрона к его массе

Откуда же берется постоянство отношения заряда к массе, если было выяснено с самого начала, что сила притяжения и отталкивания от массы не зависит?

В нашей модели это объясняется в главе 5 «Атом». Масса электрона В АТОМЕ (точнее – количество преонов на орбите электрона внутри атома) просто не может быть другой из условия устойчивости атома, устойчивости системы «протон-электрон». Не может быть «другого» соотношения между зарядом и массой; эта формулировка вводит в заблуждение. Кинетический момент вращения протона должен быть равен кинетическому моменту вращения преонного (электронного) облака в атоме, иначе внутриатомная система «протон-электрон» развалится. То есть масса вылетающего из атома электрона не может быть иной, чем она (вначале) обеспечивается балансом кинетических моментов протона и электрона внутри атома. А уже от этого зависит и размер «вертушки» освобожденного из атома электрона и, соответственно, преонный поток, излучаемый электроном, то есть его «заряд».

И теперь становится понятным, при каких условиях «заряд» электрона можно принять за «единичный». Электрон – вихрь, и он излучает то, что может всосать в себя снаружи. «Дробный заряд» (то есть поток другой плотности, вылетающий из протона) мог бы появиться только в результате попадания электрона в среду с другой плотностью преонов и гравитонов. И такие области пространства встречаются повсеместно. И даже в простом конденсаторе, в котором производилось «взвешивание» электрона, плотность преонов была какой-то определенной.

Сама постановка вопроса о возможности «дробного заряда» свидетельствует об отсутствии понимания вышеописанных процессов в атоме.

Почему же заряд электрона однозначно и с высокой точностью связан с его массой? Значит, он вовсе не все может в себя «всосать»?

Конечно! Он может в себя всосать и выбросить ровно столько преонов, сколько обеспечивает его вращающаяся механическая «сущность». А преонов в нем ровно столько, сколько может крутить протон в атоме (делает он это с помощью все тех же гравитонов).

Заряд проявляет свой знак только при взаимодействии с другими объектами – протонами или электронами. **Притягиваются и отталкиваются не «заряды» (по Кулону), а объекты (протоны и электроны), которые излучают потоки преонов (потоки Ритца).**

## Дополнительные соображения о параметрах преонов

Ниже приведены дополнительные соображения о предполагаемых размерах преонов. Эти размеры будут в дальнейшем уточнены с учетом известных фактов взаимодействия протонов и электронов.

В первой части книги нами была проведена оценка параметров преонов.

Таблица 1

| Нано-частица | Масса г | Размер см | Скорость см/сек | Концентрация в свободном пространстве ед/см$^3$ | К-во в протоне (шт.) |
|---|---|---|---|---|---|
| Преон | $1.10^{-37}$ -$1.10^{-38}$ | $1.10^{-17}$ - $1.10^{-18}$ | $3.10^{10}$ | $1.10^{31}$ | $1.10^{14}$ - $1.10^{15}$ |

Ранее мы приняли размер преона равным ~$1.10^{-18}$ см в соответствии с рекомендациями и шкалой Сухоноса [Л.3]. Потом, из совершенно иных соображений, мы получили приблизительное число преонов в фотоне равное $1.10^6$.

Энергия, небходимая фотону для того, чтобы «выбить» электрон с устойчивой орбиты атома водорода, соответствует частоте УФ-фотона

$$f=\nu=0,066.10^{17}=6,6.10^{15} \text{ Гц}$$

откуда

$$E=h\nu=6,626.10^{-34} \text{ (Дж.сек)} \cdot 6,6.10^{15} \text{ (Гц)} = 43,7.10^{-19} \text{ Дж} =$$
$$=\sim 4.10^{-18} \text{Дж} = 4.10^{-11} \text{ г.см}^2/\text{сек}^2$$
$$(1 \text{ Дж}=10^7 \text{ г.см}^2/\text{с}^2)$$

(Для фотона зеленого света $f=6.10^{14}$ Гц энергия окажется вдесятеро меньше).

Но фотон состоит из примерно миллиона преонов. Значит энергия одного преона

$$E_p= 4.10^{-11} \text{ [г.см}^2.\text{сек}^{-2}] : 10^6 =\sim 4.10^{-18} \text{ г.см}^2.\text{сек}^{-2}$$

Поскольку $E=mv^2=mc^2$, то масса преона равна его энергии $4.10^{-18}$ г.см$^2$.сек$^{-2}$ деленной на $C^2=1.10^{21}$, то есть равна примерно $4.10^{-39}$ г или $0,5.10^{-38}$ г.

Собственно, в этом нет ничего удивительного. Это именно почти на 15 порядков меньше массы протона $1,6.10^{-24}$ г.

Значит, преонов в протоне вполне может быть $1.10^{15}$ штук. Если размер преона на 5 порядков меньше размера протона, то при равной плотности (если считать, что протон состоит именно из преонов, а как иначе?) объем преона тоже будет на 15 порядков меньше, как и масса.

Поэтому масса $1.10^{-34}$ в таблице 3 Приложения к главе 1 сомнительна, и только она сомнительна.

Масса преона, повидимому, примерно равна ~$4.10^{-39}$ г (с точностью до порядка, конечно). Ранее было получено $1.10^{-38}$ г.

Итак,

Таблица 2

| Масса преона г | Размер преона см | Скорость преона см/сек | Концентрация в свободном пространстве ед/см$^3$ | К-во в протоне шт | К-во в электроне шт |
|---|---|---|---|---|---|
| $4.10^{-39}$ | $1.10^{-17}$ - | $3.10^{10}$ | $1.10^{31}$ | $1.10^{15}$ | $1.10^{12}$ |

| | $1.10^{-18}$ | | | | |
|---|---|---|---|---|---|

При массе электрона $m_e = 9,1.10^{-28}$г $= \sim 1.10^{-27}$ г количество «электронов» в протоне $2.10^3$ штук.

Количество преонов в электроне около $1.10^{12}$.

Количество преонов в протоне $2.10^{15}$.

Количество преонов в фотоне $1.10^6 - 1.10^7$.

В соответствии с [Л.20] радиус протона

$$R = 8,73.10^{-16} \text{ м} = 10.10^{-16} \text{ м} = 10.10^{-14} \text{ см} = 1.10^{-13} \text{ см}.$$

Масса протона примерно в 2000 раз больше массы электрона, и, соответственно, в нем около $10^{15}$ преонов. А его поверхность

$$S_{\text{прот}} = 4\pi R^2 = 12.10^{-26} \text{ см}^2 = 1.10^{-25} \text{ см}^2.$$

При площади преона порядка $1.10^{-36}$ см$^2$ на поверхности протона уложится $1.10^{11}$ преонов, и еще внутри $10^4$ слоев (все расчеты приблизительные).

## Рождение электрона

Когда электрон находится внутри атома, его преоны распределены по радиусу «боровской орбиты» размером $\sim 5 \cdot 10^{-9}$ см, и занимают весь объем атома. Эти преоны никакого существенного сопротивления линейному потоку внешних по отношению к атому преонов не оказывают, и с преонами потока практически не взаимодействуют. Облако преонов электрона начинает СЖИМАТЬСЯ только после отрыва от протонной вертушки атома, и только после этого оно может создать (и создает) препятствие для внешнего преонного потока (если это происходит внутри «токонесущего» проводника).

Преоны, подлетая к «апоядрию», к границе атома, расходятся веером. И, если они выдавлены из зоны притяжения протона, они не летят обратно к нему, а остаются снаружи границы атома, имея при этом свои боковые (окружные) скорости. Наиболее удаленная часть облачка сравнительно неподвижна, и на очень небольшое время может даже «играть роль» маленького ядрышка, создающего гравитонную тень. Все боковые преоны облачка образуют тор, поскольку расходятся веером (как вершина фонтана). Вполне возможно, что ядрышко «играет свою роль» только на начальном этапе формирования электрона. Для возникновения эффектов притяжения и отталкивания ядрышко электрона не нужно. Вопрос только в том, сколько нужно времени на формирование самого электрона вне атома.

Температурные (свободные) электроны вылетают из атома (вытесняются) в виде облачка, а у них средняя скорость преонов равна (1/137)С («де-бройлевская модель атома»). Это облачко имеет, видимо,  в общем случае форму тороида, потому что формируется из самой верхней части «орбиты» электронного облачка атома («апоядрие»).

При этом выброшенный из атома («тепловой»)  электрон не сразу приобретает свои конечные размеры, и на первом этапе своего образования он некоторое время может быть даже больше протона. (Это может иметь значение для понимания явления «электро-магнетизма». )

## Немного обычной механики...

Кинетический момент тора равен приблизительно $J\omega^2$. Но кинетический момент кольца J пропорционален $R^2$. И если кинетический момент сохраняется, то с уменьшением радиуса угловая и окружная скорость (и скорость всех частиц в облачке) должна возрастать во столько же раз?

Действительно, ведь длина окружности пропорциональна радиусу, и при вдвое меньшем радиусе и той же кинетической энергии, скорость должна возрасти в 2 раза.

Средние скорости преонов электрона внутри атома и вне его отличаются в 137 раз.

Чтобы скорость увеличилась в 137 раз, нужно уменьшить радиус в 137 раз.

Радиус боровской орбиты для скорости (1/137)С=0,0072С равен приблизительно $5,292 \cdot 10^{-9}$ см.

Радиус эквивалентной сферы при световой скорости преонов составляет соответственно $0,038.10^{-9}$ см $= \sim 4.10^{-11}$ см, то есть примерно в 400 раз больше протона!

Однако следует иметь в виду, что в нашем случае процесс сжатия, хотя и сопровождается увеличением линейной скорости частиц, происходит не совсем так, как изменяется кинетический момент при уменьшении радиуса вращающегося твердого тела. Это **сжатие происходит под влиянием внешней силы, под влиянием гравитонного давления.**

В момент отрыва «электронного облачка» от (из) атома в нем содержится приблизительно $1.10^{12}$ преонов (в предположении, что протон содержит $1.10^{15}$ преонов). Среднюю величину импульса, получаемую преоном от протона на боровской орбите, можно приблизительно рассчитать. Пока можно только предполагать, что импульс, получаемый каждым преоном перед отрывом, больше необходимого для нахождения преона на боровской орбите вне атома, иначе размер орбиты оставался бы де-бройлевским.

(Здесь мы оставляем в стороне интересное явление ускорения выброса электрона из атома вследствие уменьшения нагрузки на вертушку протона. Но об этом – в томе 4 этой книги.)

По мере сжатия облачка экранировка гравитонов со стороны возникающей тени новорожденного электрона возрастает, и процесс ускоряется. Облачко сжимается до размеров протона и продолжает сжиматься дальше.

В установившемся режиме окружная скорость преонов на поверхности частицы (протона или электрона) приблизительно равна скорости света. Это прямо следует из экспериментов. Радиус может продолжать уменьшаться, но окружная скорость не может стать больше скорости света, иначе преоны начнут покидать частицу.

> Это легко понять и из самого факта существования протона (описано в главе «Атом») – частица на поверхности, двигающаяся со скоростью света, получает именно столько импульсов от гравитонного газа, чтобы двигаться по круговой орбите с радиусом, равным радиусу протона.

Гравитонное давление на единицу поверхности приблизительно соответствует общему количеству преонов в объеме протона. В данное время нам не известна степень прозрачности одного преонного слоя для гравитонов. Однако сама возможность существования протона говорит о том, что при данной степени экранировки ($1.10^{15}$) результирующая плотность внешней гравитонной бомбардировки достаточна для удержания как минимум $1.10^4$ слоев преонов.

В первом приближении можно считать, что преоны в протоне упакованы максимально плотно (хотя возможно, что в действительности это и не так). Эта «упаковка» поддерживается давлением гравитонов, равным разности потоков с разных сторон протона. Чему равна эта разность на данный момент неизвестно, но протон, очевидно, существует достаточно долгое время (по оценкам – $1.10^9$ лет!) То есть этого разностного давления достаточно для того, чтобы протон не разлетелся при своем вращении (со скоростью света).

Из этого также следует, что достаточно толстый преонный слой может создать экранирование гравитонов, приблизительно соответствующее ситуации даже внутри электрона.

---

1 Дж = 1 кг·м²/с² = 1 Н·м = 1 Вт·с.

1 электронвольт = $1.60217657 \times 10^{-19}$ Дж.

Таким образом, электрон на боровской орбите, имеющий скорость 1/137 скорости света, имеет $V^2=(3.10^8)^2 :137^2 =(3.10^8)^2:2.10^4 =4,5.10^{12}$ и массу $m_e = 9.10938291.10^{-31}$ кг, а его кинетическая энергия равна $E=mV^2=10^{-30} * (3.10^8)^2 :137^2 = 10^{-30} \ 10^{17} : 18770 =$
$=10^{-13}.5.10^{-5} = 5.10^{-18}$ Дж $=\sim 10^{-30}.4,5.10^{12}=4,5.10^{-18}$ Дж

Для выбивания электрона нужно 13,5 эВ $=21,6.10^{-19}$ Дж $=2.10^{-18}$ Дж.

То есть энергии эти почти равны, и это значит, что после выбивания электрон еще имеет около $2.10^{-18}$ Дж, то есть среднюю скорость своих преонов несколько бóльшую, чем полторы боровских.

---

Тут есть один пикантный момент. Радиус боровской орбиты рассчитан Де-Бройлем из простого соображения, что вдоль нее якобы должен укладываться один период частоты фотона, необходимого для выбивания электрона (или, наоборот, частоты излучения, возникающего при переходе на эту орбиту).

Но после главы «Атом» нам уже сейчас должно быть ясно, что номинал этой частоты не имеет никакого отношения к энергии излучения. Сама боровская модель неадекватна. Частота здесь «с боку-припёку». Она, действительно, связана с энергией, но весьма опосредованно и довольно сложным образом.

Поэтому самое простое в нашем случае – это считать размеры «боровской» орбиты завышенными.

**Следует еще раз обратить внимание**, что никаких внутренних связей между преонами оторвавшегося облачка не существует. Поэтому неправомерно рассматривать процесс изменения скорости вращения и размеров облачка как вращение твердого тела с постоянным моментом инерции.

А вот внешняя причина, напротив, имеется. Каждый преон облачка находится в условиях, когда в непосредственной близости от него имеются другие преоны, в большей или меньшей степени создающие разность гравитонных потоков с разных сторон преона (экранировка). И, хотя в процессе сжатия может первое время принимать участие и преонная среда, но, видимо, основное воздействие оказывают все же гравитоны. Сжимающееся облачко преонов, выброшенное из атома, постепенно уменьшается до размеров протона и далее (см. выше, стр.190) – до 0,02 диаметра протона.) Длительность этого процесса, видимо, составляет не более нескольких миллисекунд. Это приблизительно соответствует времени существования свободного электрона в проводнике.

## Нейтрон

Нейтрон возникает внутри атома в условиях повышенной концентрации протонов в окружающем его небольшом пространстве, и там же «обрастает» слоем преонов. Выйдя из атома, он максимум через 15 минут превращается в протон и электрон.

Вполне возможно при этом, что нейтрон в атоме имеет преоны, вращающиеся с меньшими скоростями. Поэтому их может быть несколько больше, чем в протоне. В одной из моделей нейтрон представляет собой нечто вроде протона, покрытого тонким слоем преонов; масса этого слоя примерно равна массе электрона.

А вот почему нейтрон не взаимодействует ни с кем – это вопрос вопросов! Причем, почему он не отталкивает никого – это более-менее понятно, у него «вертушки» нет, или она закрыта «медленной» оболочкой будущего электрона. А вот почему к нему никто не приталкивается? И никто его не отталкивает?

Одно из возможных объяснений состоит в том, что нейтрон в «нейтронном» состоянии поглощает бо́льшую часть преонов из окружающего пространства, действуя наподобие «черной дыры»....

«Нейтрон не имеет заряда» – что это значит? А значит это, что (как было объяснено ранее) нейтрон в самом начале своего существования не излучает преонов, не создает поток Ритца. А начинается это излучение только после разделения нейтрона на протон и электрон. Кроме того, отсутствие заряда должно иметь следствием отсутствие отклонения нейтрона в электрическом поле.

А об этом пока ничего не известно. Тем не менее, стоит выяснить, имеет ли место приталкивание (притяжение) электрона и нейтрона.

Но в любом слчучае то обстоятельство, что нейтрон не проявляет никакого «заряда» (то есть не получает движения, находясь в потоке преонов) может говорить прежде всего о том, что он не отражает преоны, а каким-то образом **«пропускает их сквозь себя» (вокруг себя?).** Так может реализоваться «нейтральность» подобного объекта.

Кроме того, нейтрон может просто уменьшать количество задерживаемых им преонов. То есть притяжение к нему может иметь место, но быть заметно меньшим, чем обычное электростатическое.

Вопросы взаимодействия нейтрона с протоном и электроном требуют дальнейшей проработки и уточнения в рамках гравитонной гипотезы.

## Металлы и диэлектрики (Проводники и изоляторы)

Классическая теория электричества в начальной физике (так называемая «электронная теория») утверждает, что металлы отличаются от неметаллов (диэлектриков) тем, что в материале металлов содержатся свободные электроны в виде хаотического «электронного газа», одновременно являющиеся «зарядами», движение которых и называется электрическим током.

Однако более продвинутые курсы указывают на некоторые особенности этого процесса. Оказывается, что «свободный электрон» не все время своего существования находится вне атома. Наоборот, он бо́льшую часть времени находится внутри атома (как самый обычный электрон), и лишь иногда «выскакивает» из атома из-за колебаний ядра вследствие тепловых процессов (сейчас на это не отвлекаемся, см. т4), становясь «свободным». Выскакивает электрон на короткое время, оформляется в тороидальный вихрь, но в нормальных условиях сравнительно быстро возвращается обратно. При этом очень важно, что внутри атома он представляет собой облачко преонов, распределенное по сильно вытянутой орбите (примерно от $1 \cdot 10^{-9}$ до $1 \cdot 10^{-8}$ см).

Выходя же за пределы атома, это облачко превращается в сконцентрированное тороидальное образование, размеры которого, по нашим выше приведенным соображениям, составляют примерно $0,02 \cdot 10^{-13}$ см. В «нормальном» состоянии металла (проводника) электрон возвращается в атом через очень короткое время (доли миллисекунд).

Согласно классике, это происходит из-за «притяжения» «отрицательно заряженного» электрона «положительно заряженным» протоном; а согласно гравитонике это происходит вследствие приталкивания электрона к протону преонным газом.

Это исключительно важный момент, и он оказывает влияние на все остальные рассуждения и выводы.

### Справка из ВИКИПЕДИИ.

В настоящее время важнейшим признаком металлов признается отрицательный температурный коэффициент электрической проводимости, т.е. **понижение электрической проводимости с ростом температуры** [Л.19].

### С ростом температуры сопротивление увеличивается!

Согласно зонной теории, у металлов отсутствует «запрещенная зона» между валентной зоной и зоной проводимости. Иначе говоря, нет дополнительного расстояния, барьера между внутренней частью атома и внешней.

А у неметаллов такая зона есть, и поэтому тепловое движение ядер не вызывает отрыва оболочки внешнего электрона при нормальной температуре. Это может происходить при высоких температурах и специальном составе неметалла – таковы так называемые «керамические катоды» в некоторых вакуумных приборах.

### Далее – ВИКИПЕДИЯ...

Простые вещества-металлы обладают рядом характерных свойств:

- высокой тепло- и электропроводностью;
- повышенной способностью к пластической деформации;
- хорошей отражательной способностью (металлы непрозрачны и обладают специфическим, так называемым металлическим блеском);
- термоэлектронной эмиссией, т.е. способностью испускать электроны при нагреве;
- возрастанием электрического сопротивления с повышением температуры; (это довольно странное «свойство» мы обсудим далее при рассмотрении процессов, связанных с электрическим током в металлах).
- большое число металлов обладает сверхпроводимостью; у них при температуре, близкой к абсолютному нулю,

электросопротивление падает скачкообразно практически до нуля.

-все металлы, кроме ртути, при обычных условиях находятся в твёрдом состоянии.

**Классическая теория** утверждает, что сопротивление движению электронов (рассеяние электронов) возникает вследствие нарушения кристаллической решетки из-за теплового движения атомов, а также дефектов (вакансий, дислокаций, примесных атомов). **Мерой его является длина свободного пробега электрона.** При комнатной температуре она равна $\sim 1.10^{-6}$ см у металлов обычной чистоты и $\sim 1.10^{-2}$ см у высокочистых.

**Неметаллы** – химические элементы с типично неметаллическими свойствами, которые занимают правый верхний угол Периодической системы. Расположение их в главных подгруппах соответствующих периодов следующее:

| Группа | III | IV | V | VI | VII |
|---|---|---|---|---|---|
| 2-й период | B | C | N | O | F |
| 3-й период | | Si | P | S | Cl |
| 4-й период | | | As | Se | Br |
| 5-й период | | | | Te | I |
| 6-й период | | | | | At |

Неметаллы – это вещества, не обладающие ковкостью и металлическим блеском. Они плохо проводят электрический ток и теплоту. Электросопротивление их понижается с повышением температуры. (Видимо, с повышением температуры и увеличением амплитуды колебаний ядер появляется несколько больше свободных электронов).

Простые вещества-неметаллы при обычных условиях могут быть газами (водород, азот, фтор, кислород и др.) или твёрдыми веществами (бор, кремний, алмаз и др.). Один неметалл при обычных условиях – жидкость (бром).

Просто отметим, что при нормальных условиях только один из металлов является жидкостью, это ртуть.

## Электризация и ионизация

«Электризация» и «ионизация» – явления сугубо разные.

**Ионизация** – это превращение атома в «ион» в результате отрыва одного из внешних электронов оболочки. Реже имеет место «двойная» ионизация – отрыв двух электронов. Ионизация может происходить в разных условиях – в сильно нагретых газах в результате ударного взаимодействия молекул и атомов, а также при химических реакциях.

**Электризация** – явление совершенно иное; и, как выясняется ниже, не слишком-то изученное.... Вот что говорят учебники:

## ВИКИПЕДИЯ:

Электризация диэлектриков трением может возникнуть при соприкосновении двух разнородных веществ из-за различий атомных и молекулярных (из-за различия работы выхода электрона из материалов). При этом происходит перераспределение электронов (а в жидкостях и газах ещё и ионов) с образованием на соприкасающихся поверхностях электрических слоёв с равными знаками электрических зарядов. Фактически атомы и молекулы одного вещества, обладающие более сильным притяжением, отрывают электроны от другого вещества, создавая вихревое движение ионов среды, в которой они заключены [Л.17].

Простите, но в диэлектриках отсутствуют свободные электроны! Их невозможно оторвать простым соединением с другим материалом! Исходный материал не становится ионизированным!

### Вот это уже чуть ближе:

В классической электродинамике Максвелла рассматриваются взаимодействия заряженных тел, а не элементарных частиц; поэтому ее изучение разумно начать с выяснения причин появления заряда у макроскопических тел. Тела, как правило, электрически нейтральны, но они состоят из заряженных частиц; число протонов в ядрах атомов равно числу электронов. Тело может потерять или приобрести электроны, и тогда его заряд изменится: при недостатке электронов тело заряжается положительно, при избытке – отрицательно. Процесс сообщения телу электрического заряда называется электризацией.[Л.18]

Все было бы убедительным, если бы  эти тела не были диэлектриками, у атомов которых оторвать электроны крайне трудно, а присоединить к ним электроны вообще вряд ли возможно, потому что это изоляторы; в таких материалах просто нет свободных электронов.

**Кроме того, согласно гравитонике, тела электрически нейтральны потому, что они не состоят из заряженных частиц; электроны в составе атомов никакого «заряда» не проявляют и не содержат, они даже не являются сосредоточенными частицами.**

Далее... В школе учат (!), что тело можно наэлектризовать:

**Трением.** При натирании стекла бумагой или шёлком оно зарядится положительно (а бумага или шёлк отрицательно), эбонит или пластмасса зарядятся отрицательно при натирании шерстью или мехом (которые приобретут при этом положительный заряд).

**Прикосновением.** Если прикоснуться заряженным телом к незаряженному, то заряд разделится. У обоих тел будут заряды одного знака, сумма которых равна исходному. Чем больше тело, тем большая часть заряда на нём окажется, поэтому если соединить тело проводником с Землёй, фактически весь его заряд уйдёт в Землю (заземление).

**По индукции.** Если к незаряженному телу поднести заряженное, то вследствие взаимодействия зарядов они перераспределятся в незаряженном теле. Со стороны заряженного тела появится заряд противоположного знака, а с другой стороны - такого же, как и у заряженного тела.

Второй пункт – не вполне точен. Это относится только к металлическим телам. Дальше – больше...

Электризация трением известна уже не одно столетие, но это явление до сих пор полностью не объяснено. Общепризнано, что трение нужно только для обеспечения более тесного контакта поверхностей.

По крайней мере – честно...

Так как энергия связи электронов с телом у разных веществ различна, то они переходят с одного тела на другое, что и составляет суть явления электризации.... При разматывании больших рулонов бумаги в типографиях они также заряжаются, и может возникнуть разряд, поэтому рабочие вынуждены носить изолирующие резиновые перчатки [Л.17, Л.18].

Простите, можно узнать, где в этом последнем случае «второй материал»? То же самое можно наблюдать в очень сухую погоду при попытке разделения двух слипшихся газетных листов.

Обсуждение разных случаев электризации и ее причины является одной из любимых тем в учебниках; но от этого не становится более убедительным.

\*

Пролить некоторый свет на причину этого явления могут помочь созданные в последнее время «электреты». По крайней мере один из двух типов электретов – с поляризованными молекулами. (Второй тип электретов получается путем инжектирования в расплавленный материал внешних электронов с целью создания неподвижного их избытка. В последнем случае совершенно очевиден преонный характер возникновения явления – инжектированные электроны излучают преоны во все стороны, в том числе и в направлении поверхности.)

Технология изготовления электретов подтверждает эту догадку. «Гомо-технология» дает отрицательные заряды, «гетеро-технология» — положительные. В последнем случае, чем больше поле, тем сильнее растягиваются электронные орбиты, тем больше возможностей у протонов «выстреливать» преоны за пределы атомного пространства.

Но, конечно же, при электризации не происходит отрыва внешних электронов от атома (ибо как раз это и называется «ионизацией»), и, тем более, этого не происходит при нормальных температурах у изоляторов (иначе это было бы сродни ионизации). Чтобы вырвать электрон из металла, его нужно заставить совершить «работу выхода», для чего необходимо нагреть металл до очень высокой температуры (температура красного каления термокатодов в электронных приборах). Тем в большей мере это относится к диэлектрикам. Ни о каком переходе электронов со стеклянной палочки на бумагу при ее натирании речи быть не может. Но это как-то нужно объяснять школьнику? Вот и приходится головы морочить...

Откуда берутся свободные электроны как в самом диэлектрике, так и в непроводящей шерсти и пр. – «школьная наука» не считает нужным объяснять.

Похоже, что во время «натирания» происходит переход именно ПРЕОНОВ с изолятора на шерсть. К этому надо добавить, что сами шерсть и шелк не электризуются (не «заряжаются»). При этом также не существует «шерстяного» или «шелкового» электричества. «Знак» заряда, возникающего на металлическом шаре зависит от избытка или недостатка только преонов на «заряженной» палочке-изоляторе.

## Взаимодействие большого количества зарядов

Для дальнейшего надо понимать (помнить), что преоны имеются и распределены во всем окружающем нас ближайшем пространстве, проникая внутрь материальных тел (в космосе, возможно, ситуация несколько иная). Но движение их в этих телах различное. В металле они представляют собой наполняющий металл преонный газ, но (!) вследствие наличия границы «металл-воздух» («металл-изолятор») вылететь из металла преон просто так не может. Этому препятствуют протоны (ядра) атомов вещества. Выходя из металла, преон возвращается обратно «притяжением» атомов, расположенных вблизи этой поверхности.

В обычном случае свободные электроны в металле почти немедленно возвращаются к атомам, от которых они на короткое время отделились.

В диэлектриках картина совершенно иная. В диэлектриках вообще нет свободных электронов, они слишком сильно связаны с ядрами атомов. Как уже было сказано, в соответствии с «зонной теорией» существует барьер между предельным расстоянием «апоядрия» орбиты электрона и внешним (внеатомным) пространством. Электроны диэлектрика не могут преодолеть этот барьер при нормальных температурах.

Атомы металла в нормальных условиях периодически выбрасывают в тело металла на очень небольшое расстояние электроны, называемые «свободными». Происходит это в течение короткого времени, после чего электрон возвращается обратно в атом, и металлическое тело в среднем (!) выглядит «незаряженным».

В начале т.5 «Фейнмановских лекций по физике» Р.Фейнман обращает особое внимание на удивительный, по его мнению, факт сверх-сбалансированности положительных и отрицательных «зарядов» в окружающем нас мире. Однако объяснения этому факту не дает. А объяснение состоит в том, что электроны не существуют независимо сами по себе, а являются «продуктами деятельности» протонов, продуцирующих их в количестве, точно необходимом для существования нейтральных атомов.

Выброшенный из атома электрон излучает немодулированный поток преонов во всех направлениях, но одновременно испытывает и силу приталкивания к атому со стороны преонного газа.

Через короткое время электрон возвращается к протону, и оба они перестают излучать преоны во внешнюю (по отношению к атому) среду.

Классика утверждает, что если в металл внести дополнительное количество электронов, то они будут отталкиваться друг от друга, и при этом естественным образом располагаются по всей поверхности проводника. Но из вышеизложенного ясно, что с помощью простого натирания одного материала другим (да еще диэлектрика при этом) вряд ли возможно вырвать (оторвать) из материала свободные электроны. А вот некоторое количество свободных преонов оторвать можно – для этого не нужно совершать слишком большой работы.

Рассмотрим вначале металлы.

Прежде всего ясно, что классическое объяснение вряд ли соответствует действительности хотя бы потому, что диффузный процесс распределения электронов по поверхности (металлического шара, например) просто не может происходить практически мгновенно; известно, что свободные электроны в проводнике двигаются с весьма небольшой скоростью (около 0,01 см/сек). В рассматриваемом случае распределение электронов по металлу может происходить методом рекомбинации. Но выше мы уже поставили под сомнение сам механизм отрыва электронов от материала путем натирания.

С другой стороны, преонный газ как раз и может (и только он может) распространяться по металлу с околосветовой скоростью. Если в двух шарах по каким-то причинам имеется разное количество преонного газа, то при их соединении (непосредственно или металлическим проводником) они работают как сообщающиеся сосуды в жидкости, и общее давление преонного газа в них уравнивается. Это легко обнаружить с помощью электрометра или вольтметра.

Из табл. 3 следует, что при натирании стекла любым материалом, который стоит ниже по «списку Фарадея», стекло зарядится «положительно». Любой материал (предмет), который, согласно классике, при натирании другим материалом заряжается «отрицательно», накапливает на себе избыток преонов.

## Ряд Фарадея

| |
| --- |
| *Возрастание положительного заряда вверх по списку* |
| Стекло |
| Нейлон |
| Шерсть |
| Алюминий |
| Бумага |
| Сталь |
| Резина |
| Медь |
| Серебро |
| Полиэфирная синтетическая пластмасса; |
| Целлулоид |
| Полиуретан |
| Полипропилен |
| Поливинилхлорид |
| Кремний |
| Тефлон |
| *Возрастание отрицательного заряда вниз по списку* |

Если теперь дотронуться этим предметом до металлического шара, то произойдет «выравнивание потенциала» (а по-существу – выравнивание давлений преонного газа). Эти явления обычно происходят при очень больших концентрациях преонного газа, и соответственно – при очень больших напряжениях.

В металлах, как нам теперь известно, имеются так называемые «свободные электроны». На самом деле, они не такие уж и свободные. Как уже было сказано, они постоянно входят в состав атомов, но, время от времени, под влиянием теплового движения атомов, один из внешних слабо связанных с ядром электронов может ненадолго покинуть атом. В обычной ситуации он возвращается в атом буквально через доли миллисекунды. Но, при наличии повышенного внутреннего (в шаре) «преонного давления», такой электрон может быть оттеснен к поверхности шара. В этом процессе принимают участие вовсе не все свободные электроны шара, а только те из них, которые находятся в составе атомов на границе металл-воздух. Чем выше «давление» преонного газа изнутри шара, тем «труднее» электрону вернуться в свой атом.

Под давлением преонного газа эти электроны располагаются по поверхности металла, и, согласно нашей модели электрона, начинают излучать преоны во все стороны. Все свободные электроны непрерывно засасывают преоны во входную воронку своих торов, и выбрасывают их с противоположной стороны (необходимая для этого энергия поставляется гравитонами, обеспечивающими постоянную раскрутку преонов, образующих вихрь электрона.) В результате пластина **(металл) оказывается «заряженной» – из нее начинают выбрасываться во все стороны избыточные преоны свободных электронов, расположенных на поверхности «заряженного» тела. Возникает так называемое «электрическое поле».**

\*

Обратите внимание: во все стороны, в частности – и во внешнее пространство. И вот уже это их излучение как раз и приводит к возникновению внешнего «электрического поля», а по сути – потока преонов. При этом, как уже было описано ранее, свободные электроны имеют быстрое собственное вращение, и излучают во все стороны, в том числе и внутрь металла.

Если свободные электроны находятся на границе «металл-воздух», то, формируя пучок преонов вовне, они одновременно как бы «высасывают» преоны из металла. Ситуация аналогична той, как если бы в баке, полном воды, мы проделали множество очень маленьких отверстий, из которых выливалось бы его содержимое.

**Свободные электроны, расположенные у поверхности, являются «насосиками» для преонов. Именно они создают эффект существования «заряда» у металлического тела.**

\*

Но откуда же берется «вода», компенсирующая слив? Ведь преоны, заполняющие объем шара после его «заряда», получены извне, и должны были бы скоро истощиться?

Она берется из того же окружающего пространства. Причем это происходит по всей поверхности металла благодаря наличию таких же насосиков-электронов, засасывающих преоны из окружающего пространства внутрь объема металла. Электроны вращаются, и поэтому в среднем часть из них создает излучение (наружу), а часть – всасывание (внутрь). Поэтому довольно быстро устанавливается динамическое равновесие.

«Положительный заряд» – это недостаток преонного газа, его пониженное относительное давление. При этом поверхностный слой металла «обедняется» электронами; они не вытесняются к поверхности, а отходят вглубь металла, давая возможность околоповерхностным протонам взаимодействовать с частицами вне шара.

Определить, «положительный» или «отрицательный» заряд имеется у поверхности металла можно только опытным путем, наблюдая поведение реальных электронов или протонов в окружающем металл пространстве. По отношению же к незаряженным предметам (листочки бумаги и пр.) «положительный» и «отрицательный» заряды на металлическом шаре будут проявлять себя одинаковым образом.

Может возникнуть законный вопрос – а что же происходит при заряде диэлектрика (той же стеклянной палочки)? Ведь в стекле отсутствуют свободные электроны!?

Преонный газ накапливается и в диэлектрике, и не может быстро «диффундировать» из материала. «Стекание заряда» с диэлектрика процесс весьма медленный. Но следует иметь в виду, что в этом процессе свободные электроны не участвуют (их просто нет). В частности поэтому, чтобы перенести заряд со стеклянной палочки на металлический шарик электрометра нужно не просто коснуться палочкой шарика (при этом стечет только часть преонного газа вблизи контакта), а провести палочкой по шарику.

## Емкость и заземление

Прежде, чем идти дальше, поговорим немного об общем смысле понятия «электрическая емкость», не отягощая изложение формулами и вычислениями.

При контакте маленького «заряженного» шара с большим шаром (рис.10) «заряд» частично перетекает на бóльший шар, а на малом остается значительно меньшая часть. Результат процесса зависит от относительных размеров (поверхности) большого и малого шаров. Чем больше поверхность заряжаемого тела, тем бóльшее количество преонов  нужно на нее поместить, чтобы создать одно и то же «давление» преонного газа. (Это сравнимо с надуванием воздушных шариков). В свою очередь, это приводит к смещению свободных электронов вблизи границы «металл-воздух», и поток преонов от них создает силу отталкивания (отношение этой силы к величине пробного заряда называется «напряженностью электрического поля»).

Отсюда следует и понятие о «заземлении». В курсах электротехники мимо этого часто проходят, как мимо само собой разумеющегося. «Заземление» — это соединение «заряженного» объекта с другим объектом (земным шаром), имеющим огромную «емкость» потому, что его поверхность (и объем) существенно превосходят поверхность «заряженного» объекта.

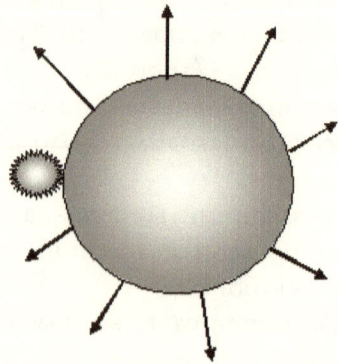

Рис. 10

Свободные электроны на бесконечно большой поверхности отталкиваются друг от друга и разбегаются на «бесконечно большие» расстояния. Соединив малое заряженное тело с большим незаряженным (Землей), мы создаем общую для них поверхность, по которой равномерно распределяются электроны. Но в силу огромной разности поверхностей на долю ранее заряженного малого тела остается исключительно мало преонного газа, практически – ноль. В этом и состоит смысл «разряда» объекта через «заземление».

Земля по сравнению с заряженным шариком имеет практически бесконечную поверхность (а стало быть и «емкость»), то есть способна всосать в себя огромное множество преонов. Любое количество преонов, вошедшее в контакт с такой поверхностью, немедленно перейдет («перетечет») на нее, и заставит электроны распределиться по поверхности до максимально возможного расстояния между электронами. Эта операция и называется «заземлением».

## «Наведенный заряд»

Если с одной стороны заряженной пластины приблизить к ней другую пластину, то поток преонов со стороны первой («заряженной») пластины вызовет небольшое смещение <u>свободных</u> электронов на второй (нижней) пластине (электронов, покидающих свои атомы на короткое время и затем возвращающихся к ним). Свободные электроны, возникающие во второй (нижней) пластине, будут оттеснены вглубь пластины, и на ее поверхности возникнет недостаток электронов, «положительный заряд». Протоны в верхнем поверхностном слое нижней пластины как бы «оголятся».

Это не следует понимать, как простое вытеснение электронов из атомов поверхностного слоя нижней пластины или изменение форм орбит электронов в атомах. Атом становится «ионизированным» на очень короткое время, пока вылетевший из него (по тем или иным причинам) электрон не вернется обратно (доли миллисекунды). И вот уже после своего вылета этот электрон слегка оттесняется от родного атома внешним потоком преонов. В течение времени нахождения электрона вне атома освободившийся от электронного облака протон нижней пластины излучает поток преонов. Часть этого потока попадает в пространство между пластинами и доходит до верхней пластины, поглощаясь в ней. В свою очередь, избыточные свободные электроны верхней пластины также излучают поток преонов (во всех направлениях!), и часть этого потока направлена в сторону нижней пластины.

Возникает так называемая «наведенная» электризация (рис.11), в чем можно убедиться с помощью электрометров.

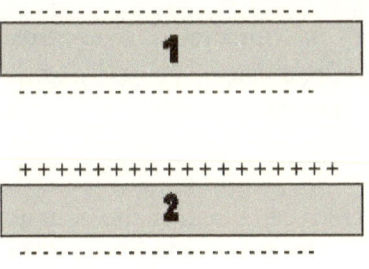

Рис. 11

**В результате** в пространстве между пластинами <u>создаются</u> <u>два встречных потока преонов</u> – сплошной поток от избыточных электронов верхней пластины сверху вниз (рис.12), и поток преонов в направлении снизу вверх от «оголенных» ядер атомов нижней пластины. И тут мы должны обратить внимание на очень важный аспект этого явления (он обычно затушевывается «стандартными» объяснениями этого эффекта).

Оказывается в пространстве между пластинами существуют ДВА потока преонов, два встречных потока (рис. 12). Один поток создается электронами на одной пластине, а другой (встречный) – протонами на другой пластине. Насколько один поток больше другого, мы сейчас точно сказать не можем, но это состояние достаточно устойчивое (конденсатор может находиться в «заряженном состоянии» достаточно долгое время).

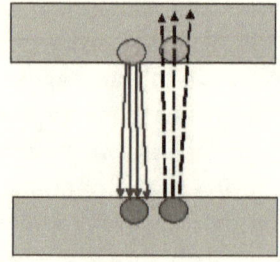

Рис. 12

Внеся некоторое количество преонов в металл верхней пластины, и создав поток преонов в промежутке между пластинами, **мы запустили некий постоянно действующий процесс** При этом количество избыточных преонов на верхней пластине, естественно, равно количеству излучателей (протонов) на нижней пластине, подающих свой поток преонов на верхнюю пластину. И это же количество излучателей (электронов) на верхней пластине сбрасывает избыток преонов обратно на нижнюю. **Возникает двунаправленный поток.**

Из этого следует, что должен сохраняться (иметь место) **баланс потоков.** Ибо в противном случае количество преонов на пластинах будет изменяться (а ведь заряд конденсатора сохраняется постоянным).

Но мы уже видели (когда говорили о притяжении и отталкивании протонов и электронов), что физически («конструктивно») **это потоки разного вида.** Поток преонов от протона – это в чистом виде «поток Ритца», излучаемый протоном, и «сканирующий» по пространству. Поток преонов, излучаемый отдельным электроном, во много раз меньше, чем поток одиночного протона. Но количество электронов, участвующих в этом процессе, пропорционально больше. Оно пропорционально количеству преонов преонного газа, которое мы «закачали» в объем верхней пластины, и этим заставили свободные электроны этой пластины распределиться по ее поверхности.

Если теперь в пространстве между двумя пластинами окажутся электрон и протон, то они оказываются в разных условиях, и только по одной причине – из-за своих существенно разных размеров (как это было описано выше). Поэтому такие протоны и электроны будут смещаться этими потоками в разных направлениях (рис. 13).

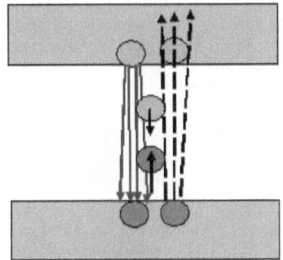

Рис. 13

Протон отталкивается от «оголенных» протонов нижней пластины, электроны отталкиваются от избыточных электронов на верхней пластине, одновременно приталкиваясь к протонам на нижней пластине.

Мы видим теперь, что пресловутая «электростатика» по существу является динамикой, но <u>динамикой преонов</u>, «преоно-динамикой» (в отличие от «электро-динамики», которой мы займемся позже, и уже на подготовленной более прочной основе). Очень часто процессы, внешне кажущиеся статическими, по своей внутренней сути являются динамическими.

## Процесс перераспределения электронов верхней пластины

Из-за появления (скорее – «проявления») на нижней пластине «свободных» протонов (входящих, конечно, в состав ядер атомов), все свободные электроны верхней пластины начинают испытывать «приталкивание» к протонам нижней пластины. Это происходит вследствие описанного ранее появления (наличия) давления преонного газа на заряженной верхней пластине. Поэтому все (или почти все) электроны довольно быстро (практически мгновенно) перейдут на обращенную к нижней пластине поверхность верхней пластины. И поэтому на верхней (внешней) стороне верхней пластины никаких «зарядов» не будет. Все «электричество» будет сосредоточено вблизи внутренних сторон пластин. Возникает простейший «конденсатор электрической энергии» или просто – конденсатор (рис. 14). Такое устройство **способно накапливать определенное количество <u>преонного газа</u>**.

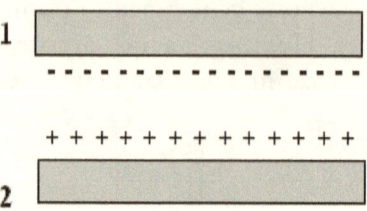

Рис. 14

В каком виде сохраняется энергия в конденсаторе?

Классика говорит: «в виде поля» (забывая предупреждение Р.Фейнмана не приписывать понятию «поле» физических свойств и качеств).

Гравитоника говорит – в виде двустороннего потока преонов.

Если мы теперь попробуем прикоснуться незаряженным металлическим шариком к верхней части пластины «1», а затем перенесем шарик к электрометру до соприкосновения с ним, то мы, конечно, обнаружим, что шарик «зарядился».

И, если мы теперь удалим шарик от пластины, то он унесет с собой от пластины некоторое количество преонов избыточного преонного газа, которое в ней было. И мы сможем это обнаружить по уменьшению напряженности поля между пластинами конденсатора (если сумеем, конечно).

Но если мы приблизим к пластине «1» такую же пластину «3» (незаряженную»), то мы обнаружим в пространстве между пластинами «1-3» такое же «поле», как и между пластинами «1-2» (рис. 15).

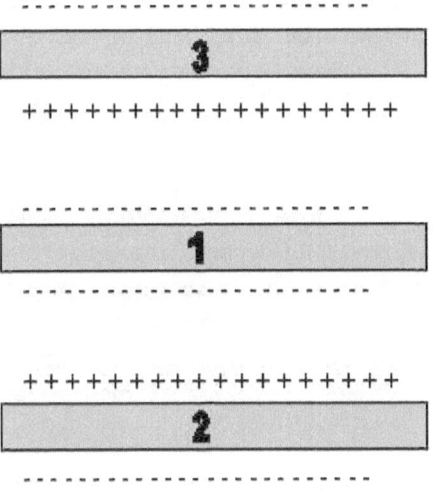

Рис. 15

**Почему электроны вдруг пошли к третьей пластине, если все они были заняты обменом с нижней? Ведь на верхней стороне пластины «1» никакого «заряда» не было?**

Проще всего представлять дело как раз именно так, как это делали в самом начале исследований электричества – считать преонный газ той самой «электрической жидкостью» (газом), заполняющим все межатомное пространство металлической пластины. Внутри пластины этот «газ» создает повышенное «давление», заставляющее освобождающиеся свободные электроны отжиматься к самой поверхности пластины. И здесь они начинают излучать преоны, «проявляя» свой «заряд».

Эти электроны постоянно находятся внутри атомов, они принадлежат им, но они относительно слабо с ним связаны. На очень короткое время они «выскакивают» из атома в межатомную среду, возвращаясь обратно под действием межатомных преонов, начинающих давить на электрон в направлении протона. Так происходит в толще материала. Но если атом находится на (вблизи) поверхности пластины, то моменты вылета электронов с другой пластины на ее противоположно расположенной точке (области) могут приблизительно совпасть. Тогда электрон, вылетевший из атома, покидает атом под действием «притяжения-приталкивания» к оголившемуся протону на верхней пластине. Затем то же самое происходит и с другими парами электронов; между пластинами 1 и 3 возникает такая же картина, как и на рис. 12, рис.13 и «электрическое поле» перераспределяется между парами пластин «1-2» и «1-3».

Что же происходит во всем объеме верхней пластины «1» на рис.14 (в предположении, что она имеет достаточную толщину)? Ведь если мы присоединим к пластинам «1» и «2» (снаружи!) вольтметр, то он покажет наличие и заряда и поля, и даже (забегая вперед) в его цепи можно обнаружить электрический ток? Причем показания вольтметра будут пропорциональны величине «заряда» ВНУТРИ образовавшегося конденсатора, внутри объема между пластинами. А на наружной стороне пластин никаких «зарядов» нет! Классика говорит – есть поле. Но для наличия поля нужна разность потенциалов, нужны заряды! А зарядов – нет. Более того, если мы захотим измерить «поле» внутри самой металлической пластины, то мы убедимся, что поля там тоже нет, как его нет внутри металлической сферы.

Гравитоника говорит: «Всё просто!» Избыточные электроны (независимо от того, как они распределены по поверхности металлического объекта), излучают преоны не только во внешнее пространство металла, но и внутрь него. Их можно уподобить крошечным вентиляторам, беспорядочно вращающимся, и создающим вокруг себя поток преонов. Благодаря излучению преонов «вентиляторами» **ДАВЛЕНИЕ ПРЕОНОВ ВНУТРИ МЕТАЛЛА УВЕЛИЧИВАЕТСЯ.**

Поэтому, где бы мы ни присоединили к металлу другой металлический проводник (провод) избыточное давление преонов мгновенно дойдет до самого конца провода со скоростью движения самих преонов, то есть со скоростью света. И – никакой мистики, никаких «полей».

## Давление преонов

Снова обратимся к простейшему конденсатору. По-видимому, на внешних сторонах пластин никаких зарядов нет. Но если подключить к ним вольтметр (рис.16), то он что-то покажет (при этом говорят о «разности потенциалов»). Почему?

Да, пластины являются проводниками для электронов, но учебник говорит, что ток по проводу течет (а через вольтметр ток течет, хоть и маленький) только в том случае, если на концах проводника есть разность зарядов, разное количество носителей заряда – электронов. Но ведь в точках будущего присоединения щупов вольтметра зарядов не было! Все электроны были сосредоточены на внутренних поверхностях пластин конденсатора. Откуда же они взялись потом на внешних сторонах пластин, и откуда взялся ток?

Если мы теперь заменим вольтметр на проводник (устроим «короткое замыкание» между пластинами), то электроны с верхней пластины перетекут на нижнюю, и заряды уравновесятся. «Поле» в конденсаторе исчезнет. Так говорят в школе, и так оно и есть на практике. Но почему пойдет ток, если, повторяем, в точках присоединения провода до его присоединения не было зарядов (электронов)? И ведь их действительно там не было!

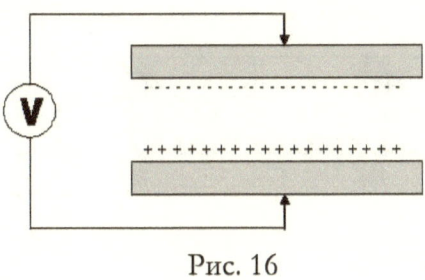

Рис. 16

Возникает абсурдная ситуация. Электроны сосредоточены вблизи одной стороны пластины, а присоединение провода к другой стороне пластины, какой бы толстой она ни была, вызовет разряд конденсатора! Этот «парадокс» известен не только нам, но уже эдак лет двести всему научному сообществу...

**Вывод. Источником «электрической силы» является преонный газ,** его концентрация в данном объеме. Поддерживается же концентрация преонного газа на том или ином уровне «вертушками» свободных электронов или протонов (в зависимости от конкретной ситуации).

## Особенности поведения электронов (зарядов) в конденсаторе

Конденсатор характеризуется параметром, именуемым «емкость». Емкость конденсатора интерпретируется как «количество электричества» (заряд), которое можно «залить» в конденсатор до появления на его пластинах напряжения определенной величины. Исторически это представление восходит к конденсаторам в виде «лейденских банок», которые якобы заполнялись невидимой жидкостью. Емкость конденсатора зависит от площади его пластин и расстояния между ними, и увеличивается с увеличением площади пластин и уменьшением расстояния между ними.

Выражается величина емкости простой формулой $C = Q/U$.

Однако все просто до тех пор, пока мы не начинаем интересоваться, какую энергию мы можем получить от конденсатора и при каких условиях.

а) Рассмотрим конденсатор, изображенный на рис. 17.

Каждая его пластина состоит из двух частей, соединенных «встык». В целом эта система пластин работает как один конденсатор. Заряд на нижней пластине является «наведенным», он возник только под влиянием электронов верхней пластины.

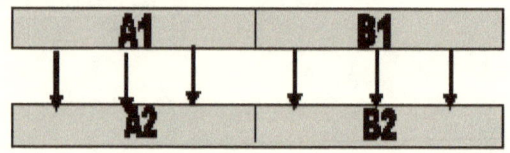

Рис. 17

Удалим теперь часть «В2» нижней пластины (причем все равно, каким образом – удалением на бесконечность или сдвиганием под нижнюю пластину). Электроны на верхней пластине перераспределятся. Они уйдут с пластины В1 на пластину А1, придя на которую, они смогут «подвинуть» еще немного «вниз» возникающие свободные электроны нижней пластины, создав на ней «наведенные положительные заряды» (рис.18).

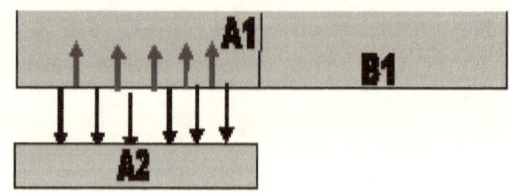

Рис. 18

В результате всего этого плотность заряда (плотность свободных электронов) на поверхности А1 верхней пластины увеличивается; соответственно увеличивается и поток преонов внутри конденсатора (плотность этого потока). При этом, естественно, общая величина заряда не меняется, ведь количество преонов на верхней пластине осталось прежним!

При этом увеличивается «электрическое напряжение» между пластинами, так как через оставшуюся «работающую поверхность» теперь проходит вдвое больший поток преонов.

Здесь и в дальнейшем мы не будем объяснять и комментировать «классическую» точку зрения на эти процессы, дабы не перегружать сознание читателя, благополучно забывшего все, чему его учили раньше по этой теме. А гравитоника объясняет происходящее так…

«Напряженность поля» это сила, воздействующая на заряд, помещенный между пластинами. А **сила эта зависит исключительно от интенсивности потока преонов**, излучаемых протонами и электронами. Этот поток, который изображен на рис.18 «стрелками вверх» и «стрелками вниз», увеличивается пропорционально плотности электронов, распределенных по площади верхней пластины. Вот и все объяснение.

А что же с энергией?

Энергия конденсатора W по классической формуле (вывод ее не приводим, его можно найти где угодно) находится как

$$W=Q^2/C$$

C – емкость, Q – величина заряда.

Емкость уменьшилась вдвое, а энергия вдвое увеличилась. Откуда она взялась? Когда мы удаляли пластину, мы «тащили за собой» (втягивали внутрь конденсатора) электроны верхней пластины, которые этому сопротивлялись из-за взаимного отталкивания (действия своих «вентиляторов») от другой части пластины. И таким образом мы затратили энергию на сближение между собой электронов верхней пластины. Мы совершили работу против сил отталкивания.

При обратном действии (расширении площади пластин конденсатора), расталкивающиеся электроны сами совершат работу по своему передвижению на расширившийся участок пластин, и энергия конденсатора уменьшится. Спрашивают в таком случае – куда она делась? Ответ – пошла на изменение расстояния между электронами (аналогично расширению пружины), точно так же, как в предыдущем случае сокращения площади пластины на это нужно было затратить внешнюю энергию. При известной изобретательности эту затраченную ранее энергию можно было бы даже «направить на мирные цели», заставить совершить полезную (нам) работу.

б) Попробуем теперь раздвинуть друг от друга пластины конденсатора, предварительно заряженного до некоторого напряжения на пластинах. Емкость конденсатора уменьшится, и при постоянном заряде в соответствии с формулой Q=CU напряжение должно увеличиться. Поскольку

$$W=Q^2/C,$$

то энергия конденсатора должна возрасти. И это даже легко понять – ведь разноименно заряженные пластины притягиваются друг к другу, и, раздвигая пластины, мы совершаем работу против силы, стремящейся сблизить пластины. Но что происходит с самими зарядами? Ведь если заряд не меняется, то ведь что-то должно происходить, что вызовет увеличение напряжения на пластинах! Ведь плотность и количество электронов на пластинах не меняется, значит это совершенно другое явление, по сравнению со случаем «а»!

Конечно, должно. И происходит...

Как и во всех предыдущих случаях и коллизиях, ответы на вопросы о причинах происходящих явлений лежат именно в области физических представлений о процессах, в области «физических моделей».

Как мы видели ранее, металлический шар, на который перенесен «заряд» (любого знака), создает вокруг себя «электрическое поле» сферической формы, в чем можно убедиться с помощью небольших пробных зарядов.

Можно также убедиться, что «заряд» распределяется по всей поверхности шара равномерно. На основе представления о заряде как «свойстве» электрона (и протона, но в данном случае речь идет об электронах) в классике делается вывод, что поскольку электроны обладают отрицательным зарядом, они взаимно расталкиваются, и на поверхностях разной формы распределяются разным образом (см. любой учебник по электростатике).

Наша концепция в этом отношении почти не отличается от общепринятой с той только разницей, что отталкивание электронов объясняется не «присущим им свойством иметь заряд», а потоками преонов Ритца, излучаемыми тороидальными «вертушками» электронов. Поскольку при этом сам электрон вращается (возможно, хаотически), он время от времени «облучает» другой электрон этим «потоком Ритца», что и приводит к взаимному отталкиванию электронов.

Если перенести «заряд» на объект другой формы (прямоугольную пластину, рис. 11), то электроны распределятся по поверхности этой пластины.

На этом классическая теория останавливается. Мы же имеем возможность пройти немного дальше.

## Еще о давлении преонного газа
### (Другими словами или «повторенье- мать ученья»)

Внутри «заряженной» металлической пластины концентрация преонов несколько выше, чем снаружи. Это происходит потому, что атомы металла, расположенные вблизи границы металл-воздух, препятствуют вылету из металла как свободных электронов, так и преонов (в учебниках это называется «Работа выхода», и происходит это из-за давления гравитонов и преонов окружающей среды). Электроны располагаются на поверхности пластины. Но они при этом еще и вращаются, излучая реоны Ритца. Вращаются они в случайном направлении. Энергию своего вращения они (как и протоны) получают главным образом от гравитонного газа (как это было описано в гл. «Атом»). Попадая в вертушку электрона внешние преоны выбрасываются во внутренний объем металлической пластины. Это можно трактовать как увеличение «преонного давления» в объеме пластины. Другая часть электронов поверхности пластины излучает свои преоны Ритца во внешнее пространство, образуя «поле» заряженного шара.

Если теперь между землей и шаром (пластиной) подключить электрометр (вольтметр), то он покажет наличие некоего «воздействия» на прибор. Это воздействие называется «электрическим напряжением». Можно убедиться, что это «напряжение» в любой точке шара почти одинаково. Напряжение несколько отличается в разных точках металлической пластины – на углах напряжение несколько больше. Это в точности соответствует неравномерному распределению «зарядов» на поверхности тела неправильной формы.

Таким образом, в заряженном изолированном металлическом шаре (или пластине) возникает избыточное преонное давление. Это внутреннее давление поддерживается электронами, хаотически изучающими внутрь шара. А внешнее поле создается электронами излучающими во внешнее пространство.

Когда на шар переносится какое-то количество преонов, они образуют внутри шара газ с некоторым давлением. Электроны не переносятся, их просто нельзя таким образом перенести. Появляющиеся в металле электроны проводимости оттесняются преонным газом к периферии; изнутри шара давление больше, чем снаружи. Ситуация зависит от объема шара. Чем меньше шар, тем меньшее количество преонного газа нужно закачать в него, чтобы отодвинуть электроны на то же расстояние, что и в большом шаре.

Если теперь приблизить к шару металлическую «заземленную» пластину, то картина изменится.

Излучение электронов, поток которых направлен вовне, попадет на атомы пластины, из которых на короткое время были выброшены электроны проводимости. Протоны «оголяются». И преоны тени, «притягивающие» электроны шара к протонам пластины, начинают «работать» в ту же сторону, что и преонный газ шара. Как будто кто-то ущипнул оболочку воздушного шарика и слегка отодвинул ее от центра. Давление в шаре (напряжение) уменьшится. Чем ближе металлическая пластина, тем меньше давление в шаре, тем меньше напряжение. А раз так, значит появляется возможность дополнительно «подкачать шарик-конденсатор», доведя давление внутри него до прежнего. Это и означает «увеличить емкость».

Таким образом, электроны на поверхности шара под действием приталкивания в протонам нижней пластины лишь отходят от окружающих их атомов на небольшую величину. Атомы, находящиеся в поверхностных слоях металла шара, притягивают электроны, даже несмотря на свою «нейтральность» — ведь протон хорошо «просматривается» снаружи атома.

Ситуацию можно сравнить с той, в которой вы оказываетесь в лесу недалеко от опушки леса. Вы видите только отдельные просветы среди деревьев (атомов). Но чем ближе вы к опушке, тем эти просветы становятся шире. Именно это и происходит с электроном вблизи границы металла, вблизи опушки этого леса. Только вы, наблюдая в лесу просветы, ПРИНИМАЛИ излучение извне, а электрон сам излучает преоны. И чем ближе электрон к «опушке своего леса» (состоящего из атомов металла), тем больше излучаемых им преонов проходит к границе металла и излучается вовне. И тем меньшая часть всего излучаемого электроном преонного потока застревает между атомами, отражается от них, остается в массе металла. А именно эта часть и создает увеличенное давление преонов в металле, создает напряжение на пластинах.

Если теперь удалять верхнюю пластину конденсатора от нижней, то притяжение (приталкивание) электронов к нижней пластине уменьшается. Это происходит по вполне естественной причине – угол, под которым виден протон второй пластины со стороны электрона, уменьшается при удалении частиц друг от друга, сила притяжения электрона к протону уменьшается. Электроны поверхности постепенно втягиваются внутрь металла, и все большая часть излучаемого ими потока преонов поступает внутрь пластины, создавая в ней давление и повышая напряжение. В пределе ситуация придет к состоянию заряженного шара (тела), удаленного от других тел и зарядов. А энергия конденсатора будет рассчитываться по той же формуле, и с увеличением расстояния между пластинами энергия будет возрастать.

Следует добавить, что поскольку плотность электронов на пластинах не увеличивается (площадь пластин не меняется), то поток преонов между пластинами конденсатора останется прежним, и напряженность поля между пластинами конденсатора не изменится при раздвижении пластин (разумеется, до некоторого предела).

Таким образом, мы еще раз видим, что так называемая «статика» является на самом деле динамикой – поток преонов между заряженными пластинами конденсатора существует непрерывно, поддерживаемый избыточными электронами на одной пластине и «оголенными» атомами (протонами) на другой пластине.

*

Из описанной модели происходящего уже становится понятнее, почему при присоединении проводника к любому месту верхней пластины на нем появится напряжение, хотя электроны, создающие «поле» в конденсаторе, расположены преимущественно с другой ее стороны.

**Концентрация преонов** повышена во всем объеме пластины. **А электроны и протоны являются «генераторами потоков преонов». Но именно концентрация преонов, а не концентрация электронов, создает давление, «электрическое напряжение», так называемую "разность потенциалов".**

Если мы возьмем в качестве «заряжаемого объекта» сферу с полостью внутри (рис.19), то, как нам уже известно, свободных зарядов внутри сферы действительно нет. Внутри такой сферы нет и «поля». Но если присоединить вольтметр к внутренней части сферы и к внешней проводящей пластине, то он покажет наличие напряжения.

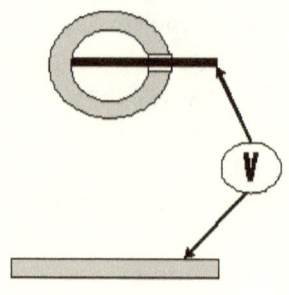

Рис. 19

Если к внешней стороне пластины конденсатора присоединить просто отрезок проводника, то, прежде всего, возникнет практически мгновенный импульс потока... нет, не электронов, а именно преонов! И уже этот поток преонов, распространяющийся со скоростью света (скоростью движения самих преонов как частичек преонного газа) при определенных условиях может увлечь за собой электроны проводимости, возникающие на пути этого потока. Причем следует обратить внимание – это не те электроны, которые своим преонным излучением создавали «заряд» на пластине, а те свободные электроны, которые оказались в этот момент в преонном потоке, в отрезке проводника. Этот же поток преонов почти мгновенно приведет в движение электроны на самом дальнем конце соединительного провода, что и вызовет ДЕЙСТВИЕ электрического тока. Электроны же, расположенные по всей длине соединительного провода, вовсе не помогают процессу, а лишь создают ненужные потери на свою транспортировку преонным потоком (об этом – ниже). (По-видимому, методы Тесла позволяют избавиться от этих потерь).

Из сказанного следует, что плотность преонного газа в межатомном пространстве веществ вообще, и металлов, в частности, заметно выше, чем в вакууме. (Бутиков [Л.4, с. 63-64] специально об этом упоминает, описывая это как «раздувание изнутри», но, конечно, в классической терминологии.)

## Конденсатор как «источник бесконечной энергии»?

Энергия «поля» конденсатора считается заключенной в объеме, и поэтому пропорциональна этому объему.

Энергия поля определяется работой, которую нужно совершить при передвижении электрона против сил поля, или которую выполняет поле при ускорении электрона (аналогично механике).

Чем больше расстояние между пластинами при постоянной силе воздействия на любом участке между ними, тем больше может быть произведенная работа, а, следовательно – и энергия.

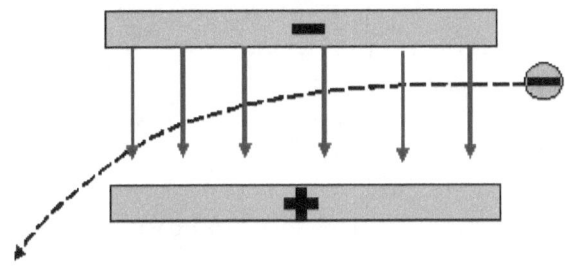

Рис. 20

Перемещение электрона в поле конденсатора эквивалентно падению тела в гравитационном поле Земли. В переносе аналогии на наш случай, высота падения соответствует напряжению на пластинах.

Любой электрон, влетевший в конденсатор у верхней пластины (рис.20), и долетевший до нижней, получит определенную скорость, и на любом участке его движения на его отклонение должна быть затрачена энергия (краевыми эффектами пренебрегаем).

Но ведь через заряженный конденсатор, даже отсоединенный от заряжающего его источника, может пролететь сколько угодно электронов, и если ни один из них не коснется пластин, то и заряд конденсатора не изменится! Ведь все электроны верхней пластины, собственно и создающие «поле», остались на своих местах! Они не могли «уйти в металл», они всегда выдавливаются к его поверхности.

Откуда же берется энергия на отклонение электронов?

(Ситуация в точности подобна рассмотренной в первой книге для случая движения спутника в поле тяготения Земли).

Гравитоника отвечает на этот вопрос – энергия берется от потока преонов внутри конденсатора (ибо именно они создают давление на электрон, находящийся между пластинами), и непрерывно восстанавливается «вращающимися вентиляторами» электронов на пластинах, которые получают энергию своего вращения **от гравитонного газа**, являющегося источником бесконечно большой (по нашим меркам) энергии. По-существу, именно **конденсатор является в данном случае простейшим преобразователем гравитонной энергии в энергию механического движения.**

А вот энергия, которая может выделяться при разряде конденсатора, то есть при выравнивании преонного давления («напряжения») и одновременном переходе избыточных электронов с верхней пластины на нижнюю – это явление совершенно иного рода, и к величине «поля» внутри конденсатора имеет опосредованное отношение.

Вот почему возникают парадоксы и недоумения при решении некоторых задач, в которых «участвуют» конденсаторы. Из-за отсутствия физического представления о процессах.

Следует также отметить, что выражение «энергия конденсатора» является жаргонным или попросту «привычным». Энергия – это параметр движущегося объекта или среды. А конденсатор не движется, он покоится. Движется преонная среда между его пластинами. В классике эта среда именуется «полем». Но и оно в классике не движется. Поэтому считается, что это «поле» «обладает» «потенциальной энергией» (каждое слово приходится брать в кавычки). Согласно же гравитонике, при определенной величине и скорости движения этой среды (потока преонов) на электрон с некоторыми постоянными параметрами (масса и эффективная площадь поперечного сечения) оказывается вполне определенное давление, величина которого выражается параметром $E=F/q$ «напряженность поля». Все сказанное в этой фразе «маскируется» понятием «заряд», суть которого остается совершенно неясной, что и вызывает неоднозначность в подходах к решению задач.

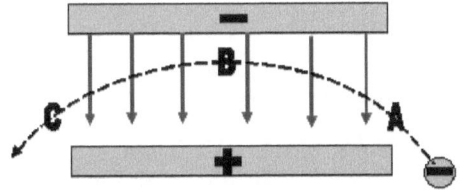

Рис. 21

На рис.21 показано движение электрона в поле конденсатора в случае, если электрон влетает в поле под углом к «горизонтали». В этом случае очевидно, что вначале он тормозится потоком преонов, а затем – ускоряется. На всем протяжении его траектории внутри конденсатора на отклонение его движения от прямолинейного затрачивается энергия потока преонов. И не происходит никакого накопления «потенциальной энергии» на участке подъема «АВ» (ей просто негде накапливаться) и ее последующего расходования на участке спуска «ВС». Почему же в случае поля гравитации все должно быть как-то иначе? Да то же самое!

## Электрофорная машина

И теперь нам уже, может быть, станет яснее принцип действия электрофорной машины, который чаще всего остается тайной для школьников (если судить по бесконечным спорам на форумах).

**В электрофорной машине** щетки и конструкция с двух сторон машины совершенно одинаковые. Щетка вначале трется о диэлектрик круга, а затем накопленный на ней заряд перетекает через металл в конденсатор. При этом, каким бы ни был уже накопленный заряд на конденсаторе, заряд на щетках всегда имеет тенденцию перейти на металл. Поэтому само по себе напряжение никакого значения не имеет. Щетки, между прочим, тоже металлические. Заряд на поверхности диэлектрика создается трением о шерсть в другом месте. Или вообще не создается. Или привносится извне зарядом от источника.

И вот это очень интересный момент. Привнесенный заряд НЕ РАСХОДУЕТСЯ! Он вызывает наведенный заряд на другой пластине, и затем напряжение повышается с помощью раздвижения пластин. Затем процесс повторяется. Преобразование величины напряжения происходит за счет механической работы вращения диска.

## Уточнения и дополнения

1. При постоянной величине заряда увеличение расстояния между пластинами конденсатора приводит к увеличению объема, в котором движутся преоны, излучаемые с пластин. И поэтому в общем случае можно сказать, что энергия конденсатора заключена в пространстве между его пластинами. Но это энергия движущихся преонов.

2. При постоянной величине заряда увеличение размеров пластин при неизменном расстоянии между ними имеет следствием уменьшение плотности потока движущихся между пластинами преонов. Поэтому общая энергия движущихся между пластинами преонов остается неизменной. Одновременно напряжение на пластинах уменьшается, емкость конденсатора увеличивается, и энергия, которую может отдать конденсатор вовне, уменьшается ($W=Q^2/C$). Отсюда следует, что эти «энергии» могут иметь совершенно разную природу.

3. Обратите внимание вот на что, это очень важно! Если бы избыточные электроны, внесенные в металл, только отталкивались бы друг от друга, то они должны были бы равномерно распределиться ВНУТРИ СФЕРЫ, как это бывает с молекулами идеального или даже реального газа. Но они распределяются **по поверхности** сферического проводника! Это может быть только в одном случае – если их изнутри к поверхности сферы прижимает какое-то давление **другой среды** (не самих электронов!) И выше мы выяснили, какое именно – это давление преонного газа. А вот преонный газ как раз и распределяется равномерно внутри сферы.

4. Изменение расстояния между пластинами приводит к очень небольшому отдалению электронов от границы пластины, но этого, по-видимому, достаточно для заметного изменения давления преонного газа внутри металла пластины.

Изменяя расстояние между пластинами, раздвигая их с применением силы, действующей против их взаимного притяжения, мы совершаем работу против потока «преонов тени», внешних преонов. Одновременно с этим меняется ориентация «вентиляторов-электронов», и осуществляется как бы «наддув» преонов в объем металла.

Увеличивая расстояние между пластинами, мы увеличиваем объем, в котором движутся потоки преонов, а, следовательно, и количество единовременно находящихся в этом объеме движущихся преонов. При этом в «классике» говорят о «внутренней энергии», заключенной в конденсаторе. Но к одновременно создаваемому давлению в металле пластины (электрическому напряжению) эта энергия имеет весьма опосредованное отношение, хотя математически эти две сущности и могут быть связаны. Работа, которую необходимо затратить на раздвижение пластин, аналогична работе против силы тяжести при подъеме груза на определенную высоту. Но никакого «накопления» энергии при этом не происходит, как не происходит никакого накопления «потенциальной энергии» при подъеме тела в поле силы тяжести.

## Так что же такое «заряд»?

На данном этапе можно думать, что понятие «заряд» можно применить к источнику **потока любой субстанции**. Плотность заряда – это отношение общей величины потока этой «субстанции» к объему пространства, из которого он истекает (излучается).

Несложная описательная математика понятия «заряд» будет дана нами при рассмотрении уравнений Максвелла ниже, в разделе 5. На данном этапе нам достаточно понимания, что **электрический** (!) **заряд – это поток преонов**, создаваемый частицами особого вида (тороидальной формы) – протонами и электронами, в результате их собственного вращения. Преоны потока не возникают внутри этих частиц – они входят и выходят из этих частиц через входную и выходную горловины тора (воронки).

Выбрасываемый из выходной горловины тора поток преонов создает эффект отталкивания (как это описано ранее).

Соответственно, общая величина этого потока, отнесенная к объему частицы (протона, электрона) называется объемной плотностью заряда. Вследствие этого в нашей теории исключается общеизвестный парадокс классической математической электродинамики, при котором объемная плотность заряда стремится к бесконечности при стягивании излучающего объекта в точку, не имеющую размеров.

Так называемое «Первое уравнение Максвелла», определяющее понятие «объемная плотность заряда», является базовым для математической теории электромагнитного поля, и будет нами рассмотрено в разделе «Уравнения Максвелла в преонике». Там мы увидим, что из-за проблем с пониманием природы электричества математические физики использовали специальный математический аппарат – векторную алгебру [Л.11,

Л.12], в рамках которой понятие «ПОТОК» (и др.) может быть отнесено к какому-угодно вектору, даже независимо от его физической природы (сущности). Это позволило решить множество задач из теории (и практики) электричества, даже не понимая физики происходящих явлений. Однако на определенном этапе отсутствие такого понимания стало тормозом в развитии науки об электричестве.

С другой стороны (и, возможно, вследствие этого), понятие «заряд» стали применять по отношению к явлениям, в которых никакого «истечения» никакой «субстанции» не имеет места, как например, гравитация. Представление о том, что масса является ИСТОЧНИКОМ гравитационных сил, привело к возникновению абстрактных математических теорий, не имеющих под собой физической основы.

И теперь мы можем продвинуться немного дальше, и рассмотреть разницу между представлениями классической и преонной теориями о природе электрического тока, не используя «описательной» математики.

## 2. Электрический ток

Присоединим теперь к верхней пластине заряженного конденсатора проводник некоторой длины (несколько метров или более, для наглядности). Согласно предыдущему, из-за повышенного давления преонов в пластине возникнет их поток с пластины на проводник (провод).

Электронная теория проводимости утверждает, что электроны движутся в проводнике довольно медленно – со скоростью около 0,01 см/сек [Л.5] (и это правда). Однако, напряжение (и некоторое количество электронов) появляется на другом конце проводника через исключительно короткое время, поскольку скорость преонов в пустоте равна скорости света, и изменение концентрации преонов приводит к возникновению потока преонов; этот поток распространяется в проводнике с субсветовой скоростью (более 200 000 км/сек). Учитывая, что электроны конденсатора находятся в относительном покое, трудно предположить, что на конце проводника появляются те же самые электроны, что находились в конденсаторе. Ведь (в газе) любое воздействие может быть передано из одного места в другое с какой-то скоростью только в случае, если носители (передатчики-посредники) этого воздействия двигаются с той же скоростью.

У каждого преона преонной среды в проводнике возникнет составляющая его движения, перпендикулярная фронту давления, фронту потока. Преонная волна начнет двигаться вдоль проводника.

Из предыдущего должно быть ясно, что это и **есть «волна» «электрического напряжения», возникающего из-за давления преонов, создаваемого избыточными электронами «на входе» проводника.**

А дальше надо снова вспомнить, что такое «свободный электрон в проводнике». Это вовсе не такой и не тот электрон, который исследователь якобы принес на своей «наэлектризованной» палочке к пластине конденсатора. Свободный электрон в проводнике («электрон проводимости») – это очень слабо связанный с атомом металла один из электронов внешней электронной оболочки атома. Настолько слабо связанный, что колебания атомов в результате их теплового движения могут на некоторое время сорвать электрон с его внешней, самой удаленной от ядра орбиты. Конечно, через очень короткое время электрон, под действием сил приталкивания (притяжения) вернется обратно в атом, но все же некоторое время он с ним почти не связан.

Удалиться от своего атома «электрон проводимости» может на различное расстояние – повидимому, это определяется каким-то внешним воздействием на сам атом (тепловым, например, а по существу – ударным), что, собственно и приводит к временному отрыву электрона от атома. Чем выше температура проводника, тем чаще происходят отрывы, тем на бóльшее расстояние отдаляется электрон от атома, и тем больше свободных электронов в проводнике в любой момент времени.

Преонная волна сдвига, движущаяся по проводнику, подхватывает любой такой освобожденный электрон и выводит его из сферы действия «родного» атома навсегда, безвозвратно. Но соседние атомы тоже время от времени освобождают свои электроны, и тоже теряют их под воздействием потока преонов. В металле возникают кратковременно ионизированные («положительно заряженные») атомы (в теории полупроводников их называют «дырками»). Освободившиеся электроны, подхваченные потоком преонов, натыкаются на эти «дырки» и поглощаются ими, «проваливаются в них» и исчезают из потока, превращаясь в преонные облачка внутри атомов. Весь процесс перехода электрона с одного атома на другой занимает очень небольшое время.

Преонный поток в проводнике осуществляет очень малый сдвиг свободных электронов (проводимости) вдоль всего проводника. Но электроны, отделившиеся от атомов на самом дальнем конце проводника, сдвигаются настолько близко к его концу, что не могут там найти себе атомов, которые могли бы их принять. Возникает некоторый избыток электронов на противоположном краю проводника, присоединенного к конденсатору, и это может выглядеть как появление там «заряда» (напряжения). Собственно, сдвиг этот и производится волной преонного потока, распространяющейся почти со скоростью света.

Конечно, сам проводник, даже если он на противоположном конце ни к чему не присоединен, обладает некоторой «емкостью», ибо занимает определенный объем в пространстве. Поэтому в итоге электронное облако конденсатора, расплываясь вдоль проводника, приходит в равновесие, «зарядив» «емкость» самого проводника («залив преоны в этот объем»).

Таким образом, электроны проводимости осуществляют свое движение от атома к атому **скачками**. **На участке скачка (вне атома) электрон разгоняется движущимся потоком преонов. И вот именно на этот разгон и затрачивается энергия движущегося потока преонов, энергия «электрического поля».**

В конце своего короткого пути от атома к атому разогнанный таким образом электрон (а он разгоняется каждый раз почти от нулевой скорости) в процессе поглощения принимающим его атомом передает ему кинетическую энергию своего движения (удар). В результате этого усиливаются хаотические («тепловые») колебания атома металла относительно своего среднего положения в кристаллической решетке металла.

При прочих равных условиях, чем более плотным является поток преонов в проводнике, тем большее количество свободных электронов он в состоянии захватить, тем больше величина электрического «тока», и тем сильнее нагрев проводника.

## Электрическое сопротивление

С увеличением температуры количество свободных электронов в металле увеличивается. Казалось бы, если электроны являются «носителями тока» (весьма странное, но употребительное выражение), то сопротивление проводника должно уменьшаться? На практике же все наоборот. Чем больше появляется свободных электронов, тем больше затраты энергии на их перемещение, тем больше потери, ибо энергия преонного потока расходуется на разгон свободных электронов от атома к атому.

Это представление в корне расходится с обычным («классическим») представлением о причине и характере электрического тока в проводнике, согласно которому этот ток является потоком свободных электронов и ничем больше. Ведь классическая позиция требует признать, что чем свободных электронов больше, тем  легче должно быть прохождение тока по проводнику. А увеличение сопротивления с ростом температуры этому противоречит. И вы нигде не найдете объяснения этого простейшего «парадокса». О нем просто принято умалчивать.

\*

Как уже сказано выше, при возникновении преонного потока вдоль проводника, он захватывает все имеющиеся на данный момент свободные электроны по всей длине проводника. И часть суммарной кинетической энергии потока преонов расходуется на движение этих электронов с ускорением от одного атома к другому. Свободные электроны в металле появляются и исчезают, отрываясь на очень короткое время от атомов металла. Так, внешний электрон алюминия очень слабо связан с ядром (поэтому алюминий легко окисляется). И, казалось бы, при прочих равных условиях свободных электронов в алюминии должно быть больше. Но в «цепочке» Al-Cu-Ag-Au-Hg алюминий обладает самым высоким сопротивлением, а ртуть (в конце цепочки) – самым низким. В указанном ряду слева направо при прочих равных условиях количество свободных электронов снижается, так как это напрямую связано со снижением химической активности этих металлов, и со все большей энергией, необходимой для отрыва внешнего электрона от атома. А электрическая проводимость – увеличивается. Парадокс!?

Чем выше температура, тем больше в материале металла появляется свободных электронов. Чем больше свободных электронов в металле (при прочих равных условиях), тем больше потери энергии. Больше всего таких электронов  в указанной выше «цепочке» – в алюминии, отсюда и его самое большое сопротивление (в смысле тепловых потерь).

**Однако возникает вопрос – почему же металлы с лучшей проводимостью нагреваются меньше при прочих равных условиях?**

Дело тут в том, что металлы с хорошей проводимостью обладают, кроме того, еще и существенно большей плотностью (удельным весом). Это золото, серебро, медь и ртуть. Их характерной особенностью является сравнительно меньшее расстояние между атомами, чем у более легких металлов-проводников (алюминий). Поэтому освободившийся электрон в таком материале проходит несколько меньшее расстояние до встречи с другим атомом (ловушкой для него). А это значит, что до столкновения с атомом электрон приобретает при разгоне меньшую скорость, а, следовательно, вызывает и меньшие потери и меньшее выделение тепла. Ведь эти потери пропорциональны приобретаемой кинетической энергии, а значит и пропорциональны <u>квадрату скорости</u> (и длине свободного пробега).

Чем выше температура, тем больше в металле свободных электронов, но одновременно увеличивается вероятность захвата движущегося электрона на его пути, так как увеличивается количество «дырок» (атомов, временно потерявших свой внешний электрон). Поэтому ОБЩЕЕ количество свободных в данный момент электронов остается постоянным. Только **в разных металлах длина свободного пробега электрона – разная. А значит и потери на их передвижение разные.**

(Примечание: В электронной теории проводимости принято считать, что зависимость от температуры определяется увеличивающимся количеством соударений свободных электронов с ростом их числа. Это мнение ничем не подтверждается.)

Металлы имеют отрицательный коэффициент теплопроводности – с понижением температуры сопротивление уменьшается. Количество свободных электронов при этом также уменьшается. Однако при уменьшении тепловых колебаний ядер атомов несколько уменьшаются и помехи движению преонного потока.

## Сверхпроводимость

Причиной электрической проводимости металлов является преонный поток, сама возможность распространения преонного потока в материале. Но электрический ток – это поток электронов. И, хотя на движение электронов по проводнику (от атома к атому) и затрачивается энергия преонного потока, и возникают потери энергии, но разве можно получить передачу энергии по проводнику без посредничества электронов? Это очень важный вопрос, потому что считается, что во всех электрических устройствах используется именно энергия электронов, разгоняемых этим потоком в электроприборах.

Вспомним о явлении сверхпроводимости металлов. У металлов, не обладающих сверхпроводимостью, при низких температурах из-за наличия примесей наблюдается область **1** – область остаточного сопротивления, почти не зависящая от температуры (рис. 22). Остаточное сопротивление $\varrho_{ост}$ тем меньше, чем чище металл [Л.13].

С понижением температуры концентрация свободных электронов, естественно, уменьшается, так как уменьшаются тепловые колебания атомов, и все меньше электронов вылетает из атомов. При прочих равных условиях на их разгон-торможение затрачивается все меньше и меньше энергии преонного потока. Удельное сопротивление уменьшается.

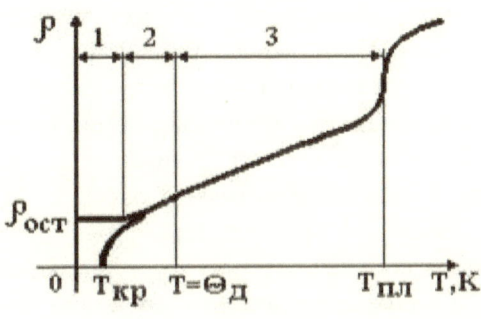

Рис. 22

Однако, начиная с некоторой критической точки $Т_{кр}$ (рис. 22) сопротивление резко падает практически до нуля (до величины остаточного сопротивления $\varrho_{ост}$ уменьшается сопротивление металлов, не проявляющих эффекта сверхпроводимости). При этом электрический ток может достигать огромных величин, что интерпретируется как уменьшение до нуля «электрического сопротивления». Электрический ток очень большой, а свободных электронов почти нет?! Еще один парадокс?

Но нет никакого парадокса.

Основное «сопротивление», препятствие **преонному потоку**, собственно движению преонов, оказывает атомная структура материала проводника. И это сопротивление исключительно мало. Преонный поток свободно «обтекает» ядра атомов металла, практически не встречая с их стороны сопротивления. Поэтому сколько преонов вошло в сверхпроводник на одном его конце, столько же оказалось и на его другом конце, и при этом они не потеряли своей скорости, их энергия ни на что не была израсходована. «Электрическое сопротивление» сверхпроводника оказалось почти равным нулю. То есть, если мы теперь подключим какое либо реальное сопротивление (нагрузку) на выходном конце проводника, то это эквивалентно тому, как если бы мы подключили потребляющее энергию устройство (сопротивление) на входном конце сверхпроводника, прямо к источнику преонов. Это и создает представление о почти «нулевом сопротивлении» сверхпроводника.

Вся суть здесь в этом «почти». При температуре ниже критической колебания (движение) атомов в металле практически прекращаются, и свободный электрон, буде он появился, уже не захватывается на своем пути ни одним из атомов металла. Причем прежде всего потому, что в этих атомах почти все электроны уже находятся на своем месте. Тем не менее, очень небольшое количество свободных электронов в металле (проявляющем «свойства» сверхпроводимости) все же присутствует.

И теперь любой свободный электрон уже может ускоряться преонным потоком до очень больших скоростей, не поглощаясь на своем пути (теперь уже гораздо более длинном) ни одним атомом, обтекая ядра атомов вместе с преонным потоком.

При этом вовсе не обязательно появление в металле «свободных» электронов. ЛЮБОЙ электрон, оказавшийся в начале сверхпроводника, моментально доходит до конца проводника без столкновений с чем-либо.

Если теперь свернуть проводник в кольцо, то окажется, что каждый электрон проходит поперечное сечение проводника многократно, а преонный поток – один и тот же. Это совершенно эквивалентно многократному возрастанию тока через поперечное сечение проводника.

Это становится возможным только в том случае, если скорость электрона увеличивается во много тысяч раз, заметно приближаясь к скорости самого преонного потока (ибо нет условий для поглощения электрона).

В момент перехода проводника к состоянию сверхпроводимости почти исчезает магнитное поле. К этому вопросу мы вернемся при рассмотрении причин возникновения магнитного поля при наличии электрического тока в проводнике.

### Некоторые замечания:

Если металл чистый, то есть имеет регулярную структуру, то сопротивление преонному потоку минимально; при наличии примесей, нарушающих периодичность структуры, сопротивление увеличивается.

Полупроводники же, напротив, ведут себя диаметрально противоположно, то есть с увеличением температуры снижают свое удельное сопротивление, и наоборот. Это связано с совершенно иным механизмом передвижения электронов в материале полупроводника.

**Таким образом, движущей СИЛОЙ, воздействующей на свободные электроны проводника, является в нашей модели преонная среда. Движущаяся преонная среда увлекает за собой электроны, как ветер – пушинки одуванчика, или как горная лавина – камни.**

**Это физическое объяснение понятия «электродвижущая сила».**

В такой интерпретации электрический **ток** в проводнике («постоянный ток») представляет собой последовательность кратковременных внезапных появлений электронов в потоке преонов, их прыжков от атома к атому, и затем внезапного исчезновения электронов из потока при захвате их протонами. Поскольку таких электронов очень много, и они совершают свои прыжки в разное время, суммарная общая картина представляется внешнему наблюдателю в виде якобы сплошного потока электронов. О том, что происходит на самом деле, можно догадаться только лишь по явлению так называемого «дробового шума», хорошо известного в радиоэлектронике; этот «шум» является результатом вот таких кратковременных перескоков электронов от атома к атому. По спектру дробового шума можно сделать некоторые заключения о характеристиках этого процесса и о материале проводника.

Таким образом, собственно причиной электрического тока в проводнике является преонный поток. А захватываемые им «по дороге» электроны хотя и создают поток электронов, но не поток электронов в проводнике обеспечивает передачу электрической энергии (ее передают движущиеся со световой скоростью преоны). Электроны проводника на самом деле лишь мешают этому процессу, вызывая потери энергии на нагрев проводника, на увеличение кинетической энергии колеблющихся ядер атомов.

Однако и без электронов тоже как бы и нельзя, ибо в таком случае проводник превращается в диэлектрик?

Нет. Особенностью металлов по сравнению с диэлектриками является упорядоченная кристаллическая решетка, обеспечивающая свободный проход сквозь нее преонного потока. Диэлектрики имеют иную кристаллическую решетку (если это кристаллы). Алмаз – диэлектрик, а графит – хороший проводник. Вся разница в структуре кристаллической решетки и во взаимодействии преонного потока с нею.

Возникновение свободных электронов в металле, представляемое как выход электрона оболочки за пределы влияния ядра, является на самом деле упрощением. Распределение ударных воздействий в материале металла не является скачкообразным. Разные атомы получают самые разные импульсы от соседних атомов. Поэтому полностью теряет свои внешние электроны только сравнительно небольшая в процентном отношении часть атомов. В большинстве же случаев электрон либо не успевает полностью отделиться от атома, либо существует вне его после отделения очень небольшое время и возвращается обратно в атом.

Поэтому возможность захвата отделяющегося электрона потоком преонов зависит от плотности этого потока. Вот почему величину тока в проводнике определяет не средняя концентрация свободных электронов, а именно величина (плотность) преонного тока, зависящая от «напряжения» (величины преонного «заряда») на входном конце проводника. Концентрация свободных электронов определяет потери.

## Почему диэлектрики не проводят ток

В диэлектрике вообще нет свободных электронов, и он не проводит электрического тока.

Наилучшим примером является **алмаз и графит** – при идентичном химическом составе разница в проводимости огромная. В алмазе практически не возникают свободные электроны. Поэтому изменения в величине преонного поля (газа) через алмаз передаются свободно, как через хороший диэлектрик. В графите свободные электроны возникают в большом количестве при нормальной температуре. Поэтому, при наличии разности давлений преонного газа (разности потенциалов) на концах графитового стержня, через графит может протекать достаточно большой ток.

(Здесь следует предупредить читателя о наличии в Интернете очень большого количества ложных интерпретаций этого явления. Но одновременно имеются сведения о существовании проводимости алмаза при сверхнизких температурах.)

Чем же в этом случае отличается алмаз от сверхпроводника? Почему алмаз не может «проводить электричество»?

Потому что в этом случае алмаз с приложенными к нему двумя электродами «цепи» превращается в конденсатор, через который протекает только преонный ток, но не поток электронов. А отсутствие в цепи свободных электронов не дает возможности функционирования ни нагревательных приборов, ни приборов, работающих на принципах электромагнетизма.

## Постоянный электрический ток

Процесс разряда конденсатора через проводник мог бы быть не кратковременным, не импульсным, а непрерывным, если бы нам удалось каким-то образом пополнять количество электронов на верхней обкладке конденсатора. Именно это и делают различного рода «источники тока» (химические, электромагнитные и проч.). В этом случае «верхняя пластина конденсатора» получает непрерывную подпитку электронами, компенсирующими их возможный уход с пластины вовне. При этом преонный ток (и ток электронов, движение электронов) также становится постоянным, и направленным от отрицательно «заряженной» пластины... куда? К положительно заряженной нижней пластине, если внешний конец проводника соединить с нижней пластиной конденсатора. По проводнику пойдет постоянный ток.

Как уже было сказано выше, процесс перехода электрона проводимости с одного атома на другой состоит из двух этапов. На первом этапе (сразу после отделения электрона от атома) происходит его разгон движущимся преонным потоком от практически нулевой скорости. Далее отделившийся (свободный) электрон попадает в область притяжения его другим атомом, и разгоняется далее как за счет этого притяжения, так и потоком преонов; в обоих случаях на это расходуется энергия преонного потока.

При поглощении атомом электрона последний отдает атому накопленную во время движения энергию, которая переходит в тепловое (механическое) движение атомов. Энергия для первого этапа (разгона отделившегося электрона) забирается от источника потока преонов, называемого в просторечии «источником электрического тока». Обратите внимание на формулировки – они, похоже, правильные – источник **ЭЛЕКТРИЧЕСКОГО** ТОКА, а не **ЭЛЕКТРОННОГО**.

**Электронный** ток – это явление совсем иного рода. Он наблюдается только в вакуумных приборах – радиолампах, электронных пушках телевизионных трубок и др. В этом случае электроны, вылетевшие из атомов с поверхности (!) нагретого до высокой температуры металла (катода), разгоняются до достаточно больших скоростей с помощью преонного потока, действующего на участке между электродами электронной пушки (или между катодом и анодом электронной лампы). Это происходит на расстояниях, существенно бо́льших, чем расстояния между отдельными атомами в проводнике. Поэтому электроны разгоняются до очень больших скоростей. Из-за сетчатости (дырчатости) первого анода электронной пушки электроны по инерции проскакивают сквозь него, и в дальнейшем летят в потоке преонов, создаваемом вторым анодом. При этом каждый электрон двигается с большой скоростью, и проходит очень большое (по сравнению с электроном в проводнике) расстояние, не перепрыгивая от атома к атому (поскольку атомы на его пути не встречаются). Как мы увидим ниже, это – принципиальный момент, ибо процесс перескока в проводнике – весьма кратковременный, импульсный, вызывает отражение потока преонов от внезапно возникающих на их пути относительно медленно движущихся электронов, что приводит к возникновению так называемого «магнитного поля» (см. ниже). А в электронной трубке электроны летят без перескока, ускоряясь преонным потоком, но не возникая внезапно на его пути; и, между прочим, почти никакого так называемого «магнитного поля» сами не создают. Не странно ли?

Кстати, именно по этой причине два параллельных электронных потока в вакуумной трубке взаимно отталкиваются, а два проводника с однонаправленными токами – притягиваются друг к другу. Это еще один парадокс, если считать (вслед за авторитетами), что «электрический ток – это движение зарядов».

\*

Таким образом, движение электронов в проводнике есть всего лишь СЛЕДСТВИЕ движения преонного потока. Движущей СИЛОЙ, вызывающей движение электронов, является преонная среда. Только преоны способны создавать воздействие, распространяющееся со скоростью света.

Электрический ток в проводнике представляет собой сумму всех таких процессов. Именно поэтому он способен вызываться микронапряжениями. Ибо при любом преонном потоке всегда увлекается некоторое число освободившихся в данное мгновение электронов.

Величина потока преонов (вытекающей воды из резервуара, озера, источника) определяется разностью давлений.

Поток преонов первичен. Преоны – это «вода». Вода может быть более чистой или более грязной. Нечистота воды – это электроны, частички грязи, увлекаемые водой.

Но на скорость преонов разность давлений вряд ли оказывает влияние – слишком уж она велика (скорость света). Это давление (напряжение) определяется концентрацией преонов на «подающем» конце проводника, а оно, в свою очередь, определяется количеством подаваемых преонов (и электронов) от источника питания (напряжения).

Следующий законный вопрос – откуда берутся необходимые свободные электроны для образования электрического тока все бо́льшей и бо́льшей величины, если их концентрация в металле одна и та же при данной температуре?

При своем образовании свободный электрон может «отойти» от родного атома на разное расстояние. Это зависит от величины удара по атому со стороны хаотических потоков преонов среды, всегда присутствующей вокруг нас.Следствием такого удара и является выброс электрона за верхнюю зону (границу) атома. Если внешнего потока преонов нет, то через миллисекунды или менее электрон возвращается в атом притяжением протона. Если же поток преонов в проводнике имеется, он давит на возникший на его пути электрон, и пытается оторвать его от «родного атома». Чем плотнее поток преонов, тем легче это ему удается, потому что сила, воздействующая на электрон со стороны потока, отрывающая его от атома, зависит от плотности этого потока.

Поскольку спектр теплового воздействия весьма широк, в металле имеются (и постоянно возникают) электроны, выбиваемые на разное расстояние от атома. И увеличение плотности потока преонов будет отрывать и приводить в движение все бо́льшее число электронов.

По мере увеличения тока увеличивается и нагрев проводника теми электронами, которые достигли конца своего пути на другом атоме. Количество свободных электронов с ростом температуры, естественно, растет. (В какой-то момент металл начнет плавиться, и тогда уже начинаются другие процессы).

Закончим этот раздел формулой закона Ома...

*Электрическое напряжение (а по сути – концетрация преонов), которое измеряется знакомым многим прибором по имени «вольтметр», будучи приложено к любой токопроводящей электрической «цепи», вызывает в ней электрический ток (измеряемый «амперметром»), который в свою очередь зависит от электрического сопротивления этой «цепи». Мы здесь вынуждены надеяться, что читатель знаком с самыми основами современной электротехники из курса средней школы.*

Закон Ома для электрической цепи (иметь впоследствии в виду!) связывает три упомянутых параметра – напряжение (V), сопротивление (R) и ток (I):

$$U=IR$$

Закон этот сформулировал Георг Ом в 1826 г. Несмотря на кажущуюся простоту, Ом потратил много лет на формулировку этого закона. (Автор по собственному опыту знает, как трудно бывает догадаться до очень простых вещей.)

## 3. «Магнитное поле»

Физическая природа так называемого «магнитного поля» остается неизвестной и в настоящее время. Считается, что описание почти всех видов взаимосвязи магнитных и электрических явлений дается уравнениями Максвелла, которые мы рассмотрим значительно ниже. Вообще говоря, это не так. Кроме не вполне объяснимого до настоящего времени принципа действия униполярного двигателя (и генератора) Фарадея, нужно сразу отметить, что нет прямой связи между уравнениями Максвелла и электромеханическими магнитоэлектрическими явлениями – движением проводника с током в магнитном поле и возникновением электродвижущей силы (ЭДС) при движении проводника в магнитном поле.

В результате ряд задач до сих пор не имеет своего не только решения, но даже и объяснения.

Такое положение вполне понятно, так как в науке об электричестве приняты постулаты, не вполне адекватные реальной картине происходящего. Поскольку суть этого самого происходящего неизвестна, физическая картина заменена математической моделью (уравнениями Максвелла), с этой физической картиной плохо связанными. Что мы ниже и попытаемся продемонстрировать и, по возможности, восполнить этот пробел.

Вначале мы попытаемся описать «физическую основу» наблюдаемых явлений. Для электрического тока это было сделано в самом общем виде в предыдущем разделе. Сейчас рассмотрим явления, именуемые «магнетизмом».

## «Силовые линии» магнитного поля

Каким же образом «поле» действует на оказавшиеся в нем объекты?

Для Фарадея и Максвелла ответ был ясен: по силовым линиям! (Для Р.Фейнмана [Л.5] – тоже). И линии эти всегда замкнуты сами на себя (рис.23).

Но ведь это просто констатация факта наблюдаемого **кольцевого распределения опилок** вокруг провода с током; и это распределение считается результатом действия неких «сил»? Каких сил? Сил воздействия на магнитную стрелку, которые были названы Фарадеем «силовыми линиями». И не более того. Даже современной науке неизвестно, в результате какого физического процесса эти силы возникают. Что же говорить о временах Фарадея и Максвелла?

\*

Вспомним историю. Как это и было принято в его времена, Фарадей исходил из того, что «электричество» и «магнетизм» представляют собой физически разные «субстанции» («флюиды», как тогда выражались). Опыты Фарадея показывали только то, что одна субстанция может каким-то образом «взаимодействовать» с другой субстанцией, а то и «переходить одна в другую». Физическая суть электрического «заряда» остается неизвестной по сей день, но хотя бы удалось «привязать» понятие заряда к электрону и протону.

(Тем не менее, по-прежнему эти частицы называют «заряженными», как будто «заряд» есть действительно некая «субстанция», которую можно отнять у электрона и протона, оставив эти частицы в неприкосновенности. Заряженным может выглядеть крупное тело, но не электрон. С тем же правом можно считать воду влажной. Электрон и протон в принципе не могут быть «незаряженными».)

Физическая суть магнетизма также остается неизвестной, но найти «магнитный заряд» как аналог электрического заряда так и не удалось. Электрон как носитель заряда, и объяснение электрического тока как движение электронов также не были известны Фарадею. **Все, что имел Фарадей для исследования магнетизма – это было «пробное тело» в виде магнитной стрелки компаса.**

И точно так же, как при наличии электрического заряда мелкие предметы располагаются относительно заряженного тела по концентрическим окружностям, располагались по концентрическим окружностям и металлические опилки вблизи линейного (не подковообразного!) магнита. Точно так же опилки располагались вокруг провода, в перпендикулярной проводу плоскости (лист бумаги, проколотый проводом). И это могло бы навести на мысль об излучении «магнитного флюида»... если бы магнитная стрелка компаса вела себя похожим образом – одним концом к проводу, а другим – от него. Но магнитная стрелка вела себя иначе. Она располагалась относительно провода (и магнита) вот так:

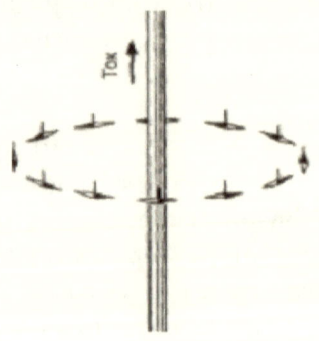

Рис. 23

Была очевидна полная аналогия с флюгером в потоке ветра. Стрелка явно располагалась вдоль какого-то потока. Почему именно таким образом, а не наоборот – ответа не было. Некая «сила» заставляет стрелку ориентироваться вот так, и никак иначе! И Фарадей рисует картинку «силовых линий» –распределение по пространству «полей», воздействующих на стрелку (рис.24).

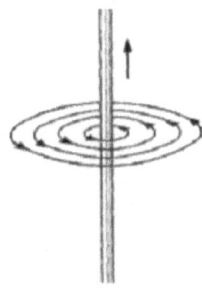

Рис.24

И вот направление этих стрелок из рисунков Фарадея и было принято за направление «силовых линий»!

В дальнейшем Максвелл «обосновал» это с помощью «строгой математики» векторной алгебры (см. маленькое примечание в разделе «РОТОР» Википедии, где говорится о необязательности существования какого-то физического «вращения» в тех случаях, когда процесс математически описывается оператором «ротор»).

Но, если вернуться к описанию электрического заряда, то можно видеть, что там мы придавали понятию «силовая линия» именно его основной смысл – сила действует вдоль силовой линии, потому эта линия и называется «силовой». А в данном случае? Разве вдоль силовой линии (обозначим ее «вектором B», который назовем «вектор магнитной индукции» – еще одно совершенно абстрактное название) действует какая-то «сила»?

Возьмем два проводника с токами, идущими в противоположных направлениях (для определенности), и нарисуем «силовые линии магнитного поля» по-Фарадею (рис.25).

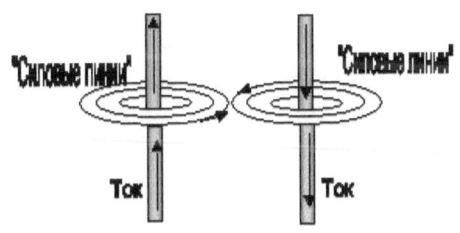

Рис.25

Можем ли мы с первого взгляда определить, какие силы и в каком направлении будут действовать на каждый проводник? Навряд ли (позже мы увидим, почему). Если силы действуют по «силовым линиям» (да еще «посредством магнитных полей», как нам рекомендует делать Фейнман), то можно предположить что угодно, в том числе и то, что при пересечении «магнитных линий» проводники начнут вращаться вокруг своих осей (и тоже в разные стороны). Но на практике ничего подобного, конечно, не наблюдается. Магнитное поле одного проводника каким-то иным образом действует на электроны второго проводника, и вот уже эти электроны опять же каким-то образом воздействуют на сам проводник, в котором они находятся. В результате проводники либо стремятся сблизиться, либо, напротив, оттолкнуться. Но из рис.25, изображающего фарадеевские «силовые линии», это прямо не следует. (Критика воззрений Фейнмана будет нами дана в разделе об уравнениях Максвелла).

Чтобы понять «физику» этого процесса, нам нужно будет вначале обратиться к опытам Ампера и к истолкованию причины появления так называемой «силы Лоренца». «Объяснение» этих эффектов хорошо известно из любого курса физики. Поэтому здесь мы сразу дадим объяснение, вытекающее из представлений гравитоники (преоники).

## «Постоянное магнитное поле» проводника с током

Под воздействием разности концентраций преонов на концах проводника (называемой в электротехнике «разностью потенциалов») преоны в металле движутся со скоростью, близкой к скорости света. Движение «зарядов» (электронов) в подобном потоке само по себе не создает ничего, что могло бы повлечь за собой дистанционное воздействие на другие заряды. Многочисленные примеры можно найти в описаниях работы самых различных электронно-лучевых приборов.

Ядра атомов относительно невелики по размерам, и почти свободно обтекаются преонным потоком, аналогично тому, как это происходит со световым потоком в прозрачных материалах.

Магнитное поле вокруг проводника с током возникает не как следствие движения «зарядов» вообще, а вследствие специфичнейшей особенности выхода электрона из атома.

Электрон внутри атома не является концентрированным образованием.

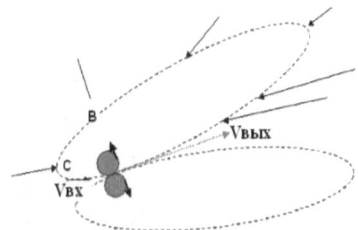

Рис. 26. «Разрез» атома

Это распределенная в пространстве «сумма траекторий (орбит)» преонов. Их можно представить как сумму струй водяного фонтанчика (рис. 27).

Рис. 27. Гидродинамическая аналогия электрона

Из этих картинок (особенно из правой картинки рис. 27) может быть более понятно, что основная масса преонов, из которых состоит электрон, сосредоточена на максимальном удалении от протона (ядра атома). Это и есть «граница атома». Именно там скорость преонов приближается к нулю, и преоны разворачиваются для обратного движения к протону. Именно об этом, собственно, говорит «принцип неопределенности» Гейзенберга. Но Гейзенберг сформулировал его в предположении о существовании электрона как «неизвестно чего» (геометрической точки) с той или иной вероятностью обнаружения его в какой-нибудь точке пространства. В нашей модели идея Гейзенберга приобретает контуры «реал-физики».

Но, конечно, местонахождение электрона в атоме – это не точка в середине верхней части фонтанчика, так как сам фонтанчик – образование пространственное. Основная масса преонов электрона находится на некоторой сфере на расстоянии положения центра массы. Тем не менее, из-за исключительно высокого градиента скоростей преонов в «фонтанчике» эта сфера очень близка к «границе атома».

## Выход электрона из атома

Что произойдет, если в какой-то момент времени протон, создающий фонтанчик, сдвинется в сторону на некоторую величину? Фонтанчик окажется предоставленным самому себе... и превратится в некоторое тороидальное образование. Учитывая сказанное в предыдущем разделе, этот сдвиг не должен быть даже очень большим, и уж во всяком случае меньше размеров самого атома.

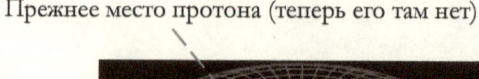

Прежнее место протона (теперь его там нет)

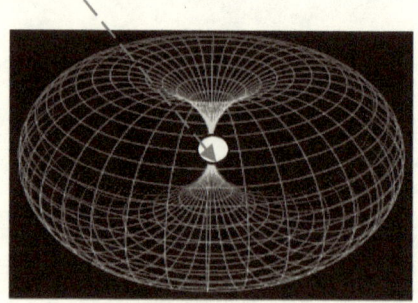

Рис. 28

Параметры такого образования также достаточны для его самостоятельного существования в гравитонной среде. Но в момент выхода из атома (и очень небольшое время после этого) это преонное облачко имеет размеры, соизмеримые с радиусом де-бройлевской орбиты (т.е. около $1.10^{-9}$ см). Этот размер на 4-5 порядков больше размера ядра атома. При этом все преоны, из которых состоит электрон, и которые ранее были распределены по орбитам внутри атома, являют собой более компактное образование, чем облачко внутри атома. В течение очень небольшого времени после отрыва от протона, это облачко (как было объяснено выше) быстро сжимается до размеров протона и даже менее. Но как раз в течение этого же времени оно представляет собой препятствие для преонов преонного потока в проводнике. В дальнейшем для краткости мы будем попрежнему называть такое облачко «свободным электроном».

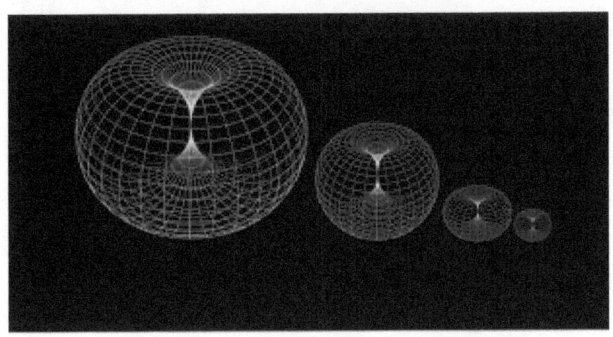

Рис.29.

Сжатие преонного облачка до размеров свободного электрона

Вот в это время и возникает пресловутое «магнитное поле». Оно представляет собой короткий импульс рассеянных облачком преонов. Внезапно возникший на пути преонов проводника электрон, выброшенный из атома, вызывает возникновение квази-конической ударной волны, похожей по форме на волну от пули в воздухе. Но похожий лишь внешне...

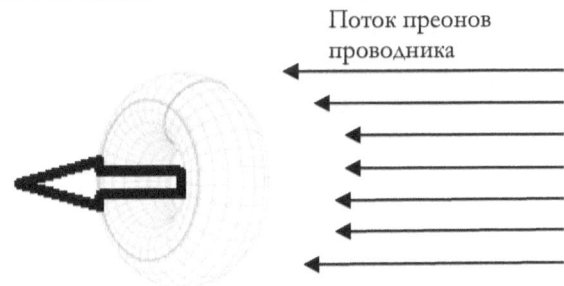

Поток преонов проводника

Рис. 30

Каждый образовавшийся свободный тороидальный электрон сразу же начинает излучать собственный поток преонов (стрелка на рис. 30), захватывая их из окружающего пространства. При этом он неизбежно разворачивается в направлении набегающего потока преонов проводника.

При огибании потоком преонов электрона вокруг него (за ним по отношению к потоку) возникают кольцевые вихри (в точном соответствии с принципами аэродинамики) (рис. 31).

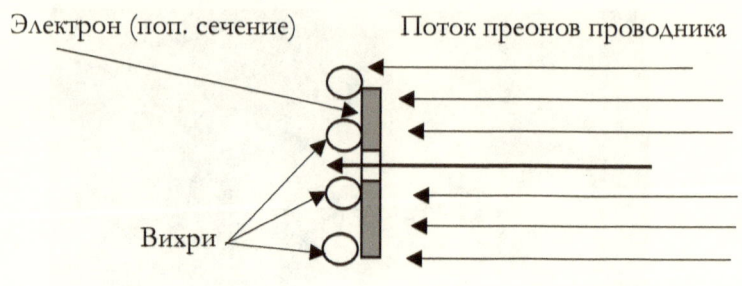

Рис. 31

Каждый такой маленький вихрь немедленно начинает расширяться, и все они образуют кольцевую волну, состоящую из вращающихся (со скоростью света) вихрей. Проникающая через центр тора часть потока преонов расталкивает эти вихри в перпендикулярном к оси направлении.

Одновременно возникший свободный электрон начинает двигаться в потоке преонов проводника с ускорением. В результате вокруг него и за ним возникает **расходящийся поток кольцевых вихрей** (рис. 32, рис. 33).

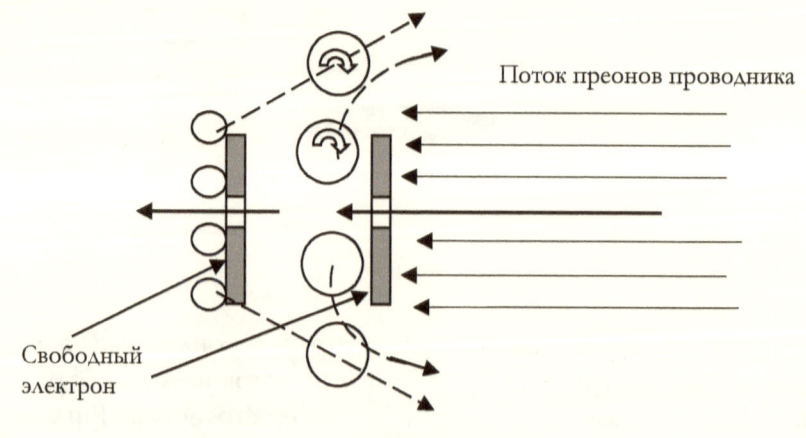

Рис. 32

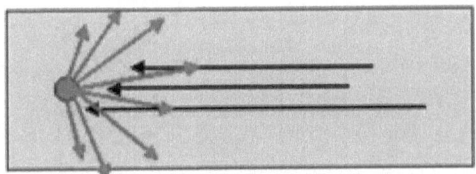

Рис.33

Все вместе они образуют как бы конус с толстыми стенками, направленный **в обратную к направлению движения преонов сторону** (рис. 34).

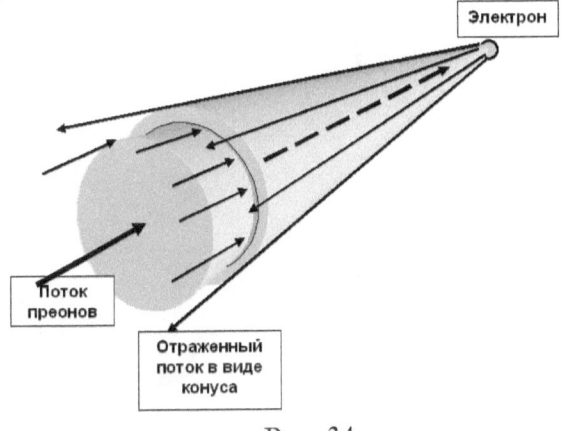

Рис. 34

В поперечном сечении это можно представить себе так (рис. 35).

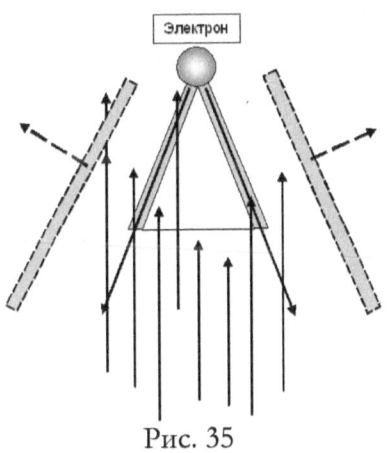

Рис. 35

В целом «конус» представляет собой как бы ударную волну, расходящуюся в перпендикулярном к ее фронтам направлении. Это показано пунктирными прямоугольничками на рис. 35. «Длина» такой волны в пространстве может быть значительно больше, указанной на рис. 35, так как она формируется в течение всего времени существования свободного электрона вдоль по пути его движения. Даже если это время всего 1 мс, то протяженность этого образования в пространстве будет 300 км.

В дальнейшем мы будем изображать эту волну условно прямолинейной, не забывая о том, что у этих прямых линий есть внутренняя вихревая структура.

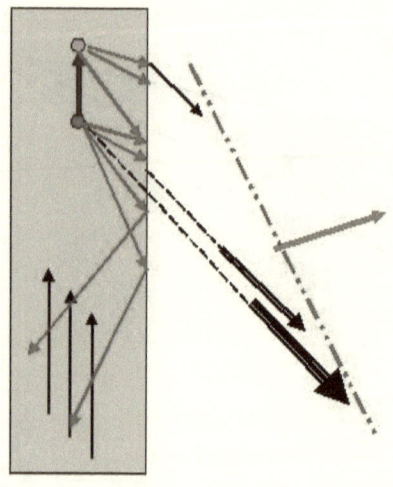

Рис. 36

Дойдя до границы проводника, эта волна может частично отразиться от границы раздела, а частично пройдет через границу проводника в окружающее пространство. От каждого возникающего в металле свободного электрона в пространстве образуется одиночная (!) волна (рис. 36, рис. 37).

Прежде всего, следует иметь в виду, что эта волна существует очень короткое время, равное времени существования того свободного электрона, которым она порождена. Это время измеряется обычно миллисекундами. Но вследствие огромной разницы между скоростью электрона и скоростью преонов картина, видимо, должна представлять собой мгновенную фотографию рассеяния на неподвижном электроне.

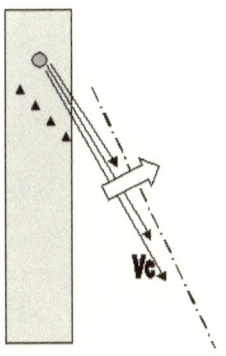

Рис. 37

Суммарный эффект представляет собой одиночную волну, распространяющуюся в направлении, указанном толстой стрелкой на рис.37 (фронт самой волны – штрих-пунктирная линия).

При этом отраженные преоны летят со световой скоростью Vc в направлении черных стрелок, а уплотнение движется в боковом направлении.

То есть, волна (а на самом деле не волна, а сгусток, пространственное уплотнение преонов) распространяется в двух направлениях – расширяется перпендикулярно образующей конуса и двигается вдоль конуса, как бы «снимаясь с него». Такой волновой импульс (поток) в боковом направлении свободно проходит сквозь металлы и диэлектрики.

По всей вероятности, угол рассеивания близок к 90°, так что эти два направления (назад и вбок) почти совпадают, и показаны на рисунках только для пояснения процесса.

## Действие «магнитного поля» на электрон в соседнем проводнике

Расположим два проводника 1 и 2 параллельно друг другу (рис. 38). Если **при отсутствии потока преонов** в проводнике "2" момент выхода свободного электрона из атома (кружок на изображении проводника «2») совпадет с прохождением мимо него такого импульса, то импульс окажет на электрон давление, в результате которого электрон несколько удаляется от атома. Это является причиной возникновения некоторого избытка электронов на правой стороне проводника «2» на рис. 38.

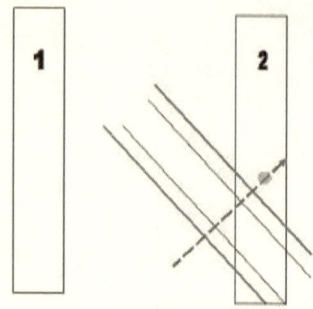

Рис. 38

Этот эффект называется «эффектом Холла». Однако он нас будет интересовать во вторую очередь. Да и открыт этот эффект был значительно позже других электрических явлений.

Но если во втором проводнике (рис. 39) существует поток «А» (вызванный «разностью потенциалов» на концах проводника «2» – разностью плотностей преонов), и поток «В», проникающий в проводник «2» извне вследствие рассеяния потока преонов на свободном электроне в проводнике «1».....

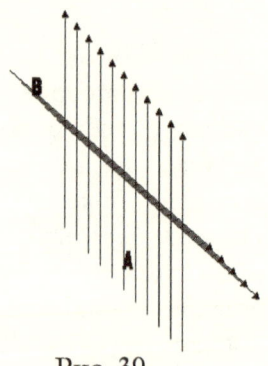

Рис. 39

....то возникающий свободный электрон в проводнике «2» попадает в область действия этих двух потоков (рис. 40).

Если в этой области свободных электронов нет, то эти потоки пересекаются без какого-либо взаимного влияния, аналогично пересечению в пространстве потоков света.

Но если в зоне совместного существования (действия) этих потоков оказывается какой-то объект (электрон или протон), то каждый из этих потоков воздействует на этот объект индивидуально, независимо от существования другого потока.

И если в месте пересечения потоков «А» и «В» появляется «свободный электрон», ускоряемый потоком «А», то он наталкивается на внезапно возникающую стенку «В» (рис. 40), и направление его движения получает боковую составляющую.

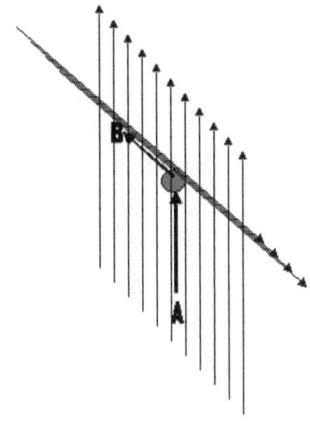

Рис. 40

Потоки «А» и «В» не складываются векторно. Каждый из них действует на объект так, как будто другого потока нет. Движение «А-В» – это ДВИЖЕНИЕ электрона во втором проводе (при наличии в нем тока). При отсутствии потока «А» преонный импульс «В» со стороны первого проводника вызывает только некоторое смещение свободного электрона (рис. 38).

## Движение проводника под действием «Силы Лоренца»

Таким образом, если движение электронов под действием преонного давления («электрического поля») происходит в двух проводниках, расположенных параллельно, то поток преонных волн из первого проводника представляет собой некоторое препятствие (уплотнение, фронт) для потока электронов, движущихся по второму проводнику (рис. 39, рис. 40). Наталкиваясь на этот фронт, поток свободных электронов в проводнике заворачивает (вернее сказать – «отражается») влево (при данных направлениях движения частиц в проводниках). В дальнейшем, в момент захвата движущегося электрона свободным от электрона атомом, электрон передает атому свой кинетический момент, который теперь уже направлен под углом к направлению движения потока преонов «А». Та же ситуация возникает и в проводнике «1». В результате проводники «стремятся» сблизиться.

Теперь, как пишут учебники, внешний наблюдатель видит «странную картину»... Если, например, проводники подвесить на ниточках, то движение каждого проводника не сопровождается никаким движением никакой «опоры» в обратную сторону. Создается впечатление, что нарушается третий закон Ньютона (и об этом можно прочитать в любом справочнике, описывающем явление возникновения «силы Лоренца»). Вопрос в простейшей форме звучит так: «От чего отталкивается второй проводник?»

А почему он обязательно должен «отталкиваться»? Почему бы ему не притягиваться?

Из нашего описания должно быть ясно, что в рамках преонной концепции никакие физические законы не нарушаются. Кажущееся отсутствие опоры возникает из-за практически мгновенного рассеяния (исчезновения) «стенки» на пути разгоняемого преонным потоком электрона во втором проводнике. После отклонения электрона те преоны, которые образовывали «стенку» и приняли на себя «действие» со стороны движущегося электрона, рассеиваются в пространстве (или улетают в сторону своего прежнего движения). Они-то, эти преоны, и создавали картину «неощутимого» «магнитного поля».

В конечном счете учеными людьми была признана необходимость считать магнитное поле «материальной средой» без уточнения, что эта среда собой представляет. И это несмотря на то, что Р.Фейнман предостерегал от попыток «материализации» разного рода «полей», считая поля всего лишь наиболее удобным методом расчета действующих сил.

Обратите внимание, что одного лишь прямого воздействия «стенки» на электрон недостаточно для возникновения силы, приложенной к самому проводнику. Ведь ни стенка, ни электрон в свободном состоянии в момент отклонения ничем с металлом проводника не связаны. **Сила, воздействующая на проводник (металл) возникает ТОЛЬКО впоследствии, когда отклоненный электрон поглощается встретившимся на его пути атомом,** и при этом передает ему свой кинетический момент, набранный им во время движения с самого момента выброса электрона из атома.

(Эта особенность процесса окажет решающее влияние на объяснение множества «необъяснимых» экспериментов, приводимых Г.Николаевым в своих работах.)

Классическая же теория утверждает, что электрон отклоняется какой-то «силой», называемой «силой Лоренца». А поскольку «стенка» никак не связана с материалом проводника (возникает на очень короткое время и сразу же исчезает), то, как сказано выше, создается впечатление, что не выполняется Третий закон Ньютона – действие (на электрон и впоследствии на атом провода) есть, а реакции (опоры) как бы и нет. Конечно, реакция опоры есть, она возникает при воздействии электрона на стенку в момент соударения с ней; но вот после соударения стенка исчезает, «рассыпается».

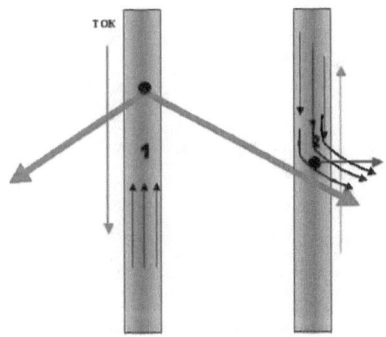

Рис. 41

Аналогичные процессы происходят и при изменении направления движения потока преонов в проводнике «2» (рис. 41).

Следует иметь в виду, что на наших картинках мы рассматриваем движение ПРЕОНОВ как главную причину для возникновения в проводниках разного рода «сил». Но в классической электротехнике исторически сложилась традиция приписывать электрическому ТОКУ (не току электронов, а движению «положительных зарядов») перемещение от «плюса» источника питания (источника «зарядов») к его минусу. Соответственно этому представлению и было предложено «правило левой руки» для быстрого и мнемонического определения направления движения проводника в магнитном поле, и «правило буравчика» для определения «направления магнитных силовых линий». Понятно, что при такой ситуации направления движения проводников на наших рисунках могут быть противоположными тому, как указывает это правило.

Эти правила были сформулированы на самой заре развития электротехники, и уцелели до настоящего времени с одной стороны – вследствие своей мнемонической правильности, а с другой стороны – вследствие так и не появившегося ясного понимания вышеописанных процессов. Но для целей практической электротехники (там, <u>где штопор входит в основной набор инструментов монтёра</u>) ничего другого и не нужно.

## Сила Лоренца

Сила, действующая в магнитном поле на движущуюся частицу, имеющую «заряд», называется силой Лоренца [Л.15] (роль самого Лоренца в ее формулировке оспаривается).

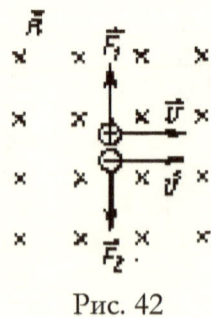

Рис. 42

Ранее мы рассматривали случай движения заряженной частички (протон, электрон) в электрическом поле (конденсатора). Зная уже физическую природу «притяжения и отталкивания», мы смогли понять причину изменения направления движения частицы. Но такие же частицы ведут себя в магнитном поле несколько иначе. В этом случае рекомендуется пользоваться «формулой Лоренца».

Не вдаваясь в историю ее появления, формула Лоренца имеет вид:

$$F_\Lambda = \frac{F_A}{N} = \frac{BI\ell \sin\alpha}{nV} = \frac{Bqn v S\ell \sin\alpha}{nS\ell} = qvB\sin\alpha$$

Формула определяет силу, действующую на ОДИНОЧНЫЙ электрический заряд (электрона, протона) при его движении.

Здесь $F_A$ – суммарная сила, действующая на проводник, по которому движется «N» зарядов;

n – концентрация зарядов;

V=Sl – объем, в котором находятся заряды;

I - величина тока;

α – угол по отношению к направлению силовых линий магнитного поля; в случае взаимной перпендикулярности sin α=1;

В – предполагаемая величина магнитного поля;

q – заряд частицы.

Направление силы Лоренца $F_A$ определяется по «правилу левой руки» (рис. 43): вектор $F$ перпендикулярен векторам $B$ и $I$.

Направление движения в пространстве электрона соответствует общепринятому направлению движения тока в проводнике (от «плюса к минусу» источника напряжения).

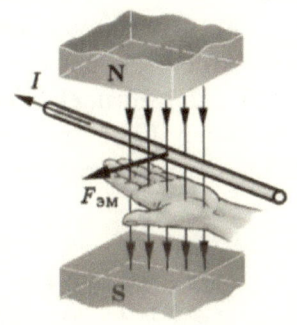

Рис. 43

**Правило левой руки** сформулировано для «положительной» частицы. Сила, действующая на отрицательный заряд, будет направлена в противоположную сторону по сравнению с положительным зарядом (рис. 44):

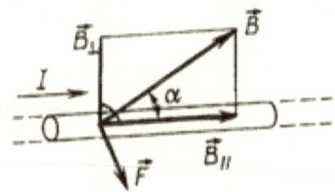

Рис. 44

И вот тут мы немедленно и сразу же сталкиваемся с **парадоксом,** якобы выводящем электродинамику за пределы классической физики. Заряженная частичка движется в некотором направлении, «силовая линия» (сила) действует на нее в перпендикулярном направлении к направлению движения, а в результате частичка начинает двигаться перпендикулярно этим двум направлениям!

Почему?

С помощью «вектора В» (и под влиянием идей Фарадея) мы ОБОЗНАЧИЛИ направление «силовой линии», то есть направление действия СИЛЫ... на что? На магнитную стрелку. А вовсе не на какой-то там «электрон», о котором Фарадей понятия не имел...

И вот теперь нам предлагают определять направление силы, действующей уже не на стрелку, а на электрон в проводнике, с помощью математической операции «векторного произведения»! А суть этой операции в том, что двигается-то электрон, оказывается, вовсе не по «силовым линиям», а перпендикулярно к оным! Сила действует не по силовой линии (как ей и положено в физике, и как она действовала у нас ранее в электростатике), не в направлении СИЛЫ, а ПОПЕРЕК! Что же это за «силовая линия» такая, позвольте спросить?!

Из всего выше изложенного должно быть ясно, что авторы этой теории отошли от классической физики на весьма почтительное расстояние... Одно тут плохо для нас – этими авторами является множество людей, облеченных высшими степенями и званиями в науке.

Однако, находясь в некотором недоумении, все-таки пойдем дальше...

## Движение проводника под действием «силы Ампера»

А если у нас движется не один-единственный «заряд» (электрон, протон), а поток электронов (электрический ток)?

Тогда сила, действующая на проводник с током в магнитном поле, называется **силой Ампера** (тот же рис. 43 и рис. 44). Сила действия однородного магнитного поля на проводник с током прямо пропорциональна силе тока, длине проводника, модулю вектора индукции магнитного поля, синусу угла между вектором индукции магнитного поля и проводником [Л.15]:

$$F = B \cdot I \cdot \ell \cdot \sin \alpha \qquad \text{(Закон Ампера)}$$

Здесь нужно просто иметь в виду, что «ток» в формуле Ампера это тот же «поток N-зарядов» в формуле «силы Лоренца». Вот и вся разница.

Направление силы Ампера определяется по правилу той же самой левой руки), а именно: если левую руку расположить так, чтобы перпендикулярная составляющая вектора $B$ входила в ладонь, а четыре вытянутых пальца были направлены по направлению тока, то отогнутый на 90° большой палец покажет направление силы, действующей на проводник с током.

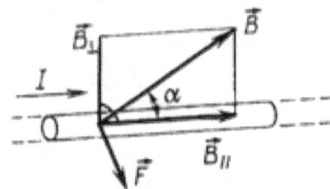

Рис. 44 (еще раз)

А как определить направление «вектора В»?

По картинке рис. 43 и рис. 44 (от «северного» полюса магнита к «южному»!) То есть УСЛОВНО.

А если у вас два проводника, по одному из которых течет стандартный ток?

Опять очень просто – ведь согласно Фарадею «силовые линии» магнитного поля окружают проводник с током! По картинке рис. 45.

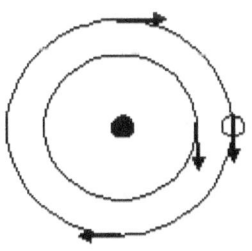

Рис. 45

Внимательный взгляд на формулы силы Ампера и силы Лоренца позволяет увидеть их похожесть, если не идентичность. В описании силы Лоренца двигается «заряд» (то есть электрон). Умножив на количество зарядов на определенной длине проводника, на их **условную** скорость в проводнике, получим формулу закона Ампера.

$$F = B \cdot I \cdot \ell \cdot \sin \alpha$$

При этом интересно, что ни количества зарядов на определенной длине проводника, ни их скорость в проводнике во времена Ампера никто точно определить не мог. Поэтому **сила определяется только путем практического измерения.** Измеряем ток в проводе «1», силу притяжения провода «2» к проводу «1», и учитываем расстояние между проводниками. После этого мы можем пользоваться моделью «магнитного поля», не имеющей никакого отношения к реально происходящему процессу.

И еще до того, как мы познакомимся с уравнениями Максвелла и их интерпретацией Р.Фейнманом, можно сразу отметить интересный факт – уравнения для силы Лоренца и силы Ампера не входят в состав четырех общеизвестных теперь уравнений Максвелла (!). Они вводятся Фейнманом как нечто само собой разумеющееся (что, кстати, почти следует из приведенных выше рассуждений) в самом начале т.5 «Фейнмановских лекций». Сами же уравнения Максвелла к «электромеханике» не относятся, а выражают только связь между электрической и магнитной «силой» (без определения, что это такое.)

Более того, такая «электромеханика», как возникновение ЭДС в проводнике при его движении в магнитном поле, если и следует из уравнений Максвелла, то не прямо и не очевидно. Поэтому нам придется разобраться в дальнейшем с собственно «физикой» этого явления.

\*

Таким образом мы получили общее представление о физической причине происходящего процесса, и теперь можем начать его некоторую «математизацию». Наше предположение о наличии весьма сложного процесса влияния можно обобщить путем обозначения неизвестной нам причины этого влияния буквой **B**. Назовем эту величину «магнитной индукцией» (из лат. *inductio* «выведение, наведение»).

Теперь у нас есть два явления, в которых (по нашему мнению) принимает участие эта неизвестная нам «сущность» (B). Первое явление – взаимодействие двух проводников с током; второе явление – движение одиночного (!) проводника с током в области, где по нашему предположению может присутствовать эта «сущность В».

Мы можем использовать проводник вполне определенной длины, и мы можем установить в нем вполне определенную величину электрического тока (условную, но одну и ту же).

Силу воздействия на одиночный проводник мы можем измерить сразу.

$$F= BI\Delta l \qquad (1)$$

*- сила воздействия на провод с током в магнитном поле магнита*

А силу взаимодействия между ДВУМЯ проводниками мы можем регулировать, изменяя ток в проводниках (желательно одновременно). И мы можем изменять эти токи до тех пор, пока сила взаимодестия между проводниками не станет равной силе, действующей на проводник с током в области «постоянного магнита».

$$F= (\mu_0/\,2\pi R)\cdot(I_1 I_2 \Delta l) \qquad (2)$$

*- сила взаимодействия между двумя проводами с током*

Раз эти силы равны, то можно приравнять выражения (1) и (2), и получить из них формулу для расчета величины «Сущности В». При этом нам вовсе не обязательно понимать, что эта «сущность» собой представляет.

Приравняв эти силы, получим

$$BI\Delta l=(\mu_0/\,2\pi R)\cdot(I_1 I_2 \Delta l)$$

откуда

$$B=(\mu_0/\,2\pi R)\cdot(I)$$

или

$$B=\mu_0\,I/\,2\pi R$$

Коэффициент $\mu_0$ вводится (как обычно делается в такого рода случаях) для того, чтобы размерности параметров в правой и левой части в результате наших действий с ними совпадали. Ибо в левой части стоит $F$ (сила), а в правой части набор величин, которые не связаны с понятием «силы». (Точно так же ученые действовали и в случаях изучения гравитации, в результате чего понятие «гравитационная постоянная» так и осталось «белым пятном» в физике.)

\*

Итак, мы нашли (вывели, написали) экспериментальную формулу «электро-магнитного» взаимодействия токов. А заодно и нашли формулу для расчета величины «Сущности В».

$$B = \mu_0 \, I \, / \, 2\pi R$$

Эта формула похожа на «определение» заряда, но только это не квадратичная зависимость, а линейная, потому что исходный «заряд» не сосредоточен в точке, а распределен по линии тока (что вполне естественно). Но ведь и в задаче, где надо определить поле заряда, распределенного по линейному проводу, мы получим тот же самый результат.

И вот теперь можно определить понятие единицы силы тока – «ампер»:

*Ампер – сила неизменяющегося (постоянного) тока, который при прохождении по двум параллельным проводникам бесконечной длины и ничтожно малого кругового сечения, расположенным на расстоянии 1м один от другого в вакууме, вызвал бы между этими проводниками силу («магнитного взаимодействия»), равную $2 \cdot 10^{-7}$ (н) на каждый метр длины.*

*Почему $2 \cdot 10^{-7}$ (н)? Потому что именно такая сила и возникает, если по проводам с указанными параметрами пропустить ток величиной 1 ампер.*

То есть, ничего не зная о природе магнитного взаимодействия мы определили единицу электрического тока (Ампер) через известные нам величины – силу и расстояние.

Магнитная индукция (магнитное воздействие, влияние)

$$B = 1\text{н} / (\text{а.м}).$$

Википедия пишет:

Эта сила оказалась довольно таки маленькой. Если выражать токи в амперах (а единица измерения тока была введена раньше через количество заряда – ампер есть кулон в секунду) то

$k = 2 \cdot 10^{-7} \ \text{Н/А}^2 \approx 1,26 \cdot 10^{-6} \ \text{Н/А}^2.$

где Н – ньютон, или т.к. Н=0,1 кгс, то

$k = 2 \cdot 10^{-7} \ \text{Н/А}^2 \approx 1,26 \cdot 10^{-7} \ \text{кг/А}^2.$

В Международной системе единиц СИ коэффициент пропорциональности $k$ принято записывать в виде:

$$k = \mu_0 / 2\pi$$

где $\mu_0$ – постоянная величина, которую называют **магнитной постоянной**.

Введение магнитной постоянной в СИ упрощает запись ряда формул. Ее численное значение равно

$$\mu_0 = 4\pi \cdot 10^{-7} \ \text{Н/А}^2 \approx 1{,}26 \cdot 10^{-6} \ \text{Н/А}^2.$$

И только... Упрощает... Так что смыслового значения, она повидимому, она иметь не должна?

Впоследствии мы попытаемся это уточнить. Но ее введение позволяет записать знаменатель не в виде расстояния до провода-источника поля, а **в виде окружности (с радиусом R),** что подводит читателя к мысли о кольцевом характере величины B (!)

Можно спросить – а зачем конструировать какие-то «уравнения Максвелла», если все сводится к простейшей формуле

$$B = \frac{\mu_0}{2\pi} \frac{I}{R}.$$

Ответ – а для «общности»! Ведь на практике возможно возникновение задач, где наглядный метод не слишком эффективен. А метод дифференциальных уравнений считается универсальным. Отсюда и «величие» этого здания уравнений Максвелла. Только надо было еще «леса» построить, чтобы «описать» с их помощью модель, физическую суть которой никто не понимал. А потом эти леса разобрать... (Фейнман), чтобы уже нельзя было даже догадаться, какие именно постулаты были приняты во время строительства.

А постулаты были, между прочим, как бы даже вполне естественные. Электрические и магнитные явления описывались с помощью уже разработанных в то время представлений и аппарата из гидродинамики! Потому что электрический ток и магнитный поток представлялись современникам в виде сверхтонких ЖИДКОСТЕЙ (вспомним физический аналог того времени для конденсатора – наполнение флюидом «лейденских банок»). Но то, что справедливо в отношении жидкостей, вовсе не обязательно соответствует электричеству, ибо ФИЗИЧЕСКАЯ ПРИРОДА явлений совершенно разная.

Сегодня мы не можем в деталях описать процесс соударения движущегося электрона с боковой поверхностью описанного нами выше конуса излучения. Но ЭТО мы можем пока оставить для разработки специалистами; пока нам достаточно видеть физическую причину, вызывающую отклонение электрона (а не пресловутое «векторное произведение»), и уметь рассчитать результат всех этих событий.

Ясно же пока одно – никакого вращающегося вихря магнитного потока вокруг провода с током нет. А вот излучение преонов в данном случае все же имеет место. Другое дело, что форма и характер этого излучения – не такие, как излучение преонов (реонов Ритца) из электрона, создающее радиальный поток преонов («электрическое поле»), прямо воздействующий на другой электрон. По-видимому, рассеиваемый поток от одиночного электрона существенно меньше, чем излучаемый электроном поток преонов (в электростатике). Из опыта известно, что прямое воздействие на покоящийся электрон во втором проводнике слабо заметно даже при большом отраженном преонном потоке.

А вот чтобы повлиять (!) на движущийся электрон во втором проводнике через создание пассивного отражающего барьера («шторки») для движущегося в потоке преонов электрона – этого, как оказывается, достаточно. Почему?

Да потому, что прямое воздействие осуществляется по схеме «электрон-электрон», а «шторка» создается потоком от многих электронов первого провода В ПРОСТРАНСТВЕ.

При этом, до тех пор, пока в точке воздействия не окажется движущийся электрон, мы мало чего сможем там «увидеть». Но, если движущийся электрон «натыкается» на барьер, он сворачивает в сторону, по всем законам механики.

И даже, если и требуется какая-то энергия для этого разворота, то она поступает от движущегося потока преонов второго проводника; а, возможно, и вообще не требуется никакой энергии, если барьер при этом не смещается и не разрушается.

Таким образом, если движение электрона по третьей оси при наличии двух перпендикулярных потоков, может быть и можно описать математической операцией «векторного произведения», то, наверное, нужно при этом хотя бы сказать, что мы не понимаем, почему это происходит? Или это происходит сложным образом, как при интерпретации движения гироскопа, которое тоже определяется как «векторное произведение». Но для «реал-физика» недостаточно «прикрыться» математической формулой, ему понять хочется...

Вышеописанное явление одновременно объясняет и силу Ампера и силу Лоренца. По сути это одна и та же сила, поскольку вызывается одним и тем же эффектом – отражением электрона от возникающего на его пути барьера.

$$F = q\left(E + [v \times B]\right)$$

Первое слагаемое определяет силу, действующую на «электрический заряд» в электрическом поле (которое ускоряет электрон в направлении движения потока преонов). Второе слагаемое определяет силу, вызывающую **движение** ЭЛЕКТРИЧЕСКОГО заряда в магнитном поле (а на самом деле не просто «движение», а отклонение движения электрона от прямой линии, **при условии, что сам «заряд» движется**). Это так называемая «сила Лоренца».

Но у нас здесь не было никакой необходимости считать, что эта сила действует в направлении, перпендикулярном обоим воздействиям! Ибо мы не использовали «фарадеевское» представление о «силовых линиях» в виде опилок. Поэтому в вышеуказанном уравнении «векторное произведение» превращается в обычное произведение скорости на ПАРАМЕТР **B**, на «неизвестную сущность B», то есть в обычное сложение векторов под определенным углом.

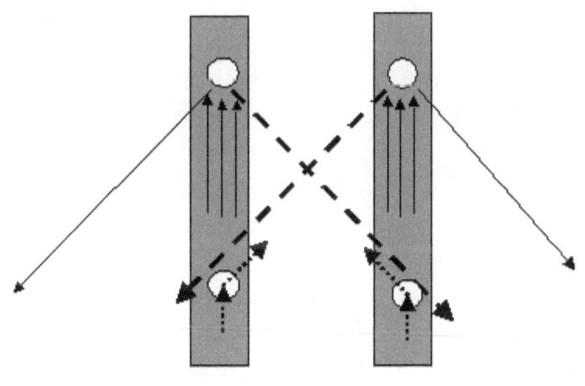

Рис. 46

Полная картина взаимодействия токов (зарядов) показана на рис.46.

При ударе электрона в преонный барьер электрон отклоняется, но при этом сам барьер может разрушаться, разваливаться на преоны, движущиеся в произвольных направлениях, что создает иллюзию нарушения третьего закона Ньютона.

## «Физика» силы Лоренца

И теперь нам осталось прояснить одну не слишком очевидную вещь, а именно – каков, собственно, «механизм» отклонения второго проводника? Да, электроны отклонились «барьером», положим... Положим также, что сам барьер при этом «разлетелся в щепки», и преоны, из которых он состоял, рассыпались по пространству, создав иллюзию исчезновения точки соударения и видимость невыполнения Третьего закона Ньютона.

В нашей гипотезе (не противоречащей в этой части представлениям современной науки) процесс распространения электрического (!) тока в металле проводника возникает при выбросе электрона из атома при его тепловом движении, и при последующем разгоне теперь уже свободного электрона в потоке преонов. При своем движении электрон попадает в зону захвата положительного иона, и при захвате передает атому некоторую энергию, полученную им при разгоне в преонном потоке.

Среднее направление вектора количества движения от многих электронов совпадает с направлением преонного потока. Так бывает в случае отсутствия «магнитного поля» вблизи проводника.

При наличии «магнитного поля» любого происхождения, движущийся в потоке преонов электрон испытывает воздействие «шторок» на своем пути, отклоняющих его от направления движения всего потока. В результате, к моменту своего появления в зонах захвата каждого атома, захваченные ими электроны имеют в среднем некоторый боковой снос, некоторый накопленный ими кинетический момент, вектор которого отличается (при определенном взаимном расположении проводников, конечно) от направления движения основного преонного потока. После захвата движущегося электрона атомом этот кинетический момент векторно складывается с основным моментом количества движения, и **именно он вызывает смещение провода в «магнитном поле» относительно оси проводника** (рис.46). И именно на это смещение и затрачивается энергия, затраченная на ускорение электрона потоком преонов. Частично она переходит в энергию хаотических (тепловых) колебаний атомов.

Все это происходит на очень коротких расстояниях свободного пробега свободных электронов в проводнике.

Здесь следует иметь в виду, что в действительности вектор бокового смещения НЕ перпендикулярен направлению основного потока. Он составляет с ним некоторый угол. Но условия опытов, проведенных с «силой Лоренца» не позволяли увидеть продольную составляющую этого вектора. Это было обнаружено впоследствии в опытах других исследователей. Увы, авторитеты «классиков» не позволили в свое время развить эти представления. Это будет сделано нами в четвертом томе этой книги (да будет на то Воля Свыше!)

## «Векторное произведение»

Из всего изложенного выше становится ясно, что и некоторые особенности применения математической операции «векторное произведение» часто остаются не вполне понятны студентам. В этой операции при обычном изложении все три вектора ВЫГЛЯДЯТ разными: «силовая линия» – несуществующее направление силы воздействия со стороны магнитного поля; скорость частицы; результирующее направление движения частицы. На самом же деле верна картина рис. 46. На ней указан вектор исходного движения частицы, и ориентация «барьера», создаваемого потоком преонов со стороны первого проводника; при столкновении с этим барьером  частица меняет направление движения... и только. Третьего вектора просто нет в природе. А мнемонические правила применять никто не запрещает. Только надо помнить, что это – условные правила и не более того.

## «Магнитный заряд»

Как известно, в отличие от электростатики (в которой очевидно существуют явления, связываемые с существованием «зарядов» с противоположными «знаками») «магнитного заряда» не было обнаружено. То есть нет такого объекта, который бы к примеру, всегда притягивался к одному из «полюсов» постоянного магнита и в любом случае отталкивался бы от другого полюса. Не существует «N-магнитов» и «S-магнитов». Поэтому, как утверждается, и не существует «магнитного» потока флюида с незамкнутыми «силовыми линиями». «Силовая линия» (которая, как мы теперь видим, вовсе не «силовая»), всегда выходит из одного полюса магнита и входит в другой (заканчивается на нем). Что именно происходит внутри самого постоянного магнита – не вполне ясно, на этот счет существует много теорий. Но ВДОЛЬ этой «силовой линии» никакая сила не действует.

Тем не менее, выше мы видели, что поведение проводников с током очень похоже на взаимодействие «разных зарядов». При однонаправленном токе в проводниках они отталкиваются (аналогично одноименным зарядам в электростатике), а при разнонаправленных токах – притягиваются. Возникает желание провести определенную аналогию с электростатикой, только считать при этом, что «заряд» в данном случае создается не сферой (тороидом протона), а является линейно распределенным. И тогда мы можем увидеть аналогию и с «преонным» представлением о магнитном потоке – с рассеиванием преонов на возникающих в проводнике на короткое время свободных электронах, как это описано в предыдущих разделах.

Да, собственно механизм воздействия преонного потока на движущийся во втором проводнике электрон отличается от воздействия со стороны статического заряда. Механизм этот не прямой, а «косвенный», с помощью шторки, возникающей на пути движения электрона в потоке преонов. Но в данном случае мы не вступаем в противоречие с основным законом физики – тело движется только в направлении приложенной к нему силы. То обстоятельство, что эта сила возникает в результате отражения электрона от стенки на его пути, дела не меняет, законов физики это не нарушает. Но при этом мы получаем возможность отказаться от физической мистики – движение поперек приложенной силы в «классике» при применении понятия «векторное произведение». Оказывается, это такое же условное понятие, как и «правило буравчика».

Одновременно мы выясняем, что первый проводник действительно излучает своебразные уплотнения преонов, движущиеся в радиальном направлении от проводника, аналогично излучению преонов отдельным протоном или электроном. При этом необходимо (!) иметь в виду, что проводник с током излучает не волны (!), а потоки преонов с разной плотностью. Когда мы говорим о волне, мы имеем в виду такой характер изменений параметров среды (в которой распространяется волна), при котором уплотнения сменяются разрежением, как это происходит в звуковых волнах в средах (положительные и отрицательные части периода). В нашем же случае процесс происходит не в среде, а в пустоте (!), и положительные части процесса здесь – не уплотнения среды, а та или иная степень концентрации преонов. Отрицательных же частей просто не существует – это в чистом виде пустота.

Процесс похож на атаку пехоты на вражеские позиции – солдаты могут идти цепью с любой плотностью людей в цепи, но между отдельными цепями никаких солдат нет. В просторечии это может быть названо «волнами атакующих», но лишь в просторечии.

И вот уже из такого представления о процессе нам будет сравнительно легко перейти впоследствии к пониманию процесса преонного излучения, называемого в том же просторечии «электромагнитным» излучением.

## Промежуточный итог
Что мы сделали на данный момент...

Мы указали на физическую причину электрических и «магнитных» явлений – потоки преонов.

Мы указали на физическую причину движения электронов в проводнике (электрического тока) – увлечение электронов потоком преонов в проводнике.

Мы указали физическую причину возникновения явлений, которые получили название «магнитных» – это рассеяние потока преонов на возникающих на их пути «свободных» (освобождающихся) электронах.

Мы показали, что «силовые линии» ПОЛЯ, называемого «магнитным», совершенно аналогичны по природе силам электрическим (потокам преонов) – они расходятся радиально от источника. Вся разница состоит в структуре этих потоков (они состоят из расходящихся от отражающего электрона вихрей) и, соответственно, в особенностях воздействия на электроны в другом проводнике.

Мы дали объяснение происхождению «силы Лоренца» без применения математической функции «векторного произведения». Все явления происходят в одной плоскости, но не по причине прямого воздействия «поля на заряд», а по причине отражения движущегося электрона от барьера, создаваемого во втором проводнике вихревыми потоками преонов, отраженными от возникающих в первом проводнике электронов.

Мы убедились, что «вращение» (то есть изменение направления) вектора индукции **B** вокруг провода с током имеет место в пространстве, но не во времени. А это, как говорят в Одессе, две большие разницы. То есть применение операции **rot** к этому вектору вводит читателя в фундаментальное заблуждение, и, видимо, позволяет «классикам» каким-то образом связать изменение **B** около одного провода с возникновением ЭДС («**E**») в другом, не понимая «механизма» этого явления. Но, по сути дела, вращения вектора **B** во времени – нет.

## Магнитные поля в электронных пучках

Поведение электронов в так называемых «электронных пучках» в вакууме отличается от их поведения в металлическом проводнике. Свободные электроны пучка, будучи вырваны из нагретых до высокой температуры катодов, ускоряются в свободном пространстве сравнительно высоким напряжением (см. «Катодные лучи» в Википедии).

При этом их скорость возрастает до очень больших величин, а время существования существенно (в тысячи раз) превышает время жизни свободного электрона в проводнике. Все время своего движения от катода к аноду электроваккумного прибора электрон находится в потоке преонов. Но вот что удивительно – практически никакого магнитного поля такой пучок не создает! И это несмотря на то, что преоны, конечно же, обгоняют движущиеся электроны и могли бы создавать ударные «волны» даже в нашей теории!

Причина проста. Электрон, способный вызвать преонную волну («магнитное поле»), имеет значительно бóльшие размеры в момент своего образования (выхода из атома), чем электрон пучка, во время движения в котором электрон уже успевает принять соответствующие ему небольшие размеры. Он успевает принять свои нормальные размеры уже за короткое время существования вне катода, в электронном облаке, окружающем катод. Поэтому и заметного магнитного поля не создается.

Здесь же содержится и ответ на саркастический вопрос, заданный Фейнманом во первых строках т.5 «Лекций» – о магнитном поле двух движущихся с высокой скоростью зарядов.

А что касается магнитных полей, то можно высказать следующее замечание. Предположим, что вам в конце концов удалось нарисовать картину магнитного поля при помощи каких-то линий или каких-то шестеренок, катящихся сквозь пространство. Тогда вы попытаетесь объяснить, что́ происходит с двумя зарядами, движущимися в пространстве параллельно друг другу и с одинаковыми скоростями. Раз они движутся, то они ведут себя как два тока и обладают связанным с ними магнитным полем (как токи в проводах на фиг. 1.8). Но наблюдатель, который мчится вровень с этими двумя зарядами, будет считать их неподвижными и скажет, что *никакого* магнитного поля там нет. И «шестеренки», и «линии» пропадают, когда вы мчитесь рядом с предметом! Все, чего вы добились, — это изобрели *новую* проблему. Куда могли деваться эти шестерни?! Если вы чертили силовые линии — у вас появится та же забота. Не только нельзя определить, движутся ли эти линии вместе с зарядами или не движутся, но и вообще они могут полностью исчезнуть в какой-то системе координат.

Ответ см. выше. Нет там никакого магнитного поля, вообще нет.

## Появление ЭДС при движении проводника в «магнитном поле»
### (электромеханическая индукция)

Описанный выше процесс имеет и свой «обратный аналог» («обратный Лоренц»). Если мы будем перемещать проводник «2» рядом проводником «1», в котором имеется ток электронов, то в проводнике «2» возникнет так называемая «электродвижущая сила».

Пусть постоянный ток идет только в левом проводнике (рис. 47). Если теперь принудительно <u>перемещать</u> проводник «2» влево вместе возникающим в нем свободным электроном «2», то электрон будет наталкиваться на уплотнение, создаваемое потоком ударной волны преонов.

Работает та же «перегородка», но теперь возникающие «свободные электроны» натыкаются на нее не в результате своего движения под действием потока преонов (как на рис. 40), а в результате чисто механического перемещения проводника «2». Поэтому возникает сила, смещающая электроны вверх (рис. 47); вверху образуется избыток электронов («отрицательных зарядов»), а в нижней части проводника «2» – недостаток электронов (что интепретируется в классике как «избыток положительных».) Эта «сила» называется «электродвижущей силой» или, сокращенно, «ЭДС». Следовательно, в соответствии с общеупотребительной терминологией, в нижней части провода «2» возникнет "+" ЭДС. И если теперь соединить проводником (проводом) верхний конец правого проводника с его нижним концом, то по этому проводу пойдет ток электронов в направлении от верхнего его конца к нижнему (а общеупотребительное направление тока принято считать обратным).

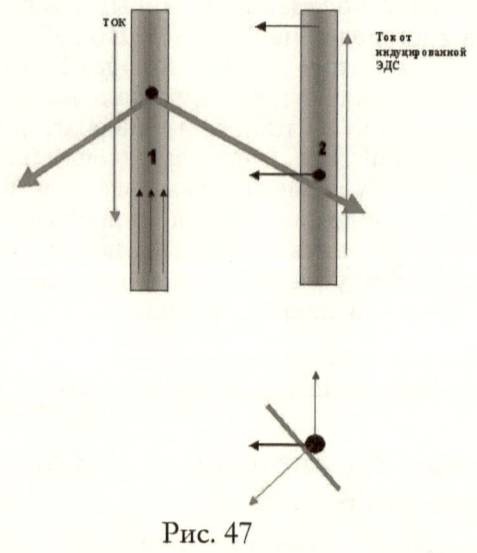

Рис. 47

Чем быстрее движется проводник «2», тем бóльшее количество электронов, распределенных вдоль этого проводника, попадает под действие косого фронта, тем больше величина возникающей ЭДС.

«Классическое» объяснение мы здесь рассматривать не будем, чтобы не создавать путаницы у читателя. Его можно найти в любом справочнике. **Нужно только все время помнить**, что принятое в электротехнике направление тока совпадает с направлением движения положительных зарядов, а не электронов.

Обратите внимание, что во всех учебниках это «правило» говорит не об индуцированной ЭДС, а об индуцированном <u>токе</u>! Но ведь ЭДС наводится на концах незамкнутого проводника! Какой же ток может идти в незамкнутом проводнике?

Вот к какой путанице может привести укоренение терминов, не соответствующих существу дела.

## Электромагнитная индукция

А это уже совсем другая «индукция» — не электро-механическая, а электро-магнитная.

> **Электромагнитная индукция** — явление возникновения электрического тока в замкнутом контуре при изменении магнитного потока, проходящего через него. Электромагнитная индукция была открыта Майклом Фарадеем 29 августа 1831 года.

**«Механизм» возникновения ЭДС в рядом расположенном проводнике** в рамках нашей гипотезы сводится к следующему.

Вследствие внезапно появившегося (освободившегося) электрона (электронов) в потоке преонов возникает ударная волна, как показано выше на рис. 37.

Распространяясь в пространстве, она создает как бы перегородку (стенку) внутри второго проводника.

**Если второй проводник неподвижен и в нем** нет потока преонов, созданного приложенным к нему внешним напряжением, то возникновение подобной «перегородки, стенки», не должно было бы отразиться на долговременном состоянии электронов в проводнике «2» (как мы видели выше).

**Однако не надо забывать, что электрон в проводнике «1» движется, и поэтому возникающая в проводнике «2» и в пространстве «стенка» перемещается** (на рис. 38, 39, 40 вверх). Она действует как «лопата», сгребающая все попадающиеся на ее пути свободные электроны.

Поскольку таких «лопат» столько, сколько движущихся электронов в проводнике «1», часть свободных электронов перемещается к верхнему концу проводника «2». Возникает разность плотностей электронов, что эквивалентно появлению в проводнике собственной ЭДС – электродвижущей силы.

Это уже «другая ЭДС», не та, которая возникала в проводнике «2» при его движении. Здесь проводники неподвижны друг относительно друга!

Чем больше величина тока в первом проводнике, тем больше в нем движущихся свободных электронов, тем больше величина ЭДС во втором проводнике.

Особенность процесса в том, что как только в первом проводнике ток перестает изменяться, то во втором проводнике наведенная ЭДС исчезает. И, наоборот, она снова появляется, только с другим знаком, **если выключить ток в первом проводнике.**

И пока мы эту простую вещь не поймем, мы не можем двигаться дальше.

### В соответствии с преоникой происходит следующее.

Свободные электроны в первом проводнике появляются случайным образом с некоторой средней частотой появления. Появление каждого такого электрона вызывает возникновение конической волны-уплотнения, распространяющейся в направлении второго проводника. Величина (сила, амплитуда) этой волны исключительно мала для того, чтобы повлиять на заметное смещение освобождающегося электрона во втором проводнике. Это может произойти только в случае, если множество свободных электронов будет создавать отраженные преонные волны-уплотнения одновременно.

Именно это и происходит при «включении» в первом проводнике «напряжения» – потока преонов. Все свободные на данный момент (!) электроны первого проводника начинают излучать отраженные волны одновременно; и это происходит только в течение времени существования этих электронов, пока они не дойдут до атома-поглотителя (каждый до своего).

В остальное время процесс возникновения свободных электронов (освобождения) в первом проводнике распределен во времени, и на смещение электронов во втором проводнике не влияет или влияет незначительно.

**Чем больше время существования (движения) среднего свободного электрона в первом проводнике, тем большее количество свободных электронов за это время возникнет. И тем мощнее будет ударная волна от них от всех при включении потока преонов (напряжения).**

Поэтому ударная волна вызывает смещение электронов по направлению к верхнему концу второго проводника; а с исчезновением ударной волны и переходом к стационарному току в первом проводнике, ЭДС индукции во втором проводнике уменьшается почти до исчезновения. Сдвинутые же со своих мест электроны второго проводника возвращаются к своим атомам.

Внешне это может выглядеть (и именно так и было истолковано в свое время) как следствие ИЗМЕНЕНИЯ «поля» вокруг второго проводника.

Однако, ЭДС во втором проводнике не исчезает немедленно после прекращения ударной волны и перехода к стационарному состоянию малых ударных волн от каждого электрона в первом проводнике. Чтобы накопленные электроны на верхнем конце второго проводника вернулись в состав атомов (рассосались, распределились по объему проводника) требуется некоторое время, хотя и очень небольшое (миллисекунды). И если, не дожидаясь окончания этого процесса (релаксации), добавить к потоку преонов в первом проводнике такой же поток (то есть удвоить количество преонов в потоке), то возникнет еще одна ударная волна от большого количества электронов, появившихся за это время в первом проводнике. И во втором проводнике произойдет повторение процесса сдвига электронов к верхнему концу проводника. Если интервал времени между первой и второй волной не слишком велик, и электроны второго проводника, сдвинутые первой волной, еще не успели рассосаться, то к ним прибавятся в том или ином количестве новые электроны.

Таким образом, если ток в первом проводнике непрерывно меняется, то одновременно меняется количество электронов, сдвинутых к концу второго проводника.

И, наоборот, при уменьшении тока возникает обратная последовательность событий.

**Это и есть явление наведения ЭДС во втором проводнике ПЕРЕМЕННЫМ (по величине) током в первом проводнике.**

При большом числе электронов все эти "картинки" наложатся друг на друга, и существование ударных волн будет скрыто от наблюдателя. Сами же потоки отраженных преонов (конические) будут кратковременно существовать, так как складываются в одном направлении, и образуют то, что мы называем «магнитным полем», то есть **поток излучения преонов.**

Таким образом, пока получается, что **«магнитное поле» – это конические волны-уплотнения преонного потока, которые отражаются от возникающих свободных электронов.**

## Вторичная индукция

Явление вторичной индукции легко объяснимо с этих же позиций.

Если замкнуть цепь второго провода (рис.48), то в нем потечет ток, который сам вызовет ударные преонные волны и окажет воздействие на электроны первого проводника.

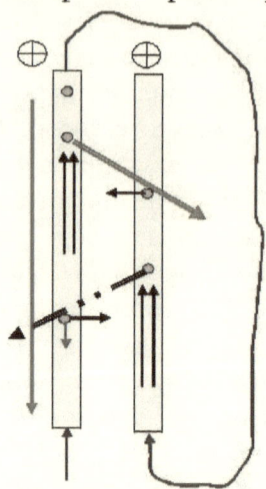

Рис. 48. *Сплошной кривой линией показано направление движения электронов в проводниках. Короткая стрелочка на левом проводнике показывает силу, направленную против потока электронов*

Точно так же электроны, возникающие в проводнике, свернутом в спираль, будут оказывать воздействие на другие электроны того же проводника в других частях спирали. Возникающая ЭДС и поток преонов от второго проводника (штрих-пунктирная стрелка на рис. 48) направлены против потока преонов, и оказывают тормозящее действие на электроны в левом проводнике «1». В результате при включении потока преонов (напряжения) ток в проводниках возрастает не скачком (как можно было бы ожидать), а плавно, с некоторой (переменной) скоростью.

## Явление самоиндукции

При отсутствии преонного тока свободные электроны освобождаются из атомов на очень короткое время и сразу же возвращаются в атом. Поэтому у куска металла нет никакого «заряда».

Если на пути преонного тока возникает препятствие в виде освободившегося из атома электрона, то часть преонов отражается в обратном направлении, к источнику потока преонов (рис. 49). Они создают так называемую «противоЭДС», препятствующую мгновенному возрастанию потока до максимально возможной величины. Их действие аналогично явлению вторичной индукции (см. выше), но имеет другую причину.

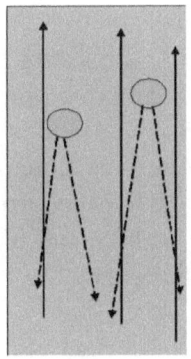

Рис. 49

Кроме того... При наличии преонного тока освободившиеся электроны существуют в проводнике значительно бо́льшее время, чем требуется для возвращения электрона к «родному» атому. При этом весь металл остается «незаряженным». Но когда исчезает внешнее напряжение (избыток электронов на одном конце проводника), то движущиеся электроны не могут исчезнуть сразу. Они находятся еще «в пути». При этом некоторая часть электронов оказывается смещенной к выходному концу проводника (существовавшим преонным током), а на «входном» (для потока преонов) конце проводника появляется участок, обедненный электронами. Возникает разность потенциалов внутри проводника (ЭДС), созданная потоком электронов, еще не дошедших до точки назначения. И под действием этой ЭДС возникает поток электронов, равномерно распределяющий затем смещенные свободные электроны по проводнику. Это явление называется самоиндукцией, а сама возникающая на короткое время ЭДС называется «ЭДС самоиндукции». Понятно, что чем бо́льшим был ток в проводнике, чем бо́льшим было в нем количество движущихся электронов проводимости, тем больше будет и ЭДС самоиндукции. Понятно также, что если каким-то образом прерывать ток в проводнике не мгновенно, а постепенно (а с помощью балластного реостата), то возникающая ЭДС самоиндукции будет меньше. На этом основано действие электрических схем, защищающих от пробоя транзисторы, нагруженные на обмотки реле.

## ВАЖНОЕ ДОПОЛНЕНИЕ!

Можно представить описанный ранее процесс возникновения ударного «магнитного» конуса несколько иначе. Мы видели, что отраженные возникающими освобожденными электронами потоки преонов по законам газовой динамики создают ВОКРУГ СЕБЯ цилиндрический вихрь (звездочки на рис. 50). Из этого вытекает по меньшей мере два следствия. Первое – каждый такой вихрь представляет для движущегося электрона гораздо большее реальное сопротивление, чем просто поток «косого ветра».

И второе – расположив такие вихри вдоль образующей «ударного конуса», мы получим именно картину как бы кольцевого поля (рис. 51).

Теперь, если посмотреть на реакцию имитатора стрелки компаса – кольцевую рамочку с током, мы увидим именно такую ориентацию компасных стрелок, которая наблюдается на практике (рис. 52).

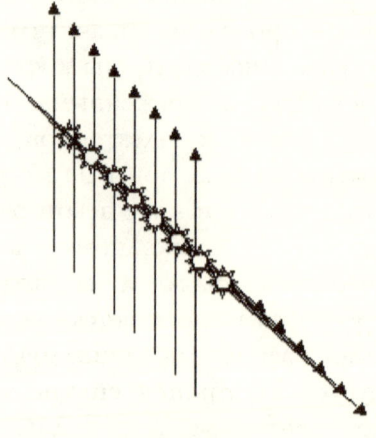

Рис. 50

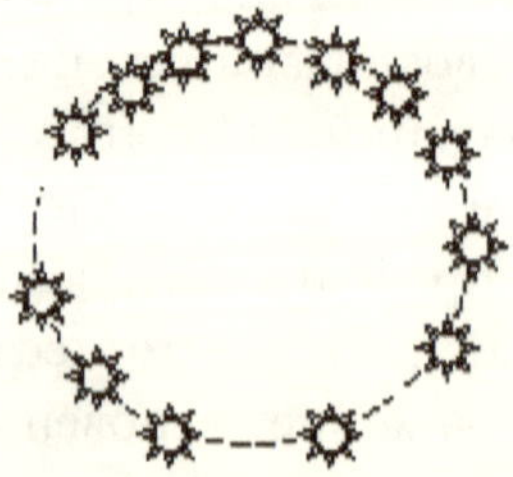

Рис. 51

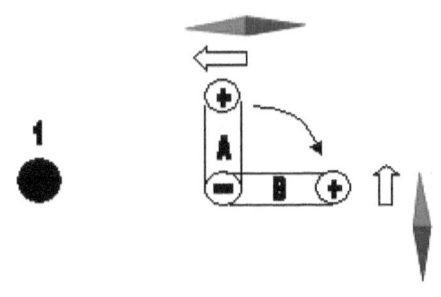

Рис. 52

В этом случае вокруг ударного конуса может создаваться завихрение таких же преонов, как бы «одевающих» этот поток в цилиндр такого вихря. В сечении перпендикулярной плоскостью мы получим множество таких маленьких вихрей, но плотность этих вихрей будет меняться от центра провода к периферии.

И теперь мы с гораздо большей уверенностью можем представлять себе индивидуальные конические потоки как барьеры, возникающие на пути движущегося во втором проводнике электрона, и вызывающие его отклонение (отражение) в соответствующую сторону. Теперь **возникающая сила Лоренца получает свое и физическое и математическое объяснение**. Теперь становится очевидно, почему векторное произведение сопутствует (может применяться) таким явлениям, в которых возникающая «невесть откуда» сила под прямым углом к воздействующим на объект векторам, направлена перпендикулярно к ним обоим, и почему работа этой силы НА САМОМ ДЕЛЕ не требует затраты энергии (как отражение шарика от барьера). Вполне вероятно (!), что такая же ситуация возникает во всех подобных случаях, где мы вынуждены использовать понятие векторного произведения, не очень-то понимая сути самого физического процесса (в частности, при рассмотрении прецессии гироскопа).

Движущийся во втором проводнике электрон может изменить направление своего движения на сравнительно небольшой угол относительно направления движения потока преонов во втором проводнике после каждого соприкосновения с отраженным потоком от первого проводника. В связи с этим можно предположить, что каждый из этих индивидуальных барьеров возникает на очень короткое время. В результате движение электрона как следствие «силы Лоренца» может происходить по ломаной траектории (возможны варианты) (рис. 53).

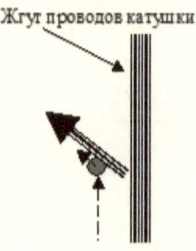

Рис. 53

Поэтому и движение электрона в линейном магнитном поле (постоянного магнита или электромагнита) происходит по кругу (рис. 54). Причина возникновения бокового смещения та же самая – возникающие на очень короткое время «барьеры» преонных потоков. По мере движения электрона, он попадает в области, где средняя ориентация барьеров меняется. Поэтому его траектория представляет собой круговую линию.

Прекрасная иллюстрация представлена здесь [Л.8]

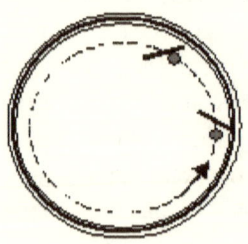

Рис. 54

## Исчезновение магнитного поля при сверхпроводимости.

В рамках нашей модели это объясняется тем, что в ситуации сверхпроводимости преонный поток не рассеивается на внезапно возникающих почти неподвижных электронах. Электроны теперь движутся постоянно с очень большими скоростями, и отражение части преонов потока хотя и имеет место, но в несколько иной количественной и качественной форме. Графически это поясняется на рис. 55. Ситуация до некоторой степени напоминает движение электронов в электронном пучке вакуумных приборов – ведь вокруг такого пучка не наблюдается почти никакого магнитного поля, и, согласно преонике, это происходит потому, что поток преонов мало рассеивается попутно движущимися электронами пучка.

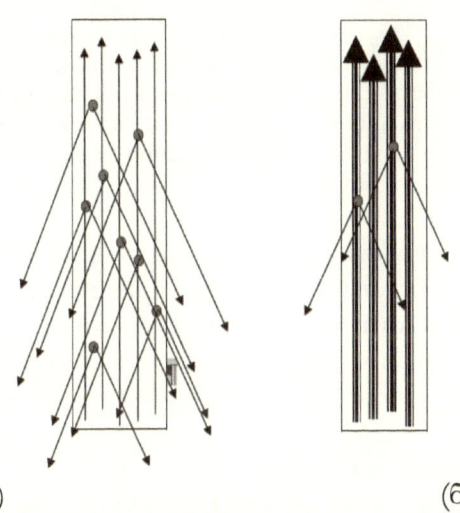

(а)                                    (б)

Рис. 55. Магнитное поле вблизи проводника (а) и вблизи сверхпроводника (б).

В сверхпроводнике очень мало свободных электронов. *Множественные линии – многократное прохождение одного и того же электрона по круговому проводнику без поглощения (а значит и без потерь).*

## 4. Электромагнитное излучение

Что же происходит (с нашей точки зрения) в проводнике «1» в короткий период увеличения потока преонов «при подаче напряжения на концы проводника»?

Мы уже видели, что за этим последним выражением стоит довольно сложный процесс предварительного накопления избыточного количества преонов на одном из полюсов «источника тока». Эти преоны порождены их выбросом из электронов источника тока (правильнее говорить – «источника напряжения», источника преонов, в дальнейшем – просто «источник»). В момент соединения этого источника с нашим проводником «1», избыточные преоны начинают распространяться вдоль проводника (в классике этот процесс связывают обычно с возникновением электрического тока – потока электронов, но мы уже видели, что электроны в этом процессе играют второстепенную, хотя и очень важную, роль).

Прежде всего, вдоль проводника распространяется фронт волны преонов (со скоростью света, скоростью преонов в преонном газе).

> На самом деле в проводнике скорость преонов (групповая скорость, как ее называют) несколько меньше скорости света из-за распространения потока не только по направлению вдоль проводника, но и в результате отражения от его стенок и от границ каналов кристаллической решетки вещества. Но это пока для нас не так важно.

Этот фронт волны наталкивается на внезапно возникающий на его пути «свободный электрон проводимости». Представим фронт преонной волны состоящим из отдельных отрезков с разной концентрацией преонов. Предположим, для определенности, что концентрация преонов на переднем фронте волны нарастает линейно.

Наталкиваясь на свободный электрон, поток будет рассеиваться в некотором пространственном секторе. Свободный электрон станет как бы излучателем преонов определенной концентрации в определенное время, то есть преонного потока некоторой плотности. Все электроны, оказавшиеся в момент прохождения фронта преонов на длине этого фронта начнут излучать поток преонов той плотности, которая соответствует концентрации преонов около того или иного свободного электрона в данный момент времени. Они начинают отражать преонный поток практически ОДНОВРЕМЕННО. Запаздывание отражения относится только к времени распространения фронта (рис. 56).

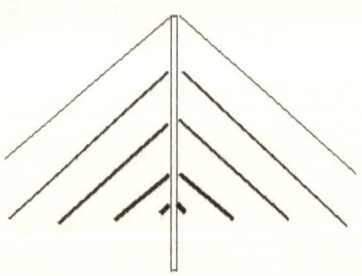

Рис. 56

И чем быстрее меняется величина потока, тем плотнее (в пространстве и во времени) оказывается суммарный фронт волны.

**Таким образом, <u>отличие от постоянного тока</u> заключается просто в том, что каждый свободный электрон проводника при постоянном токе излучает произвольно, хаотически, появляясь в случайные моменты времени, а при прохождении нарастающего фронта все электроны, находящиеся в данный момент на пути распространяющегося фронта преонной волны в проводнике, излучают синхронно.**

На рис. 57 и рис. 58 показано упрощенное распределение излучения преонных потоков при бо́льшей (рис.57) и меньшей (рис.58) длительности возбуждающего преонного импульса в проводнике «1». При длине проводника чуть более четверти «длины волны» переменного потока преонов картина, изображенная на рис. 56, в среднем может выглядеть так, как на рис.59.

Достигая второго проводника, этот наклонный фронт оказывает на свободные электроны второго проводника точно такое же действие, как и при движении второго проводника в сторону первого в случае «постоянного» тока, рассмотренном выше. Во втором проводнике будет возникать «электродвижущая сила», электроны будут отталкиваться к одному из концов (верхнему) второго проводника.

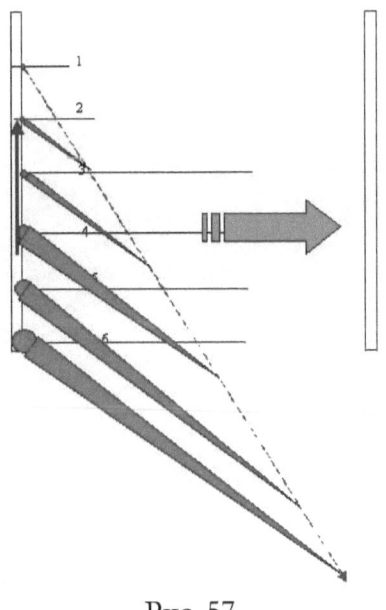

Рис. 57

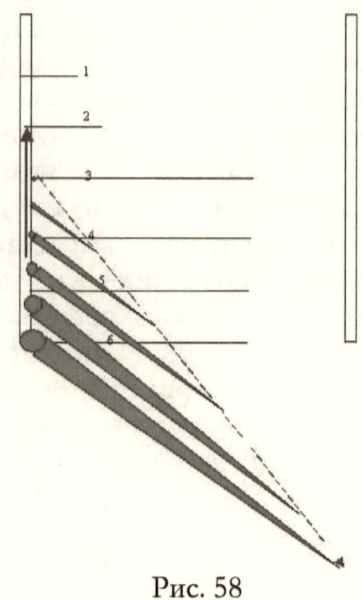

Рис. 58

При смене знаков направления движения преонного потока ситуация будет обратной.

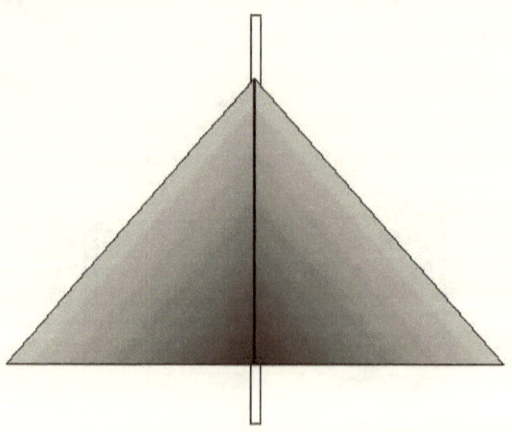

Рис.59

Таким образом, похоже, что нам удается объяснить все основные явления «электромагнетизма» только с помощью представления о преонном газе, не привлекая вымышленных «сил» притяжения или отталкивания «электрических зарядов», а также (что не менее важно), не привлекая понятия об «электрических» и «магнитных» силах и полях, якобы различных по своей природе. Мы приходим в результате к объяснению наблюдаемых явлений с единой позиции, в которой все эти явления имеют одну-единственную (причем очень простую) физическую природу.

## Эффект рамки

Выше было описано взаимодействие двух линейных проводников. Но, кроме того, Фарадей экспериментировал с рамкой. Поэтому результаты его экспериментов были выражены через площадь рамки. И это действительно можно сделать. Но следует иметь в виду, что Фарадей исходил из другой модели существования и возникновения электрического и магнитного полей. Эта модель привела его к утверждению о необходимости «пересечения проводом силовых магнитных линий», о физической природе которых (линий) до сих пор ничего не известно. (В свою очередь это привело последующих исследователей «двигателя Фарадея» в тупик, из которого они не могли выйти до последнего времени).

Площадь рамки определяется как произведение сторон (рис. 60). Роль стороны «1» понятна – чем больше ее длина, тем больше электронов будут подвержены воздействию потока от проводника с током, тем бо́льшая величина ЭДС будет наведена.

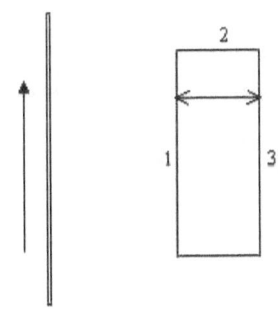

Рис. 60

А вот роль стороны «2» была не вполне понятна. Вроде бы, никакой ЭДС в ней не наводится. Вся ее функция (на первый взгляд!) состоит в том, чтобы увеличить площадь магнитного потока, «охватываемого рамкой». Чтобы «объяснить» это привлекается представление об «энергии поля».

И только в нашей модели все встает на место. Размер стороны «2» определяет время запаздывания преонов между первым и третьим проводниками рамки! Значит, общая величина ЭДС определяется разностью ЭДС в проводниках «1» и «3», а **эта разность зависит от скорости распространения волны в преонном газе – «С». <u>Вот откуда появляется скорость света в знаменателе в формулах Максвелла!</u>**

Тогда становится понятно, почему ЭДС, наводимая в другом проводнике при его движении в «постоянном магнитном поле», зависит линейно от расстояния между проводниками. Линейно зависит от расстояния также и сила взаимодействия между проводниками с током.

А вот явления и эффекты при изменяющемся по величине токе (смена знака есть частный случай изменения величины) при достаточно быстрых его изменениях начинают зависеть от расстояния по квадратичному закону. Причем по простой причине – на значительном (!) расстоянии от проводника конечной длины этот проводник превращается в точку, а волны от него (в том числе и конические) распространяются во все стороны (с учетом, конечно, конуса рассеяния). Только в так называемой "ближней зоне" необходимо учитывать конечные размеры проводника, и зависимость от расстояния все более приближается к линейной зависимости по мере их сближения.

Более детальные расчеты дает, конечно, математика электродинамики.

Однако можно спросить, почему точно так же не распространяется постоянное и низкочастотное переменное магнитное поле?

А оно распространяется. С тем же успехом. Только разность наводимых ЭДС в проводниках «1» и «3» рамки на низкой частоте существенно меньше из-за все той же большой величины скорости света. И поэтому возникает обманчивое представление об отсутствии такого распространения.

Прежде всего, это зависит от длины проводника. И, в конечном счете, инженеры научились излучать и принимать даже так называемые «сверхдлинные» волны с помощью антенн длиной в километр.

При длине проводника, соизмеримой с длиной волны периодического колебания, на некоторой длине проводника имеются синфазно излучающие участки.

Более того. Если мы повторим опыт с двумя проводниками, но в качестве второго проводника возьмем узенькую рамку, то мы не увидим никакой «индукции». Потому что наводимая в проводниках «1» и «3» ЭДС будет иметь взаимно противоположный знак.

## Поперечные или продольные?
## Ни те, ни другие!

Из всего сказанного вытекает неожиданный вывод - о так называемой **«поперечности» электромагнитных колебаний**. Ударные волны есть волны продольные. Но, поскольку они имеют коническую форму, то при наблюдении возникающего под их действием в проводнике электрического «заряда» создается впечатление об их «поперечности». Так, ударная волна от сверхзвукового самолета может разрушить стену, расположенную параллельно направлению полета самолета, и оставить ее в неприкосновенности, если она расположена под некоторым углом к его курсу.

Из того, что ударные волны имеют коническую форму, прямо следует существование продольной составляющей у распространяющихся волн.

Как уже было указано ранее, так называемые «электромагнитные волны» не являются волнами в прямом смысле этого слова. Прежде всего, они свободно распространяются в пустоте. Для распространения любых волн нужна среда. А среды этой нет. Значит – корпускулы? Но эксперименты показывают результаты, которые скорее можно приписать волновому характеру явления...

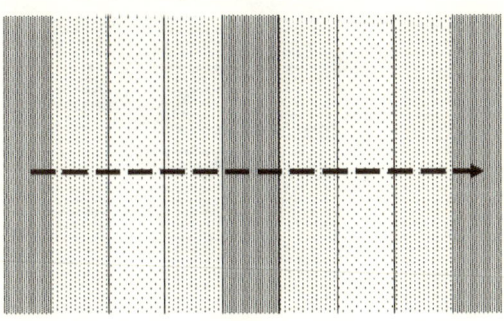

Рис. 61. Стрелкой указано направление распространения потока

**Электромагнитные волны – это линейно распространяющиеся в пустоте потоки частиц (преонов) с периодическими разрежениями и уплотнениями вдоль направления распространения (рис. 61).**

В точном смысле слова такой поток волной не является. Он не является прежде всего <u>колебаниями</u> (колебаниями среды, в которой он распространяется). Среды нет. Поток распространяется в пустоте. **Это просто поток частиц с переменной плотностью.**

Колебания могут существовать только в среде, частички которой обладают упругостью и каким-то образом связаны между собой. Тогда движение одних частиц передается другим частицам. А здесь нет ничего подобного. Каждый преон движется в направлении всего потока, но самостоятельно. Взаимодействие между преонами отсутствует. (Фотон в определенном смысле является предельным случаем такого потока.)

При этом частички (преоны) не имеют «электрического заряда», они намного меньше электронов и не излучают таких же преонов, как это делают электроны (что и проявляется в явлении существования «заряда»).

Во времена формирования представлений об электромагнетизме, по-видимому, не нашлось подходящих аналогий в природных процессах. Хорошим аналогом мог бы быть процесс, возникающий на пешеходном переходе в большом городе. Похожую картину можно наблюдать в виде облаков особого вида (рис. 62)

Рис.62 [Л.10]

Такие потоки не требуют для своего распространения никакой «среды» (которая могла бы соответствующим образом «колебаться»). Они даже могут выглядеть «поляризованными», если их возбуждать определенным способом (см. гл.6 «Свет»), они не требуют для своего понимания представлений в виде «электрических» и «магнитных» составляющих, переходящих друг в друга; они не требуют «поперечности» колебаний по отношению к направлению распространения. Зато из их структуры однозначно и с необходимостью вытекает возможность их распространения «в продольном направлении», то есть так называемые ЕН-волны (название тоже не вполне удачное для нашей гипотезы, но пока принятое в литературе).

В рамках нашей концепции никаких противоречий по-видимому не возникает. Поток уплотнений преонной среды ПОХОЖ на распространение волны в любом газе. Но на самом деле, как мы уже видели, это не волны. Для распространения волн нужна среда, обладающая упругими свойствами. А уплотнения вполне могут распространяться и в пустоте, при отсутствии среды. Потому что они суть просто изменение концентрации частиц в общем потоке.

И форма (вид) и сама сущность этих уплотнений имеет мало общего со светом. Общее у них – только скорость распространения. И это естественно, поскольку свет также является результатом движения преонов (фотона). И это единственное, что роднит свет с «электромагнитными» колебаниями преонной среды. Но этого «родства» в свое время оказалось достаточно, чтобы предположение гениального Максвелла (да, гениального, но ведь и гении могут ошибаться!) было принято современниками (а за ними – и потомками) за непреложную истину.

На самом же деле свет (фотон) является **регламентированным** потоком преонов, следующих через определенные промежутки времени, определяемые их положением в «электронном облаке» создающего их атома (как это описано в главе «Атом»). И «поляризация» света, которая достигается пропусканием потока фотонов через узкую щель (или кристаллическую структуру минерала, что по сути одно и то же) не имеет никакого отношения к «свойству поперечности» колебаний световой или электромагнитной волны. С тем же успехом можно создать видимость «поперечности» у звука, для чего достаточно пропустить его через узкую щель.

Однако, укрепление в сознании современников представлений об этой пресловутой «поперечности» (которая, конечно, может существовать в сознании только при отсутствии какой-либо среды для распространения волн), не дает возможности признать существование, например, антенн продольных волн Харченко [Л.7], несмотря на уже готовые промышленные образцы.

В нашей (преонной) интерпретации все намного проще. Нет никаких E и H, никакого «обмена энергиями между субстанциями». Есть распространяющийся в пространстве преонный конус сжатия и разрежения.

Волны (уплотнения – как их назвать? участки уплотнения, полосы уплотнения – да не уплотнение это на самом деле!) в ближней зоне распространяются со скоростями несколько ниже световой, так как двигаются ВБОК. Часть потока летит, как ей и положено, под углом к оси провода, это – продольная волна. А боковая двигается медленнее (под углом). И вот на некотором расстоянии эта волна превращается уже в потоки в дальней зоне, которые летят перпендикулярно и со скоростью света. А ближняя зона постепенно затухает, потому что «растворяется» в ОБЪЕМЕ!

## Магнитное «поле» (сил) постоянного магнита

Магнитное «поле» (сил) постоянного магнита может быть вызвано не кольцевыми токами (как это напрашивается по аналогии с соленоидом), и как это считалось до последнего времени, а особенностями структуры атомной решетки у определенных металлов, вызывающими упорядоченность хаотического внешнего преонного потока. Однако причина возникновения «магнитных свойств у ферромагнетиков» сегодня находится в процессе выяснения, и будет нами описана в четвертой книге «Физической физики».

## 5. Уравнения Максвелла в преонике

В этом разделе мы попытаемся извлечь максимум пользы для нашей теории из уравнений Максвелла – универсального математического описания перечисленных выше явлений из области электричества и магнетизма, как нас учат авторитетные теоретики математической физики. Тем не менее, попробуйте узнать у практических специалистов, сколько раз в своей жизни они использовали в своей работе уравнения Максвелла. Готов биться об заклад... Даже специалисты в области антенн, где, казалось бы, как раз самое место для использования этих уравнений, скажут вам, что они рассчитывают антенны на основе совершенно других методик. Что уж говорить о всяких там «электронщиках»....

По некоторым наблюдениям, уравнения Максвелла в наше время находят себе применение в тех случаях, когда надо кому-то что-то «доказать»; тут они просто незаменимы. Но мы не ставим себе такой задачи. Мы не «доказываем», что мир устроен определенным образом, а предлагаем непротиворечивый взгляд на его устройство.

Но ПОЧЕМУ имеет место такое положение дел?

Вся электродинамика Фейнмана (т.5 и т.6 его «Лекций») базируется на векторной алгебре и ее применении в теории электричества! А бо́льшая часть радио- и электроинженеров шарахается от этой науки как от огня....

Мы думаем, что для этого есть несколько причин. Но главная причина в том, что эти уравнения действительно лишь ОПИСЫВАЮТ математическими значками ТО, что на самом деле никому не известно. Неизвестна сама природа электричества. Поэтому, как будет показано ниже (и уже частично показано выше) легко впасть в заблуждение. И именно это уже произошло...

**Итак, уравнения...**

Известно, что приводя представления Фарадея об электричестве в математическую форму, Максвелл сумел написать 15 уравнений, так или иначе связывавших все известное об электрических и магнитных явлениях в общую «систему». Впоследствии Хевисайд и Герц «доработали» систему Максвелла, и из 15 уравнений осталось всего четыре. «Электромеханические» явления в современный набор не входят (по крайней мере явно). Можно предполагать, что они были исключены Хевисайдом и Герцем по причине того, что прямо не относились к электромагнитному излучению, которое их, видимо, интересовало больше всего.

На наше общее счастье, оказалось, что электромеханические явления описываются простейшими формулами без использования векторной алгебры (которая, как выясняется при детальном рассмотрении – см. понятие «ротора» в ВИКИпедии – способна ввести в заблуждение не слишком уж компетентного человека). И электротехника и электроника в дальнейшем успешно развивались и без теории Максвелла. А вот радиотехнике повезло меньше. Впрочем, все по порядку...

Попробуем разложить все «по полочкам», доступ к которым есть сегодня даже у каждого школьника. При этом мы не будем изучать (разбирать содержание) уравнений в их классической интерпретации. Для нашей теории это не нужно, ибо в ее основе лежат ясные представления о физической сути процессов (что начисто отсутствует в «классике» Фейнмана).

Вот эти четыре уравнения:

**Уравнения Максвелла**

I. $\nabla \cdot E = \dfrac{\rho}{\varepsilon_0}$      (Поток **E** через замкнутую поверхность) = (Заряд внутри нее)/$\varepsilon_0$

II. $\nabla \times E = -\dfrac{\partial B}{\partial t}$      (Интеграл от **E** по замкнутому контуру) = $-\dfrac{d}{dt}$ (Поток **B** сквозь контур)

III. $\nabla \cdot B = 0$      (Поток **B** через замкнутую поверхность) = 0

IV. $c^2 \nabla \times B = \dfrac{j}{\varepsilon_0} + \dfrac{\partial E}{\partial t}$ ,      $c^2$ (Интеграл от **B** по контуру) = (Ток в контуре) /$\varepsilon_0 + \dfrac{\partial}{\partial t}$ (Поток **E** сквозь контур)

Единственное, что ПОКА придется нам сделать, это поменять местами уравнения «II» и «III»; потому что уравнения «I» и «III» относятся к самой природе электричества и магнетизма. А уравнения «II» «IV» выражают уже взаимную зависимость электричества и магнетизма, и их имеет смысл рассматривать только в том случае, если мы ясно представляем себе физическую природу этих явлений. Кроме того, уравнение «IV» не вполне корректно. Оно возникло из применения специального математического оператора к процессу, который был никому не известен. В результате уже 200 лет все всем объясняют (Карцев [Л.6]), что НИКАКОГО магнитного поля внутри конденсатора не существует.

После изменения порядка следования уравнений мы имеем следующее:

I. $\nabla \cdot E = \dfrac{\rho}{\varepsilon_0}$      (Поток **E** через замкнутую поверхность) = (Заряд внутри нее)/$\varepsilon_0$

$\nabla \cdot \mathbf{B} = 0$          (Поток **B** через замкнутую поверхность) $= 0$

$\nabla \times \mathbf{E} = -\dfrac{\partial \mathbf{B}}{\partial t}$      (Интеграл от **E** по замкнутому контуру) $= -\dfrac{d}{dt}$ (Поток **B** сквозь контур)

IV.   $c^2 \nabla \times \mathbf{B} = \dfrac{\mathbf{j}}{\varepsilon_0} + \dfrac{\partial \mathbf{E}}{\partial t}$ ,     $c^2$ (Интеграл от **B** по контуру) $=$ (Ток в контуре) $/\varepsilon_0 + \dfrac{\partial}{\partial t}$ (Поток **E** сквозь контур)

Номера первого и четвертого уравнения остались без изменений.

## Первое уравнение

Согласно представлениям преоники «заряженное» тело (электрон, протон) излучает (выбрасывает) равномерно во все стороны преоны (мельчайшие частички, имеющие размер около $1.10^{-18}$ см и массу около $1.10^{-38}$ г), которые движутся приблизительно со скоростью света. Таким образом налицо ПОТОК частиц. Это поток и есть то, что называют ЗАРЯДОМ. Если говорят, что тело «обладает зарядом», значит оно излучает поток преонов.

Иногда для простоты сам источник преонов называют «зарядом». Это, конечно, вносит необходимую авторам путаницу в сознание читателя.

На пробный заряд, расположенный вблизи «заряженного тела» действует некая сила (обозначим ее как «F»). Эта сила определяется экспериментально из закона Кулона

$$F = k Q_1 Q_2 / R^2$$

где Q – величина «зарядов» одного и другого тела;

R – расстояние между телами;

k – коэффициент, якобы (!) приводящий в соответствие размерности величин F, Q, R.

Если теперь мысленно окружить источник потока преонов на некотором расстоянии от него (пусть это расстояние как раз и будет равно R) воображаемой сферой, непроницаемой для потока преонов, то такая сфера испытывала бы **давление** со стороны источника преонов. Интеграл от этой силы по всей поверхности соответствует величине общего давления на нее, а чтобы определить само давление (силы) на элемент этой поверхности, нужно разделить этот интеграл на $4\pi r^2$ — на поверхность этой сферы. (При «единичном радиусе» это $4\pi$).

Все бы хорошо, да вот только к величине самого потока подступиться трудно. Ибо все, что мы имеем, это СИЛА, действующая на пробное тело. По поводу собственно «излучения преонов» наука хранит молчание. А поток «чего-нибудь» иметь хочется, для этого другие причины есть. А что такое ПОТОК с точки зрения математики?

Дальше не нужно путаться, требуется лишь небольшое напряжение ума:

**Поток** (векторного поля — пока не будем обращать внимания на слова, скажем просто — поток вектора) **через поверхность** — это поверхностный интеграл второго рода («двойной интеграл») по поверхности $S$. По определению поток $\Phi_F$ записывается в виде

$$\Phi_F = \iint\limits_S \mathbf{F} \cdot d\mathbf{S}$$

Пусть движение **несжимаемой жидкости** (!обратим внимание!) единичной плотности в пространстве задано векторным полем скорости течения $\mathbf{v}=v(x,y,z)$. Тогда объём жидкости, который протечёт за единицу времени через поверхность S, будет равен потоку векторного поля $\mathbf{v}$. В нашем случае $\mathbf{v}$ соответствует вектору $\mathbf{F}=\mathbf{F}(x,y,z)$

**И тут Фейнман показывает нам, что существует проблема.** Проблема чисто физической интерпретации. Величина $\mathbf{v}$ – это скорость истечения жидкости; $\Phi_F$ это количество этой жидкости, протекшее через объем, ограниченный поверхностью S. А вот величина $\mathbf{F}$ – это совсем другая физическая величина. Это СИЛА, которая давит на эту поверхность. И ничего другого в наше распоряжение Природа не предоставила. А Фейнману (и Максвеллу тоже) нужен именно **поток** какой-нибудь «субстанции», потому что он интуитивно чувствует, что из точки, в которой помещен «заряд», что-то «проистекает» (иначе бы он не ухватился за формулу для «потока», а нашел бы что-нибудь другое). Кроме того, Фейнману, конечно, была известна модель Ритца, предполагавшая истечение «реонов» из «заряженного тела».

И тогда Фейнман говорит нам: «Ничего особенного! Скорость $\mathbf{v}$ – вектор? Вектор. Сила $\mathbf{F}$ – вектор? Вектор! А для математики все равно, что́ у этого вектора «за душой», есть у него этот пресловутый «физический смысл» или нет. **Важно, что это – математическая ВЕЛИЧИНА, и что эта величина – векторная!**

Перед нами в чистом виде «математический» подход к решению задачи.

Поэтому подставим в уравнение

$$\Phi_F = \iint\limits_S \mathbf{F} \cdot d\mathbf{S}$$

**v=F,** и дело с концом! Получим **ПОТОК СИЛЫ**.

Да, говорит Фейнман, это понятие физического смысла не имеет [Л.5]. Неважно! Мы потом из него сделаем определение понятия «заряд»!

Это математику – «неважно». А мы-то уже понимаем, что если определить заряд через понятие, которое не имеет физического смысла, то и само это определение «заряда» тоже физического смысла иметь не будет. И так оно и есть.

На модель Ритца [Л.23] должного внимания не обратили. Математическое описание ЯВЛЕНИЯ (но не физического процесса) показалось авторитетам заслуживающим бо́льшего внимания. Ведь о преонах (реонах Ритца) ничего конкретного не было известно!

И поэтому Фейнман предлагает нам найти ПОТОК СИЛЫ, подставив величину действующей на пробный заряд СИЛЫ в качестве подинтегральной функции **F**. Тогда в формуле

$$\Phi_F = \iint\limits_S \mathbf{F} \cdot d\mathbf{S}$$

**Φ$_F$** — поток векторного поля **F** через сферическую поверхность площадью $S$, ограничивающую объём $V$.

Теперь отнесем этот поток к величине объема, через который он проходит, устремим этот объем к нулю, и назовем результат **«дивергенцией»** (расходимостью)

$$\operatorname{div} \mathbf{F} = \lim_{V \to 0} \frac{\Phi_{\mathbf{F}}}{V}$$

Это естественно, так как объем-то у нас был произвольный, а теперь мы его сделаем минимально возможным (устремим к нулю).

Дивергенцией (расходимостью) ЧЕГО?

Если бы подинтегральная функция **F** соответствовала бы реальному потоку (материи), то и поток $\Phi_F$ был бы реальным потоком материи. А поскольку **F** это сила, то и

$$\Phi_F = \iint\limits_S \mathbf{F} \cdot d\mathbf{S}$$

это всего лишь поток вектора, **поток силы**, то есть, по мнению самого Фейнмана, физического смысла это выражение не имеет.

Поэтому и выражение

$$\operatorname{div} \mathbf{F} = \lim_{V \to 0} \frac{\Phi_{\mathbf{F}}}{V}$$

также не имеет физического смысла, и выражает только некую «расходимость потока вектора силы».

Проинтегрировав величину вектора силы по поверхности, через которую она проходит, мы получаем общее ДАВЛЕНИЕ этой силы на всю поверхность. А разделив на 4π получаем удельное давление или просто «давление».

Но разделив теперь это общее давление на объем, ограниченный этой поверхностью, мы получаем **давление в единице объема** (в отличие от давления на поверхность).

И Фейнман (Максвелл) предлагает считать это внутреннее давление (в минимуме объема) «объемной плотностью заряда»:

$$divD = 4\pi\rho \tag{1}$$

где $\rho$ – плотность электрических зарядов.

....без объяснения и без ответа на вопрос «Что такое заряд»?

Мало того, что давление и объемная плотность не совпадают по размерности...

Давление – F/S (кг/см$^2$). Объемная плотность есть масса/объем (кг/см$^3$)

Это может стать немного понятнее, если формулу преобразовать вот таким образом (в соответствии с «принципом причинности» (причина – слева, результат – справа):

$$\varrho = \mathrm{div}D/4\pi$$

и читать слева направо:

«Плотность зарядов (видимо в единице объема – отсюда, вероятно, и $4\pi$) <u>соответствует</u> некоему «внутреннему электрическому давлению», приводящему к появлению силы F (или E) на расстоянии единичного радиуса».

(Не равна, а «соответствует»!! Эта формулировка позволяет пока не заботиться о совпадении размерностей).

Формула (1) – это «уравнение заряда». Это, по сути, определение понятия «заряд» с позиции Фейнмана – расхождение силы (давления) в пространстве соответствует (пропорционально?) объемной плотности заряда (количеству единичных зарядов в единице объема).

С этого и начинается наше **преонное электричество**. Зная «конструкцию» электрона и протона, и руководствуясь идеей Ритца об излучаемом из этих частиц потоке «реонов» (преонов в «гравитонике»), мы можем попытаться увязать идею Ритца с представлениями Фейнмана.

В преонике явление «заряда» создается движением преонов. Преон – частичка, движущаяся в среднем со скоростью света, и имеющая вполне определенную, хотя и очень маленькую массу. Эти преоны излучаются свободными электронами и протонами. Излучаемые преоны не содержатся постоянно в электроне (протоне), они захватываются из окружающего пространства и снова излучаются в пространство, но уже с другой стороны электрона (протона). Поэтому нам следует просто попытаться связать уже имеющийся ПОТОК излучаемых частиц с их воздействием (давлением) на объекты в пространстве вокруг частицы (имеющей «заряд»).

Но если этот поток излучается электроном, то почему бы нам не ограничить вышеуказанную «поверхность» размерами самого источника преонов – электрона (протона)? Причем именно ПРОТОНА, так как электрон внутри атома кардинально отличается по всем параметрам от электрона вне атома.

И тогда мы преодолеваем **одно из очень часто упоминаемых противоречий в электростатике** – как понимать, что когда мы стремим вышеупомянутый объем к нулю, плотность заряда стремится к бесконечности?

Это она в математике стремится к бесконечности. А в физике на этом ее пути к бесконечности встает объем самого электрона (протона), являющегося источником (генератором) преонного потока.

**Заряд – это ПОТОК ПРЕОНОВ через сферическую поверхность электрона (протона).** И тогда мы не отходим от физической сущности явления.

**Но мы еще не решили нашу задачку...**

Нас интересует ПОТОК, то есть количество частиц с массой **m**, прошедшее в единицу времени через площадку **S**. Мы хотим найти поток, и нам известна скорость частиц в этом потоке и приблизительная масса каждой из них, а также давление, которое этот поток создает на пробную площадь в эксперименте.

\*

В начале главы было показано, что так называемую «электродвижущую силу» (СИЛУ, обратим внимание!) создают не сами свободные электроны. Свободные электроны в проводнике образуют ТОК, когда подхватываются потоком преонов, летящих вдоль проводника почти со скоростью света. Электродвижущая сила (ЭДС) – это разность «потенциалов», это разность концентраций преонов в разных областях пространства. Да, эта разность концентраций преонов может быть вызвана разностью концентраций электронов. В этом случае разность концентраций электронов создается источником электронов, а уже электроны своим постоянным излучением создают повышенную концентрацию преонов. Но разность концентраций преонов может быть вызвана и «электростатическим» способом (натиранием стеклянной палочки шерстью).

Источником «электричества» как такового («электрической силы») являются преоны, их разная концентрация в разных областях пространства. Поэтому в нашей интерпретации радиальные прямые линии – это траектории преонов, вылетающих из электрона (протона).

Но как связать силу с потоком?

Проще всего найти **поток силы** через количество движения (момент) суммы преонов, то есть через ПРИЧИНУ, вызывающую «поток силы». Эта задача очень похожа на расчет лобового сопротивления тела в потоке среды в аэродинамике. Полная формула расчёта лобового сопротивления выглядит так:

$$F = C_x S \varrho V^2 / 2 \ \text{(н)},$$

где $C_x$ – коэффициент лобового сопротивления,
$V$ – скорость потока, м/с,
$S$ – площадь поперечного сечения, м²,
(н) – размерность в ньютонах.

За величину $S$ здесь нужно взять площадь поперечного сечения электрона, $V=C$ (скорость света), а величина $\varrho$ – плотность потока преонов, вылетающих из протона.

Величина самой этой силы $F$ известна и определяется из эксперимента – это сила, действующая на электрон в поле протона. Обозначим ее для определенности $F_p$

**Выводится эта формула из расчета величины энергии**, которую надо затратить для перемещения некоторого объема среды по направлению движения объекта (или наоборот) с площадью поперечного сечения $S$ в газовой среде. Для нахождения работы (энергии) нужно просто умножить силу на расстояние

$$A = F.L = mV^2 / 2$$

То есть, если мы знаем СИЛУ:

$$F = C_x S \varrho V^2 / 2 \ \text{(н)},$$

то плотность потока соответственно:

$$\varrho = 2F / C_x S V^2 = 2F / C_x S c^2$$

<u>**Сила**</u> взаимодействия **между двумя протонами** (для определенности, ибо можно взять и электроны) определяется

экспериментально. Но ее можно и рассчитать, как предлагается в [Л.24].

Площадь поперечного сечения протона можно ориентировочно принять как

$$s_p = \pi R^2 = 3.10^{-26} \text{ см}$$

Какова сила взаимодействия двух протонов на расстоянии $1,6.10^{-14}$ м?

Заряд протона $q = 1,6.10^{-19}$ Кл.

$F = kq^2/R^2 = 9.10^9 \ (1,6.10^{-19})^2/(1,6.10^{-14}) = 0.9$ н

**Ответ 0.9 н** (http://znanija.com/task/616225)

Это сила давления на поперечную площадь протона от другого протона на расстоянии $1,6.10^{-14}$ м $= 1,6.10^{-12}$ см. А размер протона $10^{-13}$ см.

То есть угол наблюдения примерно равен 3,75 град (считаем 4 градуса). Но, поскольку луч попадает на протон среднестатистически, то для создания расчетной силы поток внутри луча должен быть в $(360/4)^2 = 8100$ раза интенсивнее. Все остальное время поток луча распределяется по всей сфере. И тогда вместо S мы можем поставить $4\pi$, а коэффициент $C_x$ пока взять равным единице (впредь до выяснения).

$$\varrho = 2F/C_x Sc^2 = 2F/4\pi c^2$$

Плотность потока – это МАССА (!) частиц, пролетающих через данное поперечное сечение в единицу времени. Эта масса, летящая со скоростью С, вызывает силу F. Сила определена выше. Поэтому для определения потока частиц достаточно разделить эту массу на массу одной частицы.

Но одновременно мы получаем и количество движения этой массы – **mv**.

Общее количество частиц, излучаемых протоном за то же время, будет, понятно, примерно в 8000 раз больше, и распределятся эти частицы по поверхности единичного радиуса $4\pi$.

Так как $\varrho = mv = mc = 2F/C_x Sc^2$, то величина $\varrho$ это и есть «ЗАРЯД»; обозначим его как «Z»:

$$Z=\varrho=mv=mc= 2F/C_xSc^2$$

Объемная плотность заряда – это весь поток вылетающий из объема протона.

То есть заряд это поток?

Здесь мы уже говорим не о «векторах сил», воздействующих на другие «заряды», а о векторах, обозначающих **количество движения** каждой летящей частицы. Это количество движения **mv=mc**, так как преоны двигаются со скоростью света. Масса преона тоже теперь приблизительно известна.

Здесь мы уже имеем действительно ПОТОК, но не математический (нефизический) «поток силы», а физический ПОТОК МАССЫ, поток частиц, движущихся со скоростью света и имеющих определенную массу. И этот поток имеет кинетический момент и создает давление на единичную площадь, на которую он падает. Мы видели, что в уравнении

$$\operatorname{div} \mathbf{F} = \lim_{V \to 0} \frac{\Phi_{\mathbf{F}}}{V}$$

$\Phi_F$ — это поток векторного поля через сферическую поверхность площадью S, ограничивающую объём $V$.

И теперь в нашей «физической форме» векторное поле F это не мистический поток некоей «напряженности поля», а поток вполне материальных частиц с массой «m», летящих (излучаемых) со скоростью света «c»

$$\operatorname{div} F= \operatorname{div} mc = 4\pi\varrho$$

Если мы разделим обе части уравнения на скорость света, то получим другую форму первого уравнения Максвелла, в которой под знаком дивергенции стоит МАССА **m**!

$$\operatorname{div} \mathbf{m}=4\pi\varrho/c$$

Здесь **масса m разлетается из объема 4π со скоростью «c»**. И теперь нам понятно, что эта самая $\varrho$ («объемная плотность заряда») есть не что иное как поток массы, поток массы преонов, вылетающих из источника потока – электрона (или протона).

И Фейнман (Максвелл) предлагает считать это внутреннее давление (в минимуме объема) «объемной плотностью заряда»:

$$divD = 4\pi\rho$$

Это не обязательно равенство, это СООТВЕТСТВИЕ. Равенством оно станет после введения соответствующих коэффициентов. Причем не обязательно безразмерных.

А согласно нашим выкладкам, это внутреннее давление (интеграл от силы по отношению к поверхности) соответствует (!) величине **mv**.

Для Фейнмана это был поток силы — внефизическая величина. А у нас это поток реальной материи – поток преонов с общей массой m, вылетающий из объема протона (!) со скоростью света «c»

$$\text{div } m = 4\pi\varrho/c$$

Поток массы – источник внутри излучающей сферы (протона) выбрасывает в окружающее пространство массу **m** со скоростью **C**.

И теперь, на основе уже достигнутого понимания природы электрического заряда, мы можем лучше понять процессы, возникающие в конденсаторе.

## Снова электростатика. Процессы в конденсаторе

Говорят, что «заряженный» металл создает вокруг себя «поле» – область пространства, в которой другое тело, «обладающее зарядом» (имеющее на своей поверхности электроны, создающие «поле» излучения преонов) испытывает на себе силу притяжения или отталкивания по отношению к первому телу. Для изменения положения второго тела в «поле действия» первого тела требуется затратить определенную энергию (W).

$$\varphi = \frac{W_p}{q_p}$$

Величина $\varphi$ называется «потенциалом» данной точки пространства («поля» действия).

Вообще говоря, под «потенциалом» имеется в виду энергия, необходимая для переноса пробного заряда в данную точку из бесконечности. Но полезным для практики понятием является не потенциал, а **разность потенциалов** между двумя точками (или между основным зарядом и точкой, в которой находится пробное тело).

Если разделить разность потенциалов на расстояние между точками пространства (d), то мы получим величину, называемую «напряженностью электрического поля» (между этими двумя точками)

$$E = (\varphi_1 - \varphi_2)/d$$

Напряженность электрического поля таким образом – это удельная величина, то есть отнесенная к какому-то параметру, в данном случае – к расстоянию.

Обратно, умножив напряженность поля на расстояние между точками, мы получим так называемое ЭЛЕКТРИЧЕСКОЕ НАПРЯЖЕНИЕ или ту же «разность потенциалов» (V).

Электрическое напряжение между точками $A$ и $B$ электрической цепи или электрического поля — физическая величина, значение которой равно работе электрического поля (включающего сторонние поля), совершаемой при переносе единичного пробного электрического заряда из точки $A$ в точку $B$.

Для единичного заряда (электрона) в формуле определения потенциала

$$\varphi = \frac{W_p}{q_p}$$

где $q_p = 1$

...и тогда разность потенциалов равна разности энергий по перемещению заряда из точки в точку.

(ВИКИ): Размерность электрического напряжения в Международной системе величин (англ. *International System of Quantities, ISQ*), на которой базируется Международная система единиц (СИ), — $L^2MT^{-3}I^{-1}$. Единицей измерения напряжения в СИ является вольт (русское обозначение: В; международное: V). Понятие ввёл Георг Ом в работе 1827 года, в которой предлагалась **гидродинамическая модель** электрического тока для объяснения открытого им в 1826 г. **эмпирического закона** Ома: U=IR.

Разность потенциалов между двумя точками равна 1 вольту, если для перемещения заряда величиной 1 кулон из одной точки в другую над ним надо совершить работу величиной 1 джоуль. Вольт также равен электрическому напряжению, вызывающему в электрической цепи постоянный ток силой 1 ампер при мощности 1 ватт.

Вольт (В, V) может быть определён либо как электрическое напряжение на концах проводника, необходимое для выделения в нём теплоты мощностью в один ватт (Вт, W) при силе протекающего через этот проводник постоянного тока в один ампер (А), либо как разность потенциалов между двумя точками электростатического поля, при прохождении которой над зарядом величиной 1 кулон (Кл, С) совершается работа величиной 1 джоуль (Дж, J). Выраженный через основные единицы системы СИ, один вольт равен $\underline{м^2 \; кг \; с^{-3} \; А^{-1}}$.

$$V = \frac{W}{A} = \frac{J}{C} = \frac{m^2 \cdot kg}{s^3 \cdot A}.$$

То есть разность потенциалов определяется через энергию (работу по перемещению заряда), отнесенную к величине этого заряда. Одновременно это и разность потенциалов, отнесенная к единичному заряду.

Электроемкостью конденсатора называют отношение заряда конденсатора к разности потенциалов между металлическими пластинами конденсатора (обкладками):

$$C = q/V$$

Фарад (русское обозначение: Ф; международное обозначение: F; прежнее название — фарада) — это единица измерения электрической емкости в Международной системе единиц (СИ), названная в честь английского физика Майкла Фарадея. 1 фарад равен ёмкости конденсатора, при которой заряд 1 **кулон** создаёт между его обкладками напряжение 1 **вольт**: 1 Ф = 1 Кл / 1 В.

«Уединенным» будем называть проводник, размеры которого много меньше расстояний до окружающих тел. Пусть это будет шар радиусом r. Если потенциал на бесконечности принять равным нулю, то потенциал заряженного уединенного шара равен

$$\varphi = kq/\varepsilon r$$

Следовательно

$$q/\varphi = \varepsilon r/k$$

Эта величина не зависит ни от заряда, ни от потенциала и определяется только размерами шара (радиусом) и диэлектрической проницаемостью среды (ε). Этот вывод справедлив для проводника любой формы.

Находящийся на поверхности металлической пластины заряд (электроны) распределяется равномерно по поверхности пластины. Поверхностная плотность σ заряда пластин равна $q/S$, где $q$ – заряд, а $S$ – площадь каждой пластины. Разность потенциалов $\Delta\varphi$ между пластинами в однородном электрическом поле равна $Ed$, где $d$ – расстояние между пластинами. Из этих соотношений можно получить формулу для электроемкости плоского конденсатора:

$$ C = \frac{q}{\Delta\varphi} = \frac{\sigma \cdot S}{E \cdot d} = \frac{\varepsilon_0 S}{d}. $$

Таким образом, электроемкость плоского конденсатора прямо пропорциональна площади его пластин и обратно пропорциональна расстоянию между ними. Вывод этой формулы не вполне очевиден и основан на связи:

$$ C = q/U = q/Ed = q/(q/\varepsilon_0 S)d = \varepsilon_0 S/d $$

где ε₀ — так называемая «электрическая постоянная» с размерностью Ф/м = Кулон / вольт. метр

Емкостью **1Ф** (фарад) обладает такой проводник, у которого потенциал возрастает на **1 В** при сообщении ему заряда в **1 Кл**.

**CU=Q; C=Q/U**

$\varepsilon_0 = \underline{Ф}/\underline{м} = К/в.м$

Заряд измеряется в кулонах.

Кулон (русское обозначение: Кл; международное: C) — единица измерения электрического заряда (количества электричества), а также потока **электрической индукции** (потока электрического смещения) в Международной системе единиц (СИ).

Кулон — это величина заряда, прошедшего через проводник при силе тока 1 А за время 1 с. Через основные единицы СИ кулон выражается соотношением вида: 1 Кл = 1 А·с.

С внесистемной единицей ампер-час кулон связан равенством: 1 Кл = 1/3600 ампер-часа[4].

Элементарный электрический заряд (с точностью до знака равный заряду электрона) составляет 1,60217653(14)·10⁻¹⁹ Кл. Заряд 6,24151·10¹⁸ электронов равен −1 Кл.

Таким образом, в классике считается, что «заряд» (о природе которого мы ничего не знаем) «присущ» электронам и переносится (от одних тел к другим) электронами (!!!!)

**Преоника, как мы теперь знаем, предлагает другой подход.** Вкратце повторим его здесь....

В начале главы при рассмотрении природы заряда было показано, что заряд есть по сути поток преонов, выбрасываемых из протона (электрона) узким лучом, причем вследствие вращения частицы этот луч «сканирует» по пространству, создавая вокруг себя сферу, внутри которой и происходят процессы притяжения и отталкивания частиц с «разноименными» зарядами. При трении материалов с разной структурой на них возникает «статическое электричество», являющееся следствием перехода **преонов** из одного материала в другой. «Заряд» металлического тела происходит при соприкосновении с одним из этих материалов, и избыточный преонный газ перетекает на металлический объект; в металле создается повышенное давление преонного газа по сравнению со свободным пространством вне металла.

После этого возникающие вблизи границы металла «свободные (освобождающиеся) электроны» полностью оттесняются этим давлением к периферии (поверхности металла) и равномерно распределяются по этой поверхности. (Это и вводит в заблуждение некоторых теоретиков, считающих перенос элеткронов причиной переноса «зарядов».)

Оказавшись у поверхности, электроны начинают излучать преонные потоки во всех направлениях (наподобие «микро-вентиляторов»), так что в результате оказывается, что половина их излучает поток наружу, а половина – внутрь металла. Через очень короткое время устанавливается баланс потоков «наружу-внутрь». «Заряженный» металл начинает «работать» как источник статического электричества.

**Все попытки объяснить эти процессы с физической точки зрения заканчивались неудачей**. С энергетической – объяснение возможно, но и возражения можно выдвинуть весомые. В частности, рассказывают о том, что при сближении пластин «силы поля» производят работу по перемещению зарядов, а при раздвижении пластин внешняя сила (ее называют почему-то «сторонней силой») совершает работу по перемещению зарядов, и это почему-то должно оказывать влияние на структуру самого поля....

И до тех пор, пока мы будем рассматривать собственно электроны конденсатора как ИСТОЧНИК электрической энергии (хотя и полученной от заряжавшего его устройства), нам будет трудно найти объяснение всем наблюдаемым явлениям.

**С точки зрения преоники (которая была изложена в самом начале этой главы) источником электричества** (электрической силы, электродвижущей силы) **является преонный газ** в объеме шара (верхней пластины), **совместно с электронами**, создающими поток преонов.

Одно без другого не работает. То есть первичным пусковым эффектом является перенос на верхнюю пластину (или шар) какого-то количества преонов. Попав на пластину, преонный газ вызывает появление на ее границах свободных электронов, работа которых в качестве «вентиляторов» создает постоянную «подпитку» пластины преонами, поддержание постоянного давления преонов, пропорционального числу электронов.

Выдавленные преонным газом к периферии свободные электроны создают поток преонов, направленный ко второй пластине.

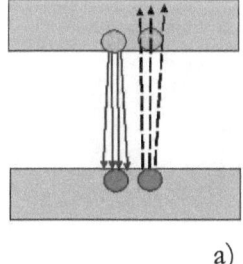 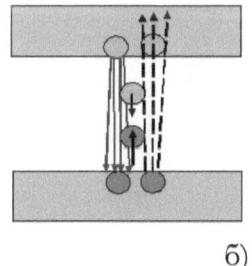

а)                                        б)

Рис.63

Там этот поток отжимает от поверхности освобождающиеся электроны, и обнажившиеся протоны посылают часть своего потока в направлении первой (верхней) пластины, где восполняют потери преонного газа, возникающие вследствие «работы вентиляторов-электронов» (рис. 63).

Величина потока остается неизменной при изменениях расстояния между пластинами в заметных пределах.

Описанный процесс может показаться сложным, но он полностью соответствует всем наблюдаемым электростатическим явлениям.

\*

Давление преонного газа на верхней пластине не зависит от толщины пластины; точно так же, как давление в перекрытом трубопроводе не зависит от его длины. Если мы начнем уменьшать толщину пластины, то давление в ней будет оставаться постоянным, так как оно определяется «производительностью» свободных электронов. Чтобы «система» работала, достаточно слоя металла всего в несколько микрон.

## Электрическая модель конденсатора

И вот теперь уже можно себе представить нечто вроде «эквивалентной преонной схемы» конденсатора (рис. 64)

Источник преонного тока – свободные электроны верхней пластины. Они создают в направлении нижней пластины постоянный преонный ток. «Нагрузкой» источника является пространство между пластинами. Назад к источнику поток (преонный ток) возвращается через протонное излучение от нижней пластины к верхней (как это показано на рис. 64).

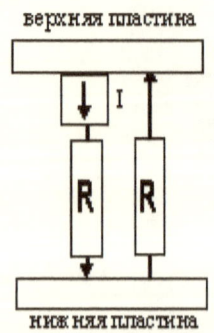

Стрелками изображены преонные потоки (токи).

**R** – «сопротивление свободного пространства» - условный параметр (R=1/ε).

Рис.64

И тогда формула для «электрической индукции» D=εE становится очень похожей на формулу закона Ома, где ε – сопротивление пространства потоку преонов (вернее – проводимость), E – напряженность «поля» («падение напряжения») на участке с проводимостью ε=1/R.

$$D/ε =E; \quad R=1/ε ; \quad DR=E; \quad IR=E.$$

А все напряжение между пластинами – это V=Ed

V – падение (уменьшение) преонного напряжения (потенциала?) на длине измеряемого отрезка в пространстве между пластинами

$$V_p=I_p*R_p= I_p/ε \ \text{или} \ I_p= εV$$

Согласно Википедии «электрическая индукция» (D) – это плотность ЭЛЕКТРИЧЕСКОГО ПОТОКА на единицу площади. Что такое «электрический поток» – у ВИКИ плохо определено. По сути дела это соответствует ПРЕОННОМУ ТОКУ в пространстве внутри конденсатора.

Получается, что величина ε – это на самом деле удельная объемная проводимость среды для потока преонов!

Следует отметить, что для диэлектриков она интуитивно была названа в свое время «проницаемостью».

При данной величине напряжения, приложенного к пластинам конденсатора, ток будет тем больше, чем больше проницаемость. Это естественно. И это означает, что при наличии напряжения на пластинах через конденсатор ИДЕТ ТОК! Но это не ЭЛЕКТРИЧЕСКИЙ ТОК (не движение электронов, связанное с потерями на их ускорение и торможение), а ток ПРЕОННЫЙ. Этот ток возникает из-за избытка свободных электронов (которым некуда податься, все атомы заняты или только что выбросили электрон и проглотили рядом стоявший), которые НЕПРЕРЫВНО ИЗЛУЧАЮТ. И **энергия на это излучение возникает вследствие вращения торов (электронов и протонов), которое непрерывно поддерживается гравитонами.**

Таким образом, при раздвижении пластин конденсатора напряжение на пластинах возрастает, но напряженность поля внутри остается постоянной. По крайней мере на сравнительно близких расстояниях. Напряженность поля – вольт на метр. Ее даже можно назвать «падением напряжения», как это принято в электротехнике.

Как уже сказано, такая ситуация характерна для обычной электрической цепи с **источником тока** (а не источником напряжения). Увеличение сопротивления в цепи будет приводить к возрастанию напряжения на концах цепи.

Если разделить расстояние между пластинами на участки, их можно рассматривать как отрезки сопротивления в эквивалентной электрической цепи. Только, повторяем, эта цепь не «электрическая» (в которой движутся электроны), а «преонная», в которой движутся преоны. Сам конденсатор в этом случае может быть представлен как **источник тока – ведь поток преонов от одной пластины конденсатора к другой пластине не меняется от расстояния между ними.** А вот напряжение как раз меняется, оно пропорционально расстоянию и проводимости. Напряженность поля – это сила, деленная на метр расстояния. Причем это СИЛА, действующая на единичный заряд, то есть электрон.

ТОК внутри конденсатора – это преонный ток, движение преонов. Умноженный на сопротивление (или деленный на проводимость) этот ток дает напряжение (на пластинах). Собственно, источником такого тока являются свободные электроны на поверхности заряженного тела, существование которых было инициировано введением некоторого объема преонов в проводник, а в дальнейшем включается «механизм самоподдержания».

«Нагрузкой» этого источника (преонного) тока является объем между пластинами, в который инжектируется поток преонов от электронов поверхности пластины.

## Диэлектрик в конденсаторе

Согласно картинкам в учебниках, в диэлектрике линии напряженности поля – редкие. В классике считается, что поле диэлектрика направлено против внешнего поля и компенсирует внешнее поле (поэтому эта «поляризация» и называется «сторонними силами»). С точки зрения нашей «эквивалентной схемы» в цепь **источника тока** включен «источник напряжения» (поляризующийся диэлектрик), компенсирующий на своей толщине действие преонного тока.

Под действием проходящего через диэлектрик потока преонов молекулы диэлектрика изменяют свою форму и расположение таким образом, что результирующий поток преонов уменьшается.

Поэтому для получения того же самого напряжения на пластинах возникает необходимость «закачать» на них бо́льший объем «преонного газа», и тем самым вызвать на внешней стороне заряжаемой пластины бо́льшее количество свободных электронов, действие которых уже затем увеличит преонный поток между пластинами. Это и называется «увеличение электрической емкости».

Математически это выражается в добавлении коэффициента $\varepsilon\varepsilon_0$ в формулу

$$D/\varepsilon\varepsilon_0 = E \quad \text{или} \quad D = \varepsilon\varepsilon_0 E$$

где $\varepsilon$ называется диэлектрической постоянной диэлектрика,
$\varepsilon_0$ - электрическая постоянная (вакуума).

Величина $\varepsilon$ показывает, во сколько раз поле в диэлектрике меньше поля в вакууме. А оно действительно меньше. А энергия?
Энергия пропорциональна $CV^2$

$$CV = It$$

$$CV^2 = VIt = Pt = Э \text{ (энергия)}$$

Эта формула внешне аналогична «электрическим законам». В нее может быть подставлен и преонный ток.

И только теперь становится ясным суть утверждения, что энергия конденсатора сосредоточена и находится **в поле внутри** конденсатора. Это, как говорится, полуправда. «Поле» внутри конденсатора – это циркулирующий поток преонов, который поддерживается гравитонами, пепрерывно вращающими электроны и протоны.

Во внешней цепи эквивалентной схемы рис. 2, к которой подключен заряженный конденсатор как источник преонного тока, не только нет потока электронов (поскольку нет и самой внешней цепи), но нет и потока преонов. Этот поток начинается и заканчивается прямо на поверхности обкладок конденсатора. Поэтому и можно свободно браться за провод в резиновых перчатках. А вот за свободный конец конденсатора, присоединенного к цепи постоянного тока высокого напряжения, браться не следует (если вы соединены с землей) – конденсатор может быть не заряжен, и поток преонов пойдет через вас.

Некоторая необычность конденсатора состоит в том, что если к нему подключить ВНЕШНЮЮ нагрузку (сопротивление), то он будет работать как источник напряжения (для тока электронов), но внутри самого себя (при отключенной внешней нагрузке) он является источником тока (но ПРЕОННОГО тока).

## Второе уравнение Максвелла

Теперь, понимая, что такое «дивергенция», мы можем легко понять идею и второго уравнения Максвелла

$$\mathrm{div}B = 0 \tag{2}$$

Из него (в «классике») однозначно следует, что никакая масса «магнитной субстанции» из объема никуда не разлетается.

Каким же образом «поле» действует на оказавшиеся в нем объекты?

Ответ был ясен и Фарадею и Максвеллу – по силовым линиям! А линии эти всегда замкнуты сами на себя.

Эти представления Фарадея (и за ним – Максвелла) были нами рассмотрены выше, в разделе «Магнитное поле и его «силовые линии». И там же мы выяснили, что эта формула ниоткуда не следует, это просто формульно (формально) выраженная констатация факта наблюдаемого кольцевого распределения опилок вокруг провода с током; и это распределение считается результатом действия неких «сил». Каких сил? Сил воздействия на магнитную стрелку, которые были названы Фарадеем «силовыми линиями». И не более того. В результате какого физического процесса эти силы возникают – даже современной науке неизвестно. Что же говорить о временах Фарадея и Максвелла?

Особенно интересен в связи с этим описанный Фейнманом (т.5 «Лекций») опыт с отклонением проводника с током в магнитном поле. Фейнман утверждает, что взаимодействуют поля. И что силовая линия провода толкает магнит вправо. Но на самом деле «поле» провода стремится РАЗВЕРНУТЬ магнит по силовой линии, точно так же, как разворачивается магнитная стрелка.

Магнит падает потому, что другой его стоит на плоскости опоры, а не просто и только потому, что свободный конец «отталкивается»!

Но сейчас для нас важно другое. Максвелл  обратил внимание на то, что магнитное поле, имея повидимому некую связь с электрическими явлениями, **НЕ ДЕЙСТВУЕТ** на **неподвижный «заряд».** Почему?

Почему этот вопрос не смогли решить Великие – нам уже наверное не узнать, у них не спросишь. Да и незачем. Проще объяснить, в чем тут дело (хотя понять было непросто, учитывая, что вторая часть этой книги вышла в свое время в свет без этих объяснений, и поэтому наша точка зрения могла быть подвержена критике).

Почти очевидно, что поскольку и то и другое воздействие (электрическое и магнитное) имеет преонную природу (другие теории мы здесь не рассматриваем), причина разницы в воздействиях должна быть заключена в действующих на заряд потоках преонов.

Причина электростатического воздействия – это излучаемый протоном (электроном) постоянный поток преонов, направленный от излучателя вовне. Причина возникновения (и структура) магнитного поля – другая; это рассеивание преонного потока в проводнике на возникающих на его пути свободных электронах. В этом – ключ к пониманию явления. Понятно, что Великие, не имея представления об электронах, преонах и их роли в электрических процессах, не могли даже помыслить о подобном. А кольцевая форма отраженного потока преонов создает **иллюзию** некоего движения «флюида» по окружности; эта иллюзия укрепилась благодаря наблюдениям Фарадея за поведением магнитной стрелки.

Выше мы показали, ПОЧЕМУ на неподвижный электрон такого вида «поле» заметно не действует; оно может лишь отбросить неподвижный свободный электрон поперек второго проводника. **Что и делается при эффекте Холла.** А о «действии» ударного конуса на движущийся электрон можно говорить лишь условно; так косой барьер, поставленный на пути катящегося шарика, «действует» на шарик, заставляя его отклоняться от прямолинейной траектории. Это действие не прямое, оно – пассивное!

Поэтому математическая сторона второго уравнения, видимо, верна – дивергенция (расхождение) магнитного поля, которое могло бы действовать на что-то неподвижное, видимо равна нулю.

Но **Холл не поверил.** Однако не потому, что такое поле не излучается в пространство, а потому, что **такого** поля просто нет. Зато есть другое «поле» не совсем обычной формы – распространяющееся от провода с током по диско-конусу (рис. 34, 35). Такое поле все же может влиять на неподвижные заряды не слишком заметным образом, но оно же создает косой барьер на пути электронов, **двигающихся** во втором проводе (и даже в первом, по мнению современных исследователей) вместе с преонным током.

И поэтому нельзя считать, что

$$\mathrm{div}B = 0 \qquad\qquad (2)$$

**Потому что вот такое поле есть и оно излучается. Но оно излучается не так, как излучает протон.**

\*

Возникающий в проводнике свободный электрон является источником таких же преонов, какие вылетают из вертушки протона. Только происхождение этих преонов разное, да и форма потока другая. Преонный поток проводника рассеивается возникающим свободным (освобожденным из атома) электроном в разные стороны. Можно вычислить математически форму рассеиваемого потока, но для упрощенной картины можно принять, что поток рассеивается примерно в треть задней полусферы, причем в пределах углов 30-60 градусов имеется максимум. В результате возникает конус рассеивания, как показано на рис. 34, 35. Этот конус существует только то короткое время, которое существует свободный электрон (миллисекунды).

(Кстати сказать, противо-ЭДС «самоиндукции» возникает также и потому, что возникает обратный поток преонов, являющийся частью прямого потока. Представление о том, что электрический ток – это просто поток электронов, не позволяет даже возникнуть такому предположению!)

Этот конус рассеяния имеет определенную толщину, равную приблизительно расстоянию, которое проходит свободный электрон в проводнике за время своего существования (примерно 0,01 см). И с самого начального момента своего существования этот конус расширяется по радиусу, так как каждый преон, отраженный от электрона под тем или иным углом, имеет и боковую составляющую своего движения.

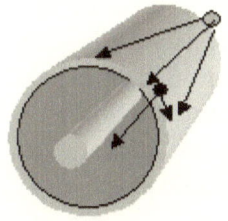

Рис.65

Если бы электроны рассеивались во все стороны, мы бы наблюдали картину, аналогичную излучению точечного заряда. В данном же случае рассеяние происходит только в одном секторе, но от всех электронов – только в этом секторе.

**По некоторой аналогии с первым уравнением** ПОТОК преонов от такого электрона может быть выражен как

$$\mathrm{div}\Pi = 4\pi\varrho\alpha \qquad (1)$$

где $\alpha$ – интегральный угол рассеяния,
$\varrho$ – объемная плотность отраженного преонного потока.

**Далее мы рассуждаем и действуем в полном соответствии с рассуждениями «электродинамики»....**

Принципиальное отличие от первого уравнения Максвелла (статика) состоит в том, что отраженный поток преонов в проводнике прямо пропорционален прямому потоку, и чем больше прямой поток, тем больше и отраженный. Поэтому в последней формуле мы должны ввести просто величину прямого тока $I_{пр}$

$$\mathrm{div}\Pi = 4\pi I_{пр}\varrho\alpha \quad (2)$$

Преонный поток в проводнике возникает от давления преонов со стороны избыточных электронов на одном конце проводника. И это количество избыточных электронов в конце концов определяет пресловутую «разность потенциалов (V)». А следовательно, это напряжение прямо пропорционально ПОТОКУ ПРЕОНОВ.

Да, впоследствии поток преонов подхватывает на своем пути образующиеся на короткое время свободные электроны, и уже поток электронов называют «электрическим током». Но «магнитное поле» суть отраженный от свободных электронов поток преонов. И этот отраженный поток есть лишь часть общего преонного потока!

Конечно, раз причиной возникновения отраженного потока являются электроны, значит их количество должно входить в формулу, коэффициент отражения, и поток преонов. И вот уже этот поток можно «привязать» к величине напряжения («потенциала»). (И отсюда мы опять можем прийти к формулам Лоренца и Ампера.)

**И только теперь мы установили «единую природу» электромагнетизма (к чему в свое время стремился Фарадей). И электрическое и магнитное поле суть потоки преонов. Однако форма у этих потоков – разная.**

**Такой подход к пониманию происходящих процессов открывает путь и к решению вопросов о причине всех прочих электромагнитных явлений, а также к вопросу о природе электромагнитного излучения в пространство.**

## Магнитоэлектрическая индукция
(Влияние изменения тока в одном проводнике
на появление ЭДС в другом)

И теперь мы можем приступить к выяснению представлений Максвелла о магнито-электрической индукции, механизм которой с точки зрения преоники был описан выше.

Третья формула законов Максвелла:

$$\nabla \times \mathbf{E} = -\frac{\partial \mathbf{B}}{\partial t}$$

(Интеграл от **E** по замкнутому контуру) $= -\dfrac{d}{dt}$ (Поток **B** сквозь контур)

Согласно Фейнману (и его формуле), ЭДС **в проводнике, окружающем проводник с током I**, возникает как результат «циркуляции» элементарных векторов поля, в результате чего в кольце должна возникать наведенная ЭДС (рис.66). **Но только в том случае, если изменяется магнитный (!) поток B.**

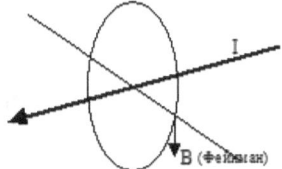

Рис. 66. Ненаблюдаемое наведение ЭДС в кольцевом контуре.

Но ЭДС, которая должна возникать в контуре по Фейнману... на самом деле не возникает!

И Фейнман это знает. И Фейнман пишет:

**Если взять в пространстве произвольную кривую и измерить циркуляцию электрического поля вдоль этой кривой, то окажется, что она в общем случае не равна нулю (хотя в кулоновом поле это так). Вместо этого для электричества справедлив второй закон, утверждающий, что**

$$\text{Циркуляция вектора } \mathbf{E} \text{ по контуру } C = \frac{d}{dt} \text{ (поток вектора } \mathbf{B} \text{ сквозь замкнутую поверхность } S). \quad (1.7)$$

То есть поток B к тому же должен еще и изменяться! О-кей!

Но, увы! Если провести подобный эксперимент, то и в этом случае ЭДС в кольцевом проводнике не появится. ЭДС появляется только в случае, если два проводника параллельны друг другу (как это всегда бывает в трансформаторах, даже простейших).

Рис. 67. Поперечный разрез трансформатора
Точками показаны «силовые линии» магнитного поля
направленные поперек плоскости чертежа

Вы скажете: ну, вот же – провод, вот силовые линии!
(Рис.67, 68 крупно):

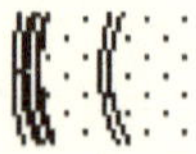

Рис. 68

Да, верно! Но КАК ориентирован провод, в котором должна наводиться ЭДС по мысли любителя формул? Он ориентирован ВДОЛЬ провода с током, а не поперек него! И только при таком расположении «силовых линий» и проводов может возникать наведенная ЭДС во втором проводе. Это явно противоречит картинкам Фейнмана и, главное, третьей формуле законов Максвелла.

Оказывается, что электродинамика Фейнмана противоречит не только преонике (это бы еще куда ни шло!); она противоречит реальному положению дел в практике электричества!

Во всех электрических приборах, использующих явление электромагнитной индукции (трансформаторы), взаимодействующие провода расположены ПАРАЛЛЕЛЬНО, а не перпендикулярно друг другу. В проводнике, охватывающем другой проводник, никакой заметной ЭДС не наводится!

Но Фейнман ОБХОДИТ этот момент!!!! Он сразу переходит к связи между изменениями магнитного и электрического «полей»! Вот что такое «искусство преподавания»! И пишет еще одну формулу этой связи (переходя к четвертому уравнению).

$$c^2 \left(\begin{array}{c}\text{циркуляция вектора } \mathbf{B} \\ \text{по контуру } C\end{array}\right) = \frac{d}{dt}\left(\begin{array}{c}\text{поток вектора } \mathbf{E} \\ \text{сквозь } S\end{array}\right) + \frac{\text{Электрический ток сквозь } S}{\varepsilon_0}. \qquad (1.9)$$

*

Как уже было показано выше в разделе «Электромагнитная индукция» при постоянном токе в первом проводнике свободные электроны в нем возникают случайным образом по всему объему. Поэтому возникновение конических «преонных дисков» (ударных волн при рассеивании преонов на свободных электронах) также является случайным процессом. Но ситуация меняется, когда мы включаем ток в первом проводнике (при его первоначальном отсутствии). В этом случае все имеющиеся в данный момент в наличии свободные электроны создают свои преонные диски одновременно (а не в момент своего появления в проводнике). И тогда вышеуказанный процесс сдвига имеющихся к этому моменту свободных электронов во втором проводнике также происходит одновременно по всему объему проводника.

Но и этого недостаточно! Необходимо еще, чтобы «шторки», образуемые отраженными потоками преонов, передвигались вдоль второго проводника. **Только в этом случае форма «магнитного поля» будет похожа на коническую!** А это происходит только вследствие того, что электроны первого проводника сами двигаются в направлении преонного потока.

И вот только в этом случае мы будем иметь значительный суммарный единовременный эффект – возникновение «наведенной» ЭДС во втором проводнике (появление напряжения на его концах).

Если второй проводник замкнут, мы можем наблюдать в нем импульс тока, вызванный появлением «наведенной» ЭДС (напряжения, избытка электронов в некотором объеме). **Но в двух проводниках рамки наведенная ЭДС имеет почти одинаковую величину, но разный знак! И вот тут уже нужно учитывать ВРЕМЯ.**

Если ток в первом проводнике не меняется (оставшись на прежнем уровне после включения), то суммарный эффект исчезает, разваливается. Через небольшое время подавляющая часть наличных свободных электронов второго проводника вернется в свои атомы, и явление это исчезнет. Но если, не дожидаясь этого момента, дополнительно увеличить ток в первом проводнике, то явление повторится.

Другими словами, если все время (и достаточно часто!) изменять (увеличивать или пропорционально уменьшать) ток в первом проводнике, то во втором проводнике появится соответствующее по форме «напряжение».

При мгновенном выключении постоянного тока в первом проводнике свободные электроны второго проводника («отжатые» от своих атомов) вернутся в эти атомы, создав при этом импульс обратного напряжения на концах проводника.

Здесь нужно обратить внимание на то, что электрон, освободившийся из атома второго проводника, при наличии постоянной «подпитки» ударными воздействиями конических преонных дисков со стороны первого проводника не может быстро вернуться в «родной» атом или вообще в какой-либо другой.

Он как бы «зависает» во внутриатомном пространстве, и его время существования значительно увеличивается по сравнению с временем существования в обычном электрическом токе. **(На этом явлении и была основана идея Тесла о высокочастотной передаче энергии)**. Электрон может вернуться в «родной» атом только после полного выключения тока в первом проводнике. При этом создается (он создает) импульс обратного тока (ведь электроны движутся в обратную сторону), и на концах второго проводника возникает импульс «отрицательного напряжения».

Если же выключение тока в первом проводнике происходит постепенно, плавно, то во втором проводнике напряжение также будет **плавно уменьшаться.**

Если в первом проводнике протекает «классический» переменный ток $I_1$, то во втором проводнике появится переменное напряжение (ЭДС) $V_2$. Фазы тока $I_1$ и напряжения $V_2$ совпадают, в соответствии с описанными присходящими процессами.

## Четвертое уравнение.
## Пресловутый «ток смещения»

Процессы в конденсаторе были нами рассмотрены в разделах 1 и 5. Здесь следует лишь отметить, что формула сложения токов в четвертом уравнении Максвелла, во-первых, справедлива только для параллельной цепи, в которой токи могут складываться.

$$\text{IV.} \quad c^2 \mathbf{\nabla} \times \mathbf{B} = \frac{\mathbf{j}}{\varepsilon_0} + \frac{\partial \mathbf{E}}{\partial t} ,$$

$c^2$ (Интеграл от **B** по контуру) $=$ (Ток в контуре) $/\varepsilon_0 + \dfrac{\partial}{\partial t}$ (Поток **E** сквозь контур)

или, после деления обеих частей равенства на $c^2$

$$\mathbf{\nabla} \times \mathbf{B} = j/\varepsilon_0 c^2 + (1/c^2) \cdot \partial \mathbf{E}/\partial t$$

Так вот, это просто неверно – ни первый член слева, ни второй справа.

Об этой формуле Карцев [Л.6] прямо говорит, что она не соответствует реальности (даже не модели, а просто – реальности), ибо никакого магнитного поля в конденсаторе (ни постоянного, ни переменного) никто никогда не смог обнаружить (и это правда).

С первым членом нам к этому моменту должно быть уже все ясно – к необходимости использовать математические фокусы типа «векторного произведения» нам уже прибегать нет необходимости; все процессы в преонике описываются обычной суммой векторов.

Далее, должно быть понятно, что в последовательной цепи с конденсатором, которую рисует Фейнман в т.5, двух постоянных токов одновременно быть не может. Но никто и нигде этого не утверждает. В уравнении Фейнман называет j «полным током», но что он имеет в виду под этим – не объясняется. Вполне возможно, что и любой переменный ток.

Кроме того, из всего сказанного ранее о процессах в конденсаторах должно быть ясно, что внутри конденсатора никакого «магнитного поля» быть не может, потому что оно всегда – спутник электронов, на которых рассеивается преонный поток. А внутри конденсатора  свободных электронов нет, и они там не могут образоваться. Да и само «магнитное поле», как мы теперь знаем из преоники, возникает только в процессе формирования свободного электрона при его выходе из атома.

Поэтому «ток смещения» - это ЗАРЯД, количество электронов, которое необходимо для заряда конденсатора до определенной величины, и это – всё. А что CV=It – это еще (уже) при Ампере знали.

И то, что в уравнении не соблюдается причинно-следственная связь – это не просто характерно для  представлений математиков о Природе (по их мнению, если правая и левая части уравнений равны, то они РАВНОПРАВНЫ и физически. Отсюда и возникают разного рода дебаты о возможности повернуть время вспять). Но именно такое представление позволило сформулировать «электродинамическую концепцию» о распространении «электромагнитных волн»: магнитное поле якобы порождает электрическое, а электрическое,  в свою очередь – магнитное.

И все это – в пустом пространстве, где нет электронов, нет среды, нет ни-че-го...

## Приложение

### Униполярный двигатель Фарадея

Проблема униполярного двигателя всесторонне описана в статье [Л.9]. Схематически одна из конструкций такого двигателя показана на рис. 69, а в плане – на рис. 70. Точками условно показаны «магнитные силовые линии» кольцевого и сплошного магнитов.

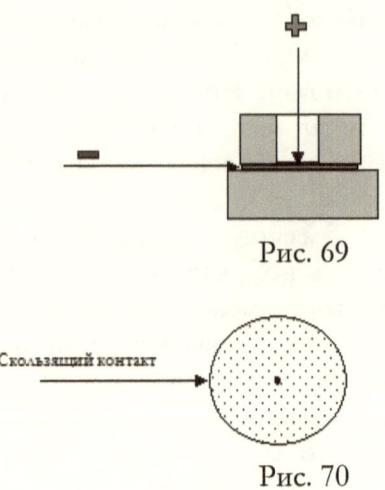

Рис. 69

Рис. 70

Примитивная модель, показанная на рис. 71, обеспечивает непрерывное вращение, если ее «примагнитить» острым концом шурупа к магнитному материалу-опоре, подвесить на этом остром конце.

Рис. 71

Подвешенная на проволочке такая конструкция поворачивается на некоторый угол, определяемый упругостью скручивающейся проволочки – см. рис. 72.

Рис. 72

На рис. 73 проводящий диск показан в несколько увеличенном масштабе. Стрелка слева – скользящий электрический контакт.

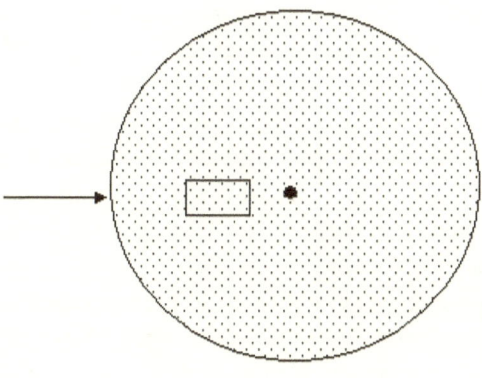

Рис. 73

С точки зрения преонной теории происходит следующее. Выделим для рассмотрения участок диска, обозначенный прямоугольником. Поток преонов от источника электрического «напряжения» (разность преонных давлений) обозначен на рис. 74 левонаправленными стрелками

Рис. 74

Появляющийся в потоке свободный электрон подхватывается потоком преонов и движется влево, как обычный поток электронов в проводнике. Однако на его пути возникают «косые барьеры», создаваемые кратковременными потоками преонов, возникающих от расположенных сверху и снизу магнитов. Наталкиваясь на «барьер», электрон несколько меняет направление своего движения, а через некоторое время он наталкивается на готовый принять его атом и поглощается в нем. При этом энергия, полученная им в результате ускорения преонным потоком (кинетический момент), передается поглотившему его атому. Вектор этого кинетического момента направлен под некоторым углом к направлению движения преонов, вследствие чего создается вращающий момент относительно центральной оси диска.

Конечно, здесь изображена утрированная картина, только для пояснения хода событий. Путь свободного электрона в металле измеряется миллиметрами (и даже долями миллиметра). Но все это как раз и происходит на этом расстоянии. Электрический ток (электроны) проходит по всему радиусу проводящего диска, и в этом процессе принимает участие каждый свободный электрон, находящийся в области действия магнитов. Суммарное действие всех электронов на все поглощающие их атомы приводит к возникновению крутящего момента у диска.

Описанный эффект полностью соответствует явлению возникновения силы Лоренца (или силы Ампера, что по сути одно и тоже) при движении электронов в «магнитном поле». Выше было показано, что никакого нарушения третьего закона Ньютона при этом не происходит. Движущийся свободный электрон наталкивается на мгновенно возникающий преонный «барьер», который столь же быстро разрушается самим ударом электрона. Но при этом направление движения электрона успевает измениться.

Здесь очень важным для нас обстоятельством является то, что для возникновения силы Лоренца (Ампера) условие «пересечения током магнитных силовых линий» не является необходимым. Само это условие совершенно не выявляет механизма явления; оно только кажется объяснением (условием). Движущийся электрон ничего не пересекает, и ничего из этого «пересечения» не следует. Электрон натыкается на косой барьер и изменяет направление движения. И только потом уже, добравшись до поглощающего его атома, передает последнему свой кинетический момент, набранный и сформированный по направлению во время своего весьма кратковременного «путешествия» от одного атома к другому.

В статье [9] высказывается возможность объяснения эффекта Фарадея некорректностью постановки эксперимента; выдвигается предположение о возможности участия в эффекте внешних электрических цепей.

С целью удостовериться в корректности опыта нами были поставлены дополнительные эксперименты.

Вначале был повторен «классический» эксперимент (рис. 75). Медный диск «1» зажат между кольцевыми магнитами «2» и «3» и подвешен на опоре на проволочке «4» диаметром примерно 1 мм. Проволочка «4» соединена с плюсом источника питания «5». (Ток в цепи примерно равен 2,5А, амперметр не показан). Второй конец источника питания подведен примерно указанным на рис.П5 способом к скользящему контакту «6». При прикосновении скользящего контакта к диску, диск поворачивается на угол примерно 45 градусов. Дальнейшему повороту препятствует кручение проволочки подвеса, но можно синхронизировать касания с колебаниями диска, и тогда угол поворот может увеличиваться.

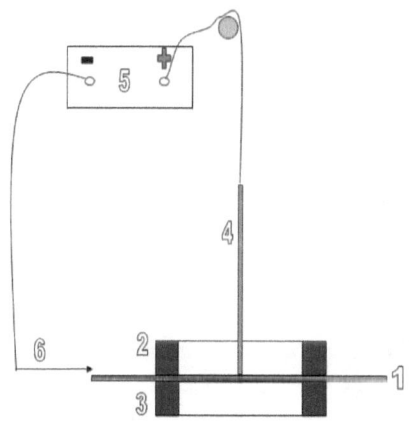

Рис. 75

В эксперименте рис. 76 напряжение от источника тока подается не по оси диска, а сбоку, в точке «7» на рис.2, вне поля действия магнитов. Вращение попрежнему наблюдается, причем во всех случаях, когда скользящий контакт касается диска (вне диаметра магнитов), даже с противоположной стороны от точки «7». Если контакт «7» отсоединить от диска и соединить со скользящим контактом как показано на рис. 77, то вращения не наблюдается.

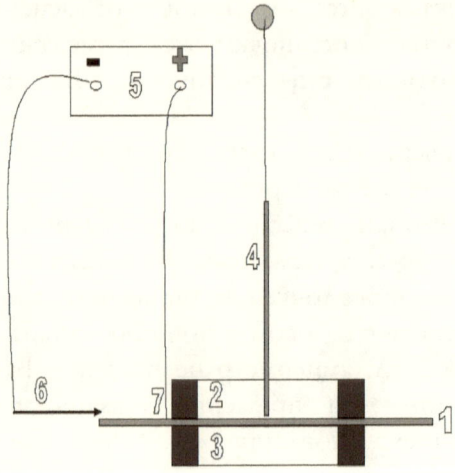

Рис. 76

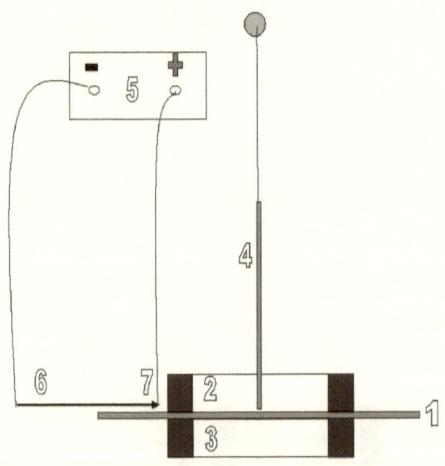

Рис. 77

Все это, видимо, доказывает, что вращение вызывается только тем током, который проходит по диску между магнитами, а вовсе не взаимодействием магнита с внешней цепью, как утверждают некоторые авторы.

Интересно отметить, что в схеме рис. 77 в момент включения тока наблюдается кратковременное движение точки «7» в сторону центра диска до касания с магнитом, однако это не приводит к повороту магнита.

Более того, если бы в эксперименте влияла бы внешняя цепь, то свободно подвешенный диск (на шурупе, позволяющем реализовать вращение) не мог бы вращаться. Именно поэтому и не просто так был придуман коллектор у двигателя постоянного тока, периодически меняющий направление тока. Но диск Фарадея вращается безо всякого коллектора. И одно это, вообще говоря, напрочь исключает объяснение этого явления наличием и влиянием внешней (неподвижной) цепи.

При вращении диска Фарадея возникает одна любопытная особенность – он начинает самораскручиваться. Возрастает ли при этом энергия, потребляемая от источника питания, пока установить не удалось. С точки зрения преоники самораскручивание объясняется тем, что атом, к которому стремится приблизиться движущийся в преонном потоке свободный электрон, при движении диска удаляется (убегает) от электрона (другие атомы при этом находятся от электрона на более далеком расстоянии). Поэтому время путешествия электрона между атомами увеличивается, а это означает, что увеличивается и скорость электрона перед его поглощением принимающим атомом. А это, в конечном счете, увеличивает кинетический момент электрона, и, соответственно импульс, получаемый принимающим атомом. Чем больше скорость, тем больше вращающий момент.

## Диск Серла

Диск Серла по сути отличается от диска Фарадея одной особенностью, оказавшейся исключительно важной. Источник питания в диске Фарадея, естественно, внешний. А если бы источник питания (потока преонов) был бы каким-то образом связан с самим диском, и мог бы перемещаться вместе с ним?

Такая конструкция, по-видимому, была создана Серлом. На схеме 78 показана условная схема такой возможной конструкции. Ниобиевые ролики могут вращаться вокруг основного кольцевого магнита «М»; от выпадения в вертикальном направлении их предохраняют медные пластины, одновременно являющиеся проводниками возникающих токов. Каждый вращающийся цилиндрик при своем вращении при движении вокруг магнита, является отдельным генератором электрического напряжения. Ток от такого отдельного генератора идет по медной пластине к ее центру и возвращается к генератору по другой медной пластине. Таким образом появляются отдельные пути для токов, которые, как и в диске Фарадея, заставляют вращаться медные пластины, а с ними и всю конструкцию.

Таким образом, источник питания всегда при диске.... А где, собственно, источник питания? Ниобиевые ролики? Но ведь это проводники, которые вращаются вместе со всей конструкцией!

Приходится признать, что аппарат при своем вращении начинает забирать энергию (какую?) из окружающей среды. Как описано ранее, в разделе о диске Фарадея, именно преонный поток разгоняет возникающие в металле свободные электроны, и полученный ими импульс передается вращающемуся диску.

Нужно иметь в виду, что для начала самопроизвольного процесса диск нужно раскрутить до определенного (довольно большого) числа оборотов (это обычно делается с помощью быстроходного двигателя электрической дрели).

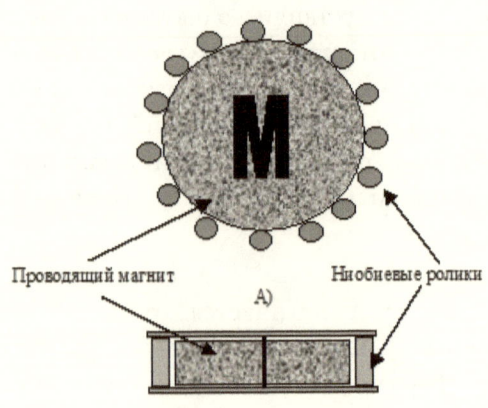

Рис. 78. Магниты закрыты с двух сторон проводящими медными пластинами

## Нетривиальные следствия

На основе представлений о гравитонно-преонной среде разработан новый (физический) подход к объяснению электрических явлений.

Дано определение понятия «заряд», «электрическое поле», объяснены физические причины взаимодействия «положительных и отрицательных зарядов».

Дано физическое объяснение понятиям «ток в проводнике» и «магнитное поле».

Выяснена физическая причина электрических и «магнитных» явлений – потоки преонов.

Дано физическое толкование уравнению $divE=\varrho$ как потоку преонов, исходящих из протона, в полном соответствии с описанием строения и функционирования атома в гл.5.

Указана физическая причина движения электронов в проводнике (электрического тока) – увлечение электронов потоком преонов в проводнике.

Указана физическая причина возникновения явлений, которые получили название «магнитных» – рассеяние потока преонов на возникающих на их пути «свободных» (освобождающихся) электронах.

Показано, что «силовые линии» ПОЛЯ, называемого «магнитным», совершенно аналогичны по природе силам электрическим – они расходятся радиально от источника. Вся разница состоит в структуре этого «расхождения (излучения)», в его особенностях воздействия на электроны в другом проводнике.

Дано объяснение происхождению «силы Лоренца» без применения сомнительной функции «векторного произведения». Все явления происходят в одной плоскости, но не по причине прямого воздействия «поля на заряд», а по причине отражения движущегося электрона от барьера, создаваемого во втором проводнике кратковременными импульсными потоками преонов от возникающих в первом проводнике электронов.

Показано, что «вращение» (то есть изменение направления) вектора индукции **B** вокруг провода с током имеет место в пространстве, но не во времени. А это, как говорят в Одессе, две большие разницы. То есть применение операции **rot** к этому вектору вводит читателя в фундаментальное заблуждение, и, видимо, позволяет «классикам» каким-то образом связать изменение **B** около одного провода с возникновением ЭДС в другом. Но по сути дела собственно вращения вектора **B** во времени – нет. Понятие **rotB** – нонсенс!

Объяснен «механизм» возникновения силы Лоренца. В «классике» сам механизм воздействия тока на заряд не объясняется, он констатируется. Поэтому нельзя сказать, соответствуют ли наши объяснение классике или противоречат ей. В классике их просто нет. В гравитонике – есть.

Предложенная модель электромагнитных явлений позволяет понять и объяснить результаты опытов Тесла, причину вращения диска Фарадея, принцип работы диска Серла, продольные электромагнитные волны антенн Харченко.

### Иллюстрации в цвете
Иллюстрации в цвете ко всем главам второй части книги можно увидеть на сайте
http://www.geotar.com/hran/books/illustr/ff.html

## Послесловие

### «На плечах гигантов?».

Практически все идеи «Физической физики» разработаны автором самостоятельно (за исключением представления Де-Дюилье и Лесажа о гравитационном приталкивании).

После опубликования в Интернете некоторых основных статей по гравитонике я получил письма, авторы которых указывали мне на необходимость ссылок на предшественников. Однако объем литературы и количество авторов, занимавшихся теми же проблемами, не поддается ни описанию, ни осмыслению. Как сказал однажды мой коллега – если всё читать, то не останется времени думать самому.

Поэтому мною был применен «метод Ферми». Рассказывают, что когда Ферми просили дать рецензию на какую-то статью, он читал только введение (постановка задачи) и заключение (выводы). Затем решал задачу сам. Если выводы автора совпадали с его решением, Ферми давал положительный отзыв.

Не желая ставить себя рядом с Ферми даже в отношении применявшейся им методики, автор должен сказать, что применение такого метода в области гравитоники (и далее в физике вообще) сотни раз ставило его перед необходимостью выяснять, какие же предрассудки и особенности нашего образования не позволяют найти решение за пять минут. Иногда на это требовались дни, а то и недели. И вот когда во всех этих случаях удавалось найти простое и непротиворечивое решение, это давало все бóльшую уверенность в правильности применяемого подхода.

Но надо иметь в виду еще и вот что. Никому же не приходит в голову требовать от автора статьи о материале нити накаливания для электролампочки ссылок на труды всех гигантов, усилия которых в прошлом привели к созданию этой самой лампочки. Обычно бывает достаточно обрисовать саму проблему и предложить метод ее решения, не так ли? Почему же при объяснении причины гравитации необходимо указывать всех, кто когда-либо занимался этой проблемой?

Однако, почему бы не указать одного-двух первых?

А потому, что, во-первых, и до них кто-то, возможно, высказывал подобные идеи (хотя нам это не известно). И, во-вторых, чаще всего бывает так (и в данном случае – тоже), что идеи эти (в свое время и даже позже) были весьма подвержены критике, которая не замедлила появиться из уст самых уважаемых гигантов мысли той эпохи. Впоследствии стало ясно, что «Первые», естественно, не могли в свое время найти ответов на возражения (уж слишком трудна была проблема). А «Гиганты» не затрудняли себя поисками прочной аргументации. Как результат – проблема «повисала в воздухе» на десятилетия, а в случае гравитации – и на столетия. Об этом частично говорится в статье о Пуанкаре в Приложении к Первой книге «Физическая физика».

В обзоре С.Г.Федосина [20] все это как раз и сделано в максимальном объеме.

По нескольким причинам идеи, статьи и книги гигантов, на чьих плечах мы, возможно, стоим, хотя и не подозреваем об этом, не слишком корректно представляют рассматриваемые ими проблемы. Что-то верно, а что-то неверно настолько, что перечеркивает даже правильные представления. Поэтому в конце концов автором было принято решение в Третьей и Четвертой частях этой работы дать объяснение известным и малоизвестным экспериментам уже с позиций «гравитоники».

И, наконец, последнее. Кому-то изложение материала может показаться слишком уж примитивным, на уровне конца 19-го века. Но не надо забывать, что именно тогда наука уклонилась от своей магистральной задачи – объяснять явления окружающего мира с физической точки зрения для того, чтобы можно было наглядно представлять себе причинно-следственные связи. А именно это и является главной задачей науки.

Некоторые наши читатели, наоборот, сетовали на почти полное отсутствие математических выкладок (которые многие считают «объяснением» происходящих процессов). Действительно, уровень модельного физического объяснения (да еще если он достаточно прост для понимания даже школьнику), может показаться «примитивным». Но мы уже отмечали, что без ясного понимания работы «физической модели» математические модели могут нас завести слишком далеко в дебри математической схоластики. А именно этого мы и старались избежать. Сначала – физика, а потом – математика!

## Литература к главе 7

1. Эффект Бифельда-Брауна. (Википедия)
2. Шаляпин А.Л. Статьи.
3. Сухонос С.И. Масштабная гармония Вселенной. Москва, Новый Центр, 2002
4. Бутиков Е.И., Кондратьев А.С. Физика
http://www.alleng.ru/d/phys/phys16.htm
5. Фейнмановские лекции по физике, т.5
6. Карцев. Приключения великих уравнений.
7. Харченко. Антенны продольных волн (Википедия)

8. «Cyclotron motion wider view» участника Marcin Białek – собственная работа. Под лицензией GFDL с сайта Википедия,
https://commons.wikimedia.org/wiki/File:Cyclotron_motion_wider_view.jpg#/media/File:Cyclotron_motion_wider_view.jpg

9. К. Канн. Странности униполярной индукции.
http://www.etkin.iri-as.org/napravlen/11colleg/kann_unipolar.pdf

10. http://bigpicture.ru/?p=324230

11. Фейнмановские лекции по физике, т.6

12. Уравнения Максвелла для электромагнитного поля .
http://dl2kq.de/ant/3-74.htm

13. http://school.xvatit.com/index.php?title=%D0%9C%D0%B0%D0%B3%D0%BD%D0%B8%D1%82%D0%BD%D0%BE%D0%B5_%D0%BF%D0%BE%D0%BB%D0%B5_%D1%82%D0%BE%D0%BA%D0%B0

14. http://electrono.ru/elektromagnetizm-i-elektromagnitnaya-indukciya/17-magnitnoe-pole-provodnika-s-tokom-i-sposoby-ego-usileniya

15. https://www.eduspb.com/node/1775

16. Г.В.Николаев. «Научный вакуум». Томск, 1999.
http://bourabai.ru/nikolaev/crisis.htm

17. Электризация тел.   http://www.wikiznanie.ru/ru-wz/index.php/%D0%AD%D0%BB%D0%B5%D0%BA%D1%82%D1%80%D0%B8%D0%B7%D0%B0%D1%86%D0%B8%D1%8F_%D1%82%D0%B5%D0%BB

18. Электризация.
http://schools.keldysh.ru/school1413/pro_2005/nov/e_stat_1.html

19. Зависимость удельного электрического сопротивления металлов от температуры.
http://ftemk.mpei.ac.ru/ctl/pubs/etm_re/metalsf/10.05.htm

20. С.Федосин. Гравитация.Пермский научный сайт.
http://sergf.ru/gr.htm

# Подробное оглавление

www.ingramcontent.com/pod-product-compliance
Lightning Source LLC
Chambersburg PA
CBHW031820170526
45157CB00001B/129